SQL Server 2012 数据库应用案例课堂

刘玉红　郭广新　编著

U0275202

清华大学出版社

北　京

内 容 简 介

本书以零基础讲解为宗旨，用实例引导读者深入学习，采取"SQL Server 数据库基础→SQL Server 数据库基本操作→Transact-SQL 查询语句→SQL Server 数据库高级管理→SQL Server 应用案例设计"的讲解模式，深入浅出地讲解 SQL Server 2012 的各项技术及实战技能。

本书第 1 篇"SQL Server 数据库基础"主要讲解初识 SQL Server 2012 和 SQL Server 2012 的安装与配置等；第 2 篇"SQL Server 数据库基本操作"主要讲解操作数据库，数据表的操作，Transact-SQL 语言基础，Transact-SQL 语句，视图操作，数据的插入、更新和删除等；第 3 篇"Transact-SQL 查询语句"主要讲解 SQL Server 函数，Transact-SQL 查询，存储过程和自定义函数，触发器，创建和使用索引，游标等；第 4 篇"SQL Server 数据库高级管理"主要讲解规则、默认和完整性约束，事务和锁，SQL Server 2012 的安全机制，数据库的备份与恢复等；第 5 篇"SQL Server 应用案例设计"主要讲解论坛管理系统数据库设计、新闻发布系统数据库设计；本书配备的 DVD 光盘中赠送了丰富的资源，诸如 SQL Server 2012 案例源码命令、教学幻灯片、本书精品教学视频、SQL Server 2012 常用命令速查手册、数据库工程师职业规划、数据库工程师面试技巧、数据库工程师常见面试题、SQL Server 2012 常见错误及解决方案、SQL Server 2012 数据库经验及技巧大汇总等，另外光盘中还包含 20 小时的全程同步视频教学录像。

本书适合任何想学习 SQL Server 2012 的人员，无论您是否从事计算机相关行业，无论您是否接触过 SQL Server 2012，通过学习均可快速掌握 SQL Server 2012 的管理方法和技巧。

图书在版编目(CIP)数据

SQL Server 2012 数据库应用案例课堂/刘玉红，郭广新编著. --北京：清华大学出版社，2016（2019.1重印）
ISBN 978-7-302-42152-8

Ⅰ. ①S…　Ⅱ. ①刘…　②郭…　Ⅲ. ①关系数据库系统　Ⅳ. ①TP311.138

中国版本图书馆 CIP 数据核字(2015)第 271765 号

责任编辑：张彦青
装帧设计：杨玉兰
责任校对：吴春华
责任印制：刘海龙

出版发行：清华大学出版社
　　　　　网　　　址：http://www.tup.com.cn, http://www.wqbook.com
　　　　　地　　　址：北京清华大学学研大厦 A 座　　　邮　　　编：100084
　　　　　社 总 机：010-62770175　　　　　　　　　　邮　　　购：010-62786544
　　　　　投稿与读者服务：010-62776969, c-service@tup.tsinghua.edu.cn
　　　　　质量反馈：010-62772015, zhiliang@tup.tsinghua.edu.cn
　　　　　课件下载：http://www.tup.com.cn, 010-62791865
印 装 者：三河市铭诚印务有限公司
经　　　销：全国新华书店
开　　　本：190mm×260mm　　印　　张：30　　　字　　数：730 千字
　　　　　（附 DVD 1 张）
版　　　次：2016 年 1 月第 1 版　　　　　　　　印　　　次：2019 年 1 月第 3 次印刷
定　　　价：65.00 元

产品编号：066553-01

前　　言

目前，SQL Server 2012 的技术广泛应用于各行各业，其中电信、电力、金融、政府及大量制造业都需要 SQL Server 技术人才，而且各所大学的计算机课程中有 SQL Server 2012 课程，学生也需要做毕业设计。通过本书的实训，读者能够迅速掌握 SQL Server 2012 最新的核心技术，并能胜任企业大型数据库管理、维护、开发工作，从而帮助解决公司与学生的双重需求问题。

本书特色

1. 零基础、入门级的讲解

无论您是否从事计算机相关行业，无论您是否接触过 SQL Server 2012 数据库，都能从本书中找到最佳起点。

2. 超多、实用、专业的范例和项目

本书在编排上紧密结合深入学习 SQL Server 2012 数据库技术的先后过程，从 SQL Server 2012 数据库的基本操作开始，带领大家逐步深入地学习各种应用技巧，侧重实战技能，使用简单易懂的实际案例进行分析和操作指导，让读者读起来简明轻松，操作起来有章可循。

3. 随时检测自己的学习成果

每章首页中，均提供了学习目标，以指导读者重点学习及学后检查。

每章最后的"跟我学上机"板块，均根据本章内容精选而成，读者可以随时检测自己的学习成果和实战能力，做到融会贯通。

4. 细致入微、贴心提示

本书在讲解过程中，在各章中使用了"注意""提示""技巧"等小栏目，使读者在学习过程中更清楚地了解相关操作、理解相关概念，并轻松掌握各种操作技巧。

5. 专业创作团队和技术支持

本书由 IT 应用实训中心编著和提供技术支持。

您在学习过程中遇到任何问题，可加入 QQ 群 221376441 进行提问，专家人员会在线答疑。

"SQL Server 2012 数据库"学习最佳途径

本书以学习"SQL Server 2012 数据库"的最佳制作流程来分配章节，从最初的数据库安装和配置的准备阶段开始，然后讲解了 SQL Server 2012 数据库的基本操作、Transact-SQL 语句查询、数据库高级管理知识等。同时在最后的项目实战环节特意补充了论坛管理系统数据库设计实战和新闻发布系统数据库设计实战，以便更进一步提高大家的实战技能。

超值光盘

1. 20 小时全程同步教学录像

涵盖本书所有知识点，详细讲解每个实例及项目的过程及技术关键点。比看书更轻松地掌握书中所有的 MySQL 数据库设计知识，而且扩展的讲解部分使您得到比书中更多的收获。

2. 超多容量王牌资源大放送

赠送大量王牌资源，包括 SQL Server 2012 案例源码命令、教学幻灯片、本书精品教学视频、SQL Server 2012 常用命令速查手册、数据库工程师职业规划、数据库工程师面试技巧、数据库工程师常见面试题、SQL Server 2012 常见错误及解决方案、SQL Server 2012 数据库经验及技巧大汇总等。

读者对象

- 没有任何 SQL Server 2012 基础的初学者。
- 有一定的 SQL Server 2012 基础，想精通 SQL Server 2012 的人员。
- 有一定的 SQL Server 2012 基础，没有项目经验的人员。
- 正在进行毕业设计的学生。
- 大专院校及培训学校的老师和学生。

创作团队

本书由刘玉红策划，IT 应用实训中心高级讲师编写，参加编写的人员有郭广新、李园、胡同夫、付红、侯永岗、蒲娟、王月娇、包慧利、陈伟光、梁云梁和周浩浩。

在编写过程中，我们尽所能地将最好的讲解呈现给读者，但也难免有疏漏和不妥之处，敬请不吝指正。若您在学习中遇到困难或疑问，或有何建议，可写信至信箱357975357@qq.com。

编　者

目　　录

第 5 篇　SQL Server 应用案例设计

第1篇

SQL Server 数据库基础

第 1 章

初识 SQL Server 2012

SQL Server 是 Microsoft 公司推出的关系型数据库管理系统，具有使用方便、可伸缩性好、与相关软件集成程度高等优点。SQL Server 是一个全面的数据库平台，使用集成的商业智能工具，提供了企业级的数据管理，数据库引擎为关系型数据和结构化数据提供了更安全可靠的存储功能，使您可以构建和管理用于业务的高可用和性能的数据应用程序。

作为新一代的数据平台产品，SQL Server 2012 不仅延续现有数据平台的强大能力，而且全面支持云技术。本章主要介绍数据库的基础知识，通过本章的学习，读者可以了解数据库的基本概念、数据库的构成和 SQL Server 2012 的基本知识。

本章要点(已掌握的在方框中打钩)

- [ ] 了解数据库的基本概念
- [ ] 掌握什么是表、数据类型和主键
- [ ] 熟悉数据库的技术构成
- [ ] 熟悉 SQL Server 2012 的优势
- [ ] 熟悉 SQL Server 2012 的新功能
- [ ] 熟悉 SQL Server 2012 的组成

1.1 数据库的基本概念

数据库是由一批数据构成的有序集合，这些数据被存放在结构化的数据表里。数据表之间相互关联，反映了客观事物间的本质联系。数据库系统提供对数据的安全控制和完整性控制。本节将介绍数据库中的一些基本概念，包括数据库的定义、数据表的定义和数据类型等。

1.1.1 什么是数据库

数据库的概念诞生于 60 年前，随着信息技术和市场的快速发展，数据库技术层出不穷；随着应用的拓展和深入，数据库的数量和规模越来越大，其诞生和发展给计算机信息管理带来了一场巨大的革命。

数据库的发展大致划分为如下几个阶段：人工管理阶段、文件系统阶段、数据库系统阶段、高级数据库阶段。其种类大概有 3 种：层次式数据库、网络式数据库和关系式数据库。不同种类的数据库按不同的数据结构来联系和组织。

对于数据库的概念，没有一个完全固定的定义，随着数据库历史的发展，定义的内容也有很大的差异，其中一种比较普遍的观点认为，数据库(DataBase，DB)是一个长期存储在计算机内的、有组织的、可共享的、统一管理的数据集合。它是一个按数据结构来存储和管理数据的计算机软件系统。即数据库包含两层含义：保管数据的"仓库"，以及数据管理的方法和技术。

数据库的特点包括：实现数据共享，减少数据冗余；采用特定的数据类型；具有较高的数据独立性；具有统一的数据控制功能。

1.1.2 表

在关系数据库中，数据库表是一系列二维数组的集合，用来存储数据和操作数据的逻辑结构。它由纵向的列和横向的行组成。行被称为记录，是组织数据的单位；列被称为字段，每一列表示记录的一个属性，都有相应的描述信息，如数据类型、数据宽度等。

例如一个有关作者信息的名为 authors 的表中，每个列包含所有作者的某个特定类型的信息，比如"姓名"，而每行则包含了某个特定作者的所有信息：编号、姓名、性别、专业，如图 1-1 所示。

图 1-1 authors 表结构与记录

1.1.3　数据类型

数据类型决定了数据在计算机中的存储格式，代表不同的信息类型。常用的数据类型有：整数数据类型、浮点数数据类型、精确小数类型、二进制数据类型、日期/时间数据类型、字符串数据类型。

表中的每一个字段就是某种指定的数据类型，比如图 1-1 中"编号"字段为整数数据，"性别"字段为字符型数据。

1.1.4　主键

主键(Primary Key)又称主码，用于唯一地标识表中的每一条记录。可以定义表中的一列或多列为主键，主键列上不能有两行相同的值，也不能为空值。假如，定义 authors 表，该表给每一个作者分配一个"作者编号"，该编号作为数据表的主键，如果出现相同的值，将提示错误，系统不能确定查询的究竟是哪一条记录；如果把作者的"姓名"作为主键，则不能出现重复的名字，这与现实不相符合，因此"姓名"字段不适合作为主键。

1.2　数据库的技术构成

数据库系统由硬件部分和软件部分共同构成，硬件主要用于存储数据库中的数据，包括计算机、存储设备等。软件部分则主要包括 DBMS、支持 DBMS 运行的操作系统，以及支持多种语言进行应用开发的访问技术等。本节将介绍数据库的技术构成。

1.2.1　数据库系统

数据库系统有 3 个主要的组成部分。

- 数据库：用于存储数据的地方。
- 数据库管理系统：用于管理数据库的软件。
- 数据库应用程序：为了提高数据库系统的处理能力所使用的管理数据库的软件补充。

数据库提供了一个存储空间，用以存储各种数据，可以将数据库视为一个存储数据的容器。一个数据库可能包含许多文件，一个数据库系统中通常包含许多数据库。

数据库管理系统(DataBase Management System，DBMS)是用户创建、管理和维护数据库时所使用的软件，位于用户与操作系统之间，对数据库进行统一管理。DBMS 能定义数据存储结构，提供数据的操作机制，维护数据库的安全性、完整性和可靠性。

数据库应用程序(DataBase Application)即用户操作数据库的前端应用程序。虽然已经有了DBMS，但是在很多情况下，DBMS 无法满足对数据管理的要求。数据库应用程序可以满足对数据管理的更高要求，还可以使数据管理过程更加直观和友好。数据库应用程序负责与DBMS 进行通信，访问和管理 DBMS 中存储的数据，允许用户插入、修改、删除 DB 中的数据。

数据库系统如图 1-2 所示。

图 1-2　数据库系统

1.2.2　SQL 语言

对数据库进行查询和修改操作的语言叫作 SQL。SQL 的含义是结构化查询语言
(Structured Query Language)。SQL 有许多不同的类型，有 3 个主要的标准：ANSI(美国国家标准机构)SQL，对 ANSI SQL 修改后在 1992 年采纳的标准，称为 SQL-92 或 SQL2。最近推出了 SQL-99 标准，该标准从 SQL2 扩充而来，并增加了对象关系特征和许多其他新功能。其次，各大数据库厂商提供不同版本的 SQL，这些版本的 SQL 不但能包括原始的 ANSI 标准，而且在很大程度上支持新推出的 SQL-99 标准。

SQL 语言包含以下 4 个部分。

(1) 数据定义语言(DDL)：DROP、CREATE、ALTER 等语句。

(2) 数据操作语言(DML)：INSERT(插入)、UPDATE(修改)、DELETE(删除)语句。

(3) 数据查询语言(DQL)：SELECT 语句。

(4) 数据控制语言(DCL)：GRANT、REVOKE、COMMIT、ROLLBACK 等语句。

下面是一条 SQL 语句的例子，该语句声明创建一个名称为 students 的表：

```
CREATE TABLE students
(
  student_id INT UNSIGNED,
  name VARCHAR(30),
  sex CHAR(1),
  birth DATE,
  PRIMARY KEY (student_id)
);
```

该表包含 4 个字段，分别为 student_id、name、sex、birth，其中 student_id 定义为表的主键。

现在只是定义了一张表格，但并没有任何数据，接下来这条 SQL 声明语句，将在 students 表中插入一条数据记录：

```
INSERT INTO students (student_id, name, sex, birth)
VALUES (41048101, 'Lucy Green', '1', '1990-02-14');
```

执行完该 SQL 语句之后，students 表中就会增加一行新记录，该记录中字段 student_id 的值为 41048101，name 字段的值为 Lucy Green，sex 字段的值为 1，birth 字段的值为 1990-02-14。

再使用 SELECT 查询语句获取刚才插入的数据，如下：

```
SELECT name FROM students WHERE student_id = 41048101;

+--------------+
| name         |
+--------------+
| Lucy Green   |
+--------------+
```

上面简单列举了常用的数据库操作语句，在这里给读者一个直观的印象，读者可能还不能理解，接下来会在学习 MySQL 的过程中详细介绍这些知识。

1.2.3 数据库访问技术

不同的程序设计语言会有各自不同的数据库访问技术，程序语言通过这些技术，执行 SQL 语句，进行数据库管理。主要的数据库访问技术有如下几种。

1. ODBC

ODBC(Open Database Connectivity，开放数据库互联)技术为访问不同的 SQL 数据库提供了一个共同的接口。ODBC 使用 SQL 作为访问数据的标准。这一接口提供了最大限度的互操作性：一个应用程序可以通过共同的一组代码访问不同的 SQL 数据库管理系统(DBMS)。

一个基于 ODBC 的应用程序对数据库的操作不依赖任何 DBMS，也不直接与 DBMS 打交道，所有的数据库操作由对应的 DBMS 的 ODBC 驱动程序完成。也就是说，不论是 Access、MySQL 还是 Oracle 数据库，均可用 ODBC API 进行访问。由此可见，ODBC 的最大优点是能以统一的方式处理所有的数据库。

2. JDBC

JDBC(Java Database Connectivity，Java 数据库连接)用于 Java 应用程序连接数据库的标准方法，是一种用于执行 SQL 语句的 Java API，可以为多种关系数据库提供统一访问，它由一组用 Java 语言编写的类和接口组成。

3. ADO.NET

ADO.NET 是微软在.NET 框架下开发设计的一组用于和数据源进行交互的面向对象类库。ADO.NET 提供了对关系数据、XML 和应用程序数据的访问，允许和不同类型的数据源以及数据库进行交互。

4. PDO

PDO(PHP Data Object，PHP 数据对象)为 PHP 访问数据库定义了一个轻量级的、一致性的接口，它提供了一个数据访问抽象层，基于此，无论使用什么数据库，都可以通过一致的函数执行查询和获取数据。PDO 是 PHP 5 新加入的一个重大功能。

针对不同的程序语言，在 MySQL 提供了不同数据库访问连接驱动，读者可以在下载页面(http://dev.mysql.com/downloads/)下载相关驱动。

1.3　SQL Server 2012 的优势

SQL Server 2012 基于 SQL Server 2008，其提供了一个全面的、灵活的和可扩展的数据仓库管理平台，可以满足成千上万用户的海量数据管理需求，能够快速构建相应的解决方案，以实现私有云和公有云之间数据的扩展与应用的迁移。作为微软的信息平台解决方案，SQL Server 2012 的发布，可以帮助数以千计的企业用户突破性地快速实现各种数据体验，完全释放对企业的洞察力。

和 SQL Server 2008 相比，SQL Server 2012 具有以下优势。

(1) 安全性和高可用性。提高服务器正常运行时间并加强数据保护，无须浪费时间和金钱即可实现服务器到云端的扩展。

(2) 超快的性能。在业界首屈一指的基准测试程序的支持下，用户可获得突破性的、可预测的性能。

(3) 企业安全性。内置的安全性功能及 IT 管理功能，能够最大限度地帮助企业提高安全性能级别。

(4) 快速的数据发现。通过快速的数据探索和数据可视化对成堆的数据进行细致深入的研究，从而能够引导企业提出更为深刻的商业洞见。

(5) 方便易用。简洁方便的数据库图像化管理工具，与某些数据库相比，SQL Server 系列数据库提供图形化的管理工具，这极大地降低了数据库设计的难度，对于不熟悉编写代码的人员，只要使用鼠标点几下，就可以创建完整的数据库对象，也降低了编写代码可能造成的错误。

(6) 高效的数据压缩功能。在数据容量快速持续增长时，SQL Server 2012 可以对存储的数据进行有效的压缩以降低 I/O 要求，提高系统的性能。

(7) 集成化的开发环境。SQL Server 2012 可以同 Visual Studio 团队协同工作，提供集成化的开发环境，并让开发人员在统一的环境中跨越客户端、中间层以及数据层进行开发。

1.4　SQL Server 2012 的新功能

作为 SQL Server 最新的版本，SQL Server 2012 具有以下激动人心的新功能。

(1) AlwaysOn。这个功能将数据库的镜像提到了一个新的高度。用户可以针对一组数据库做灾难恢复而不是一个单独的数据库。

(2) Columnstore 索引。这是 SQL Server 独有的功能。它们是为数据仓库查询设计的只读索引。数据被组织成扁平化的压缩形式存储，极大地减少了 I/O 和内存使用。

(3) DBA 自定义服务器权限。在以往的版本中，用户可以创建数据库的权限，但不能创建服务器的权限。比如说，DBA 想要一个开发组拥有某台服务器上所有数据库的读写权限，必须手动完成这个操作，而 SQL Server 2012 支持针对服务器的权限设置。

(4) Windows Server Core 支持。Windows Server Core 是命令行界面的 Windows，使用 DOS 和 PowerShell 来做用户交互。它的资源占用更少、更安全，支持 SQL Server 2012。

(5) Sequence Objects。Oracle 用户一直想要这个功能。一个序列(sequence)就是根据触发器的自增值。SQL Server 有一个类似的功能——identity columns，如今也用对象实现。

(6) PowerView。这是一个强大的自主 BI 工具，可以让用户创建 BI 报告。

(7) 增强的审计功能。现在所有的 SQL Server 版本都支持审计。用户可以自定义审计规则，记录一些自定义的时间和日志。

(8) 增强的 PowerShell 支持。所有的 Windows 和 SQL Server 管理员都应该认真地学习 PowerShell 的技能。微软正在大力开发服务器端产品对 PowerShell 的支持。

(9) 分布式回放(Distributed Replay)。这个功能类似 Oracle 的 Real Application Testing 功能。不同的是 SQL Server 企业版自带了这个功能，而用 Oracle 的话，还得额外购买该功能。这个功能可以让你记录生产环境的工作状况，然后在另外一个环境重现这些工作状况。

(10) SQL Azure 增强。这和 SQL Server 2012 没有直接关系，但是微软确实对 SQL Azure 做了一个关键改进，例如 Reporint Service，备份到 Windows Azure。Azure 数据库的上限提高到了 150G。

1.5 SQL Server 2012 的组成

SQL Server 2012 由 4 个部分组成，分别是：数据库引擎、分析服务、集成服务和报表服务。本节将详细介绍这些内容。

1.5.1 SQL Server 数据库引擎

SQL Server 数据库引擎是 SQL Server 2012 系统的核心服务，负责完成数据的存储、处理和安全管理，包括数据库引擎(用于存储、处理和保护数据的核心服务)、复制、全文搜索以及用于管理关系数据和 XML 数据的工具。例如，创建数据库、创建表、创建视图、数据查询和访问数据库等操作，都是由数据库引擎完成的。

通常情况下，使用数据库系统实际上就是在使用数据库引擎。数据库引擎是一个复杂的系统，它本身就包含了许多功能组件，如复制、全文搜索等。使用它可以完成 CRUD(Create、Read、Update、Delete)和安全控制等操作。

1.5.2　分析服务

分析服务(Analysis Services)的主要作用是通过服务器和客户端技术的组合提供联机分析处理(Online Analytical Processing，OLAP)与数据挖掘功能。

通过分析服务，用户可以设计、创建和管理包含来自其他数据源的多维结构，通过对多维数据进行多角度分析，可以使管理人员对业务数据有更全面的理解。另外，使用分析服务，用户可以完成数据挖掘模型的构造和应用，实现知识的发现、表示和管理。

1.5.3　集成服务

SQL Server 2012 是一个用于生成高性能数据集成和工作流解决方案的平台，负责完成数据的提取，转换和加载等操作。其他三种服务就是通过 Integration Services 来进行联系的。除此之外，使用数据集成服务(Integration Services)可以高效地处理各种各样的数据源，例如，SQL Server、Oracle、Excel、XML 文档、文本文件等。

1.5.4　报表服务

报表服务(Reporting Services)主要用于创建和发布报表及报表模型的图形工具和向导管理Reporting Service 的报表服务器管理工具和对 Reporting Services 对象模型进行编程和扩展的应用程序编程接口。

SQL Server 2012 的报表服务是一种基于服务器的解决方案，用于生成从多种关系数据源和多维数据源提取内容的企业报表，发布能以各种格式查看的报表以及集中管理安全性和订阅。创建的报表可以通过基于 Web 的连接进行查看，也可以作为 Microsoft Windows 应用程序的一部分查看。

1.6　高手甜点

甜点 1：如何快速掌握 SQL Server 2012？

在学习 SQL Server 2012 数据库之前，很多读者都会问：如何才能学习好 SQL Server 2012的相关技能呢？下面就来讲述学习 SQL Server 2012 的方法。

1) 培养兴趣

兴趣是最好的老师，不论学习什么知识，兴趣都可以极大地提高学习效率。当然，学习SQL Server 2012 也不例外。

2) 夯实基础

计算机领域的技术非常强调基础，刚开始学习可能还认识不到这一点，随着技术应用的深入，只有有着扎实的基础功底，才能在技术的道路上走得更快、更远。对于 SQL Server 2012 的学习来说，SQL 语句是其中最为基础的部分，很多操作都是通过 SQL 语句来实现的。所以在学习的过程中，读者要多编写 SQL 语句，对于同一个功能，使用不同的实现语句来完成，从而深刻理解其不同之处。

3) 及时学习新知识

正确、有效地利用搜索引擎，可以搜索到很多关于 SQL Server 2012 的相关知识。同时，参考别人解决问题的思路，也可以吸取别人的经验，及时获取最新的技术资料。

4) 多实践操作

数据库系统具有极强的操作性，需要多动手上机操作。只有在实际操作的过程中才能发现问题，并思考解决问题的方法和思路，这样才能提高实战的操作能力。

甜点 2：如何选择数据库？

选择数据库时，需要考虑运行的操作系统和管理系统的实际情况。一般情况下，要遵循以下原则。

(1) 如果是开发大的管理系统，可以在 Oracle、SQL Server、DB2 中选择；如果是开发中小型的管理系统，可以在 Access、MySQL、PostgreSQL 中选择。

(2) Access 和 SQL Server 数据库只能运行在 Windows 系列的操作系统上，其与 Windows 系列的操作系统有很好的兼容性。Oracle、DB2、MySQL 和 PostgreSQL 除了可以在 Windows 平台上运行外，还可以在 Linux 和 UNIX 平台上运行。

(3) Access、MySQL 和 PostgreSQL 都非常容易使用，Oracle 和 DB2 相对比较复杂，但是其性能比较好。

1.7 跟我学上机

1．上网查询常用的数据库系统。

2．上网了解 SQL Server 2012 的新功能和应用。

3．学习常见的 SQL 语言。

第 2 章

SQL Server 2012 的安装与配置

　　作为新一代的数据平台产品，SQL Server 2012 不仅延续现有数据平台的强大能力，还全面支持云技术。从本章开始学习 SQL Server 2012 的安装与配置，包括如何选择 SQL Server 2012 的版本、安装 SQL Server 2012 和 SSMS 的基本操作等知识。

本章要点(已掌握的在方框中打钩)

- ☐ 了解如何选择 SQL Server 2012 的版本
- ☐ 掌握安装 SQL Server 2012 的方法
- ☐ 掌握 SSMS 的启动与连接的方法
- ☐ 掌握使用模板资源管理器、解决方案与项目脚本的方法
- ☐ 掌握配置 SQL Server 服务器属性的方法
- ☐ 掌握查询编辑器的使用方法

2.1 如何选择 SQL Server 2012 的版本

根据应用程序的需要，安装要求会有所不同。不同版本的 SQL Server 能够满足单位和个人独特的性能、运行时以及价格要求。安装哪些 SQL Server 组件还取决于用户的具体需要。SQL Server 2012 共分为如下 5 个不同的版本。

1. SQL Server 2012 企业版(SQL Server 2012 Enterprise Edition)

SQL Server 2012 企业版是一个全面的数据管理和业务智能平台，为关键业务应用提供了企业级的可扩展性、数据仓库、安全、高级分析和报表支持。这一版本为用户提供更加坚固的服务器和执行大规模在线事务处理。

2. SQL Server 2012 标准版(SQL Server 2012 Standard Edition)

SQL Server 2012 标准版是一个完整的数据管理和业务智能平台，为部门级应用提供了最佳的易用性和可管理特性。

3. SQL Server 2012 商业智能版(SQL Server 2012 Business Intelligence Edition)

SQL Server 2012 商业智能版提供了综合性平台，可支持组织构建和部署安全、可扩展且易于管理的 BI 解决方案。它提供基于浏览器的数据浏览与可见性等卓越功能、功能强大的数据集成功能，以及增强的集成管理。

4. SQL Server 2012 Web 版

对于为从小规模至大规模 Web 资产提供可伸缩性、经济性和可管理性功能的 Web 宿主和 Web VAP 来说，SQL Server 2012 Web 版是一项总拥有成本较低的选择。

5. SQL Server 2012 开发版(SQL Server 2012 Developer Edition)

SQL Server 2012 开发版允许开发人员构建和测试基于 SQL Server 的任意类型应用。这一版本拥有所有企业版的特性，但只限于在开发、测试和演示中使用。基于这一版本开发的应用和数据库可以很容易地升级到企业版。

6. SQL Server 2012 学习版(SQL Server 2012 Express Edition)

SQL Server 2012 学习版是 SQL Server 的一个免费版本，它拥有核心的数据库功能，其中包括 SQL Server 2012 中最新的数据类型，但它是 SQL Server 的一个微型版本。这一版本是为了学习、创建桌面应用和小型服务器应用而发布的，也可供 ISV 再发行使用。SQL Server 2012 Express with Tools 作为应用程序的嵌入部分，可以免费下载、免费部署和免费再分发，使用它可轻松快速地开发和管理数据驱动应用程序。SQL Server 2012 学习版具备丰富的功能，能够保护数据，并且性能卓越。它是小型服务器应用程序和本地数据存储区的理想选择。

2.2 安装 SQL Server 2012

本节以 SQL Server 2012 企业版(Enterprise Edition)的安装过程为例进行讲解。通过对 Enterprise Edition 的安装过程的学习，读者也就掌握了其他各个版本的安装过程，不同版本的 SQL Server 在安装时对软件和硬件的要求是不同的，其安装数据库中的组件内容也不同，但安装过程却大同小异。

2.2.1 SQL Server 2012 安装环境要求

在安装 SQL Server 2012 之前，用户需要了解其安装环境的具体要求。不同版本的 SQL Server 2012 对系统的要求略有差异，下面以 SQL Server 2012 企业版为例，具体安装环境要求如表 2-1 所示。

表 2-1 SQL Server 2012 企业版安装环境要求

组　件	环境要求
处理器	处理器类型：AMD Opteron, AMD Athlon 64, Intel Xeon with Intel EM64T support, Intel Pentium IV with EM64T support 处理器速度：最低 1.4GHz，建议 2.0GHz 或更快
操作系统	Windows Server 2008 R2 SP1
内存	最小 1GB，推荐使用 4GB 的内存
硬盘	SQL Server 2012 要求有 6GB 可用硬盘空间
驱动器	从磁盘进行安装时需要相应的 DVD 驱动器
显示器	SQL Server 2012 要求有 Super-VGA(800×600)或更高分辨率的显示器
Framework	在选择数据库引擎等操作时，NET 3.5 SP1 是 SQL Server 2012 所必需的。此程序可以单独安装
Windows PowerShell	对于数据库引擎组件和 SQL Server Management Studio 而言，Windows PowerShell 2.0 是一个必备安装组件

2.2.2 实例 1——安装 SQL Server 2012

确认完系统的配置要求和所需的安装组件后，本小节将带领读者完成 SQL Server 2012 Enterprise Evaluation Edition 的详细安装过程。

1. 安装说明

安装版本为 SQL Server 2012 Enterprise Evaluation Edition；
操作系统为 Windows Server 2008 Service Pack 2。

2. 安装步骤

step 01 将购买的 SQL Server 2012 安装光盘放入光驱，双击安装文件夹中的安装文件
setup.exe，进入 SQL Server 2012 安装中心界面。选择安装中心界面中左侧的【安
装】选项，该选项界面提供了多种功能，如图 2-1 所示。

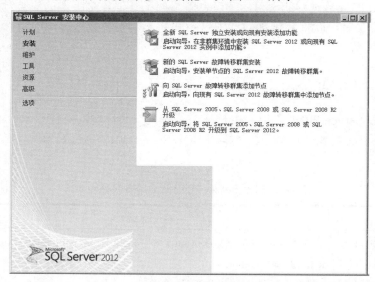

图 2-1   安装中心界面

step 02 若为初次安装，则选择【全新 SQL Server 独立安装或向现有安装添加功能】选
项，单击该选项之后，安装程序将对系统进行一些常规的检测，如图 2-2 所示。

图 2-2   【安装程序支持规则】界面

提示 如果缺少某个组件，可以直接在官方网站下载后安装即可。

step 03 全部规则检测通过之后，单击【确定】按钮，进入【产品密钥】界面。在该界面中可以输入购买的产品密钥，如果使用的是体验版本，可以在下拉列表框中选择 Enterprise Evaluation 选项，然后单击【下一步】按钮，如图 2-3 所示。

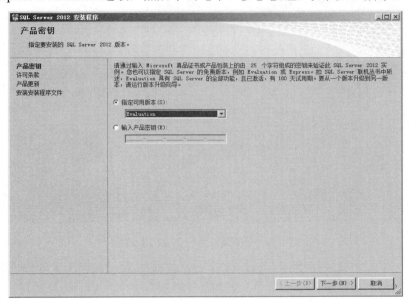

图 2-3　【产品密钥】界面

step 04 进入【许可条款】界面，选中该界面中的【我接受许可条款】复选框，然后单击【下一步】按钮，如图 2-4 所示。

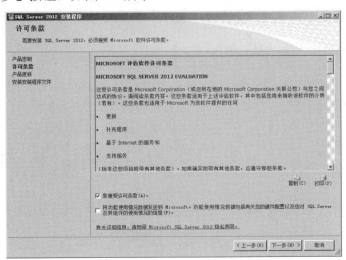

图 2-4　【许可条款】界面

step 05 进入【安装安装程序文件】界面,单击【安装】按钮。该步骤将安装 SQL Server 程序所需的组件,安装过程如图 2-5 所示。

图 2-5 【安装安装程序文件】界面

step 06 安装完安装程序文件之后,安装程序将自动进行第二次支持规则的检测,全部通过之后单击【下一步】按钮,如图 2-6 所示。

图 2-6 【安装程序支持规则】界面

step 07 进入【设置角色】界面,选中【SQL Server 功能安装】单选按钮,单击【下一步】按钮,如图 2-7 所示。

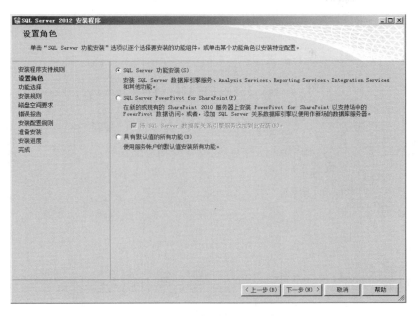

图 2-7　【设置角色】界面

step 08 进入【功能选择】界面。如果需要安装某项功能，则选中对应功能前面的复选框，也可以使用下面的【全选】或者【全部不选】按钮进行选择。为了以后学习方便，这里使用【全选】按钮选择安装全部功能组件，然后单击【下一步】按钮，如图 2-8 所示。

图 2-8　【功能选择】界面

step 09 进入【安装规则】界面，系统自动检查安装规则信息，如图 2-9 所示。

图 2-9　【安装规则】界面

step 10 进入【实例配置】界面。在安装 SQL Server 的系统中可以配置多个实例，每个实例必须有唯一的名称，这里选中【默认实例】单选按钮，然后单击【下一步】按钮，如图 2-10 所示。

图 2-10　【实例配置】界面

step 11 进入【磁盘空间要求】界面。该步骤只是对硬件的检测，直接单击【下一步】按钮，如图 2-11 所示。

图 2-11 【磁盘空间要求】界面

step 12 进入【服务器配置】界面。该步骤设置使用 SQL Server 各种服务的用户，账户名称统一选择 NT AUTHORITY\SYSTEM 即表示本地主机的系统用户，然后单击【下一步】按钮，如图 2-12 所示。

图 2-12 【服务器配置】界面

step 13 进入【数据库引擎配置】界面。该界面中显示了设计 SQL Server 的身份验证模式，这里可以选择使用 Windows 身份验证模式，也可以选择第二种混合模式，此时需要为 SQL Server 的系统管理员设置登录密码，之后可以使用两种不同的方式登录 SQL Server。这里选择使用 Windows 身份验证模式，接下来单击【添加当前用户】按钮，将当前用户添加为 SQL Server 管理员，然后单击【下一步】按钮，如图 2-13 所示。

图 2-13　【数据库引擎配置】界面

step 14　进入【Analysis Services 配置】界面，同样在该界面中单击【添加当前用户】按钮，将当前用户添加为 SQL Server 管理员，然后单击【下一步】按钮，如图 2-14 所示。

图 2-14　【Analysis Services 配置】界面

step 15　进入【Reporting Services 配置】界面，选中【安装和配置】单选按钮，然后单击【下一步】按钮，如图 2-15 所示。

图 2-15 【Reporting Services 配置】界面

step 16 进入【分布式重播控制器】界面，指定向其授予针对分布式重播控制器服务的
管理权限的用户。具有管理权限的用户可以不受限制地访问分布式重播控制器服
务。单击【添加当前用户】按钮，将当前用户添加为具有上述权限的用户，然后单
击【下一步】按钮，如图 2-16 所示。

图 2-16 【分布式重播控制器】界面

step 17 进入【分布式重播客户端】界面，在【控制器名称】文本框中输入"yingdakeji"
作为控制器的名称，然后设置工作目录和结果目录，最后单击【下一步】按钮，如
图 2-17 所示。

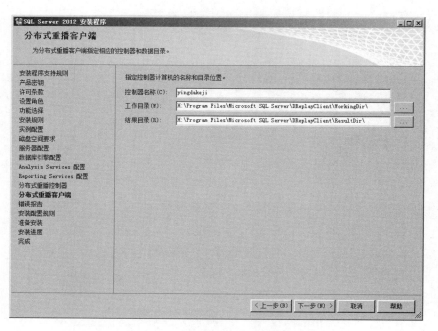

图 2-17 【分布式重播客户端】界面

step 18 进入【错误报告】界面，该界面中的设置可以在 SQL Server 发生错误或者异常关闭时，将错误状态发送给微软公司，这里的两个选项对 SQL Server 服务器的使用没有影响，读者根据需要进行选择即可，本例此处直接单击【下一步】按钮，如图 2-18 所示。

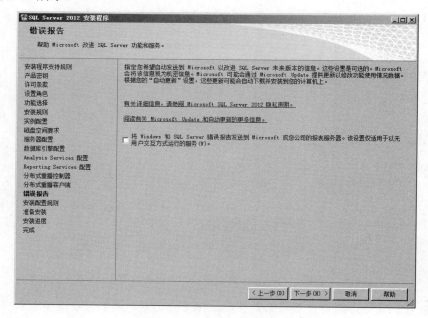

图 2-18 【错误报告】界面

step 19　进入【安装配置规则】界面，再次对系统进行检测。检测通过之后，单击【下一步】按钮，如图 2-19 所示。

图 2-19　【安装配置规则】界面

step 20　进入【准备安装】界面，该界面只是描述了将要进行的全部安装过程和安装路径，单击【安装】按钮开始进行安装，如图 2-20 所示。

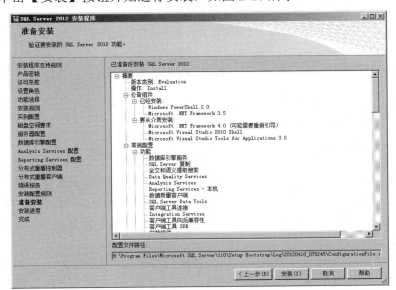

图 2-20　【准备安装】界面

step 21　安装完成后会进入【完成】界面，单击【关闭】按钮即可完成 SQL Server 2012 的安装过程，如图 2-21 所示。

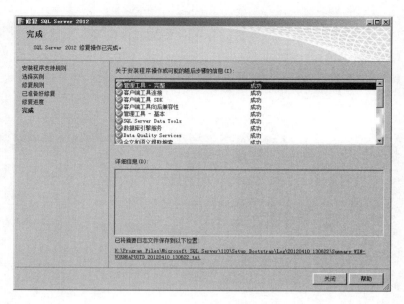

图 2-21 【完成】界面

step 22 弹出【需要重新启动计算机】对话框，单击【确定】按钮，重新启动计算机即可，如图 2-22 所示。

图 2-22 【需要重新启动计算机】对话框

2.2.3 SQL Server 2012 常见实用程序

SQL Server 2012 系统提供了大量的管理工具，通过这些管理工具，可以快速、高效地对数据进行管理，这些工具主要包括以下几种。

1. 商业智能开发平台(Business Intelligence Development Studio)

作为一个集成开发环境，SQL Server 2012 商业智能开发平台适用于开发商业智能架构应用程序，该平台包含了一些项目模板。商业智能开发平台开发的项目可以作为某个解决方案的一部分，例如，在平台中可以分别包含 Analysis Services 项目、Integration Services 项目和 Reporting Services 项目。

如果要开发并使用 Analysis Services、Integration Services 或 Reporting Services 的方案，则应当使用 SQL Server 2012 商业智能开发平台。如果要使用 SQL Server 数据库服务的解决方案，或者要管理并使用 SQL Server、Analysis Services、Integration Services 或 Reporting Services 的现有解决方案，则应当使用 SSMS。即这两个工具在应用中的阶段不一样，一个处于开发阶段，一个处于应用和管理阶段。

2. SQL Server 管理平台(SQL Server Management Studio)

SQL Server Management Studio 是一个集成环境，它将查询分析器和服务管理器的各种功能组合到一个集成环境中，用于访问、配置、控制、管理和开发 SQL Server 的工作。SSMS 中包含了大量的图形工具和丰富的脚本编辑器，极大地方便了开发人员和管理人员对 SQL Server 的访问和控制。

SSMS 不仅能够配置系统环境和管理 SQL Server，所有 SQL Server 对象的建立与管理工作都可以通过它完成。通过 SQL Server 管理平台可以完成的操作有：管理 SQL Server 服务器，建立与管理数据库，建立与管理数据表、视图、存储过程、触发程序、规则等数据库对象及用户定义的时间类型，备份和恢复数据库，管理用户账户以及建立 Transact-SQL 命令等。

SQL Server Management Studio 的工具组件主要包括：已注册的服务器、对象资源管理器、解决方案资源管理器、模板资源管理器等，如要显示某个工具，在【视图】菜单下选择相应的工具名称即可。

3. 性能工具(SQL Server Profiler)

SQL Server 分析器也是一个图形化的管理工具，用于监督、记录和检查数据库服务器的使用情况，使用该工具，管理员可以实时地监视用户的活动状态。SQL Server Profiler 捕捉来自服务器的事件，并将这些事件保存在一个跟踪文件中，分析该文件可以对发生的问题进行诊断。

4. SQL Server 配置管理工具(SQL Server Configuration Manager)

SQL Server 配置管理工具用于管理与 SQL Server 相关联的服务，配置 SQL Server 使用的网络协议以及从 SQL Server 客户端计算机管理网络连接。配置管理工具中集成了以下功能：服务器网络实用工具、客户端网络实用工具和服务管理器。

5. 数据库引擎优化顾问工具(Database Engine Tuning Advisor)

数据库引擎优化顾问工具用来帮助用户分析工作负荷、提出优化建议等。即使用户对数据库的机构没有详细的了解，也可以使用该工具选择和创建最佳的索引、索引视图、分区等。

6. 实用工具

SQL Server 2012 不仅提供了大量的图形化工具，还提供了大量的命令行实用工具，这些命令可以在 Windows 命令行窗口下执行，这些工具的作用如下。

(1) bcp：在 SQL Server 2012 实例和用户指定格式的数据文件之间进行数据复制。

(2) dta：通过该工具，用户可以在应用程序和脚本中使用数据库引擎优化顾问的功能。

(3) dtexec：用于配置和执行 SQL Server 2012 Integration Services 包，使用 dtexec 可以访问所有 SSIS 包的配置信息和执行功能，这些信息包括连接、属性、变量、日志和进度指示等。

(4) dtutil：用于管理 SSIS 包，这些管理操作包括验证包的存在性以及对包进行复制、移动和删除等操作。

(5) osql：用来输入和执行 Transact-SQL 语句、系统过程、脚本文件等。该工具通过 ODBC 与服务器进行通信。

(6) rs：管理和运行报表服务器的脚本。

(7) rsconfig：与报表服务相关的工具，可用来对报表服务连接进行管理。

(8) sqlcmd：该工具可以在命令提示符下输入 Transact-SQL 语句和脚本文件，它通过 OLE DB 与服务器进行通信。

(9) sqlmaint：该工具用来执行一组指定的数据库维护操作，这些操作包括数据库备份、事务日志备份、更新统计信息、重建索引并生成报表，以及把这些报表发送到指定的文件或电子邮件账户。

(10) sqlserver：该工具用来在命令提示符下启动、停止、暂停和继续 SQL Server 实例。

(11) Ssms：该工具可以在命令提示符下打开 SSMS，并与服务器建立连接，打开查询、脚本、文件、项目和解决方案等。

(12) tablediff：用于比较两个表中的数据一致性，可以用来排除复制过程中出现的故障。

2.3　SSMS 基本操作

在前面的介绍中提到，SQL Server 2012 提供图形化的数据库开发和管理工具，本节介绍的 SQL Server Management Studio(SSMS)就是 SQL Server 提供的一种集成化开发环境。SSMS 工具简易直观，可以使用该工具访问、配置、控制、管理和开发 SQL Server 的所有组件。SQL Server Management Studio 将早期版本的 SQL Server 中所包含的企业管理器、查询分析器和 Analysis Manager 功能整合到单一的环境中。使得 SQL Server 中所有组件协同工作。同时它还对多样化的图形工具与多种功能齐全的脚本编辑器进行了整合，极大地方便了开发人员和管理人员对 SQL Server 的访问。

熟练使用 SSMS 是作为一个 SQL Server 开发者的必备技能，本节将从以下几个方面介绍 SSMS，分别是：SSMS 的启动与连接，使用模板资源管理器、解决方案与项目脚本，配置 SQL Server 服务器的属性，查询设计器。

2.3.1　实例 2——SSMS 的启动与连接

SQL Server 安装到系统中之后，将作为一个服务由操作系统监控，而 SSMS 是作为一个单独的进程运行的，安装好 SQL Server 2012 之后，可以打开 SQL Server Management Studio 并且连接到 SQL Server 服务器，具体操作步骤如下。

step 01 单击【开始】按钮，在弹出的菜单中选择【所有程序】➤Microsoft SQL Server 2012 ➤ SQL Server Management Studio 命令，打开【连接到服务器】对话框，设置完相关信息之后，单击【连接】按钮，如图 2-23 所示。

图 2-23　【连接到服务器】对话框

【连接到服务器】对话框中各选项含义如下。

- 【服务器类型】下拉列表框：根据安装的 SQL Server 的版本，可能有多种不同的服务器类型，对于本书，将主要讲解数据库服务，所以这里选择【数据库引擎】选项。

- 【服务器名称】下拉列表框：下拉列表框中列出了所有可以连接的服务器的名称，这里的 KEVIN 为笔者主机的名称，表示连接到一个本地主机；如果要连接到远程数据服务器，则需要输入服务器的 IP 地址。

- 【身份验证】下拉列表框：该下拉列表框可指定连接类型，如果设置了混合验证模式，可以在下拉列表框中使用 SQL Server 身份登录，此时，将需要输入用户名和密码。本书在前面的安装过程中指定使用 Windows 身份验证，因此这里选择 Windows 身份验证。

step 02　连接成功则进入 SSMS 的主界面，该界面显示了左侧的【对象资源管理器】面板，如图 2-24 所示。

图 2-24　SSMS 主界面

step 03　查看一下 SSMS 中的"已注册服务器"，可在菜单栏中选择【视图】➤【已注册的服务器】命令。该面板中显示了所有已经注册的 SQL Server 服务，如图 2-25 所示。

图 2-25 【已注册的服务器】面板

step 04 如果用户需要注册一个其他的服务，右击【本地服务器组】节点，在弹出的快
捷菜单中选择【新建服务器注册】命令，如图 2-26 所示。

图 2-26 选择【新建服务器注册】命令

2.3.2 实例 3——使用模板资源管理器、解决方案与脚本项目

模板资源管理器、解决方案与项目脚本是 SSMS 中的两个组件，可以方便用户在开发时
对数据的操作与管理。

1. 模板资源管理器

模板资源管理器可以用来访问 SQL 代码模板。使用模板提供的代码，省去了用户在开发
时每次都要输入基本代码的工作。使用模板资源管理器的方法如下。

step 01 进入 SSMS 主界面之后，在菜单栏中选择【视图】➤【模板资源管理器】命令，打开【模板浏览器】面板，如图 2-27 所示。

step 02 模板资源管理器按代码类型进行分组，比如关于对"数据库"(database)的操作都放在 Database 目录下，用户可以双击 Database 目录下面的 Create Database 模板，如图 2-28 所示。

图 2-27 【模板浏览器】面板　　　　　　　图 2-28 Create Database 代码模板的内容

step 03 将光标定位到左侧面板，此时 SSMS 的菜单中将会多出一个【查询】菜单项，选择【查询】➤【指定模板参数的值】命令，如图 2-29 所示。

step 04 打开【指定模板参数的值】对话框，在【值】文本框中输入"Test"，如图 2-30 所示。

图 2-29 选择【指定模板参数的值】命令　　　图 2-30 【指定模板参数的值】对话框

step 05 输入完成之后，单击【确定】按钮，返回代码模板的查询编辑窗口，此时模板中的代码发生了变化，以前代码中的 Database_Name 值都被 Test 值所取代。然后选择【查询】➤【执行】命令，SSMS 将根据刚才修改过的代码，创建一个新的名称为 Test 的数据库，如图 2-31 所示。

```
SQLQuery1.sql -""ministrator (53))  ×
-- =================================================
-- Create database template
-- =================================================
USE master
GO

-- Drop the database if it already exists
IF  EXISTS (
    SELECT name
        FROM sys.databases
        WHERE name = N'Test'
)
DROP DATABASE Test
GO

CREATE DATABASE Test
GO
```

图 2-31　修改代码后的效果

2．解决方案和脚本项目

　　解决方案和脚本项目是开发人员用于在 SQL Server Management Studio 中组织相关文件的容器。在 SSMS 中需要使用解决方案资源管理器来管理解决方案和脚本项目。Management Studio 可以作为 SQL Server、Analysis Services 和 SQL Server Compact 的脚本开发平台，并且可以为关系数据库和多维数据库以及所有查询类型开发脚本。

　　解决方案资源管理器是开发人员用来创建和重用与同一项目相关的脚本的一种工具。如果以后需要类似的任务，就可以使用项目中存储的脚本组。解决方案由一个或多个脚本项目组成。项目则由一个或多个脚本或连接组成。项目中可能还包括非脚本文件。

　　脚本项目包括可使脚本正确执行的连接信息，还包括非脚本文件，例如支持文本文件。

2.3.3　实例4——配置 SQL Server 服务器的属性

　　对服务器进行必需的优化配置可以保证 SQL Server 服务器安全、稳定、高效地运行。配置时主要从内存、安全性、数据库设置和权限4个方面进行考虑。

　　配置 SQL Server 2012 服务器的具体操作步骤如下。

step 01　首先启动 SSMS，在【对象资源管理器】面板中选择当前登录的服务器，右击并在弹出的快捷菜单中选择【属性】命令，如图 2-32 所示。

step 02　打开服务器属性对话框，在对话框左侧的【选择页】列表中可以看到当前服务器的所有选项：【常规】、【内存】、【处理器】、【安全性】、【连接】、【数据库设置】、【高级】和【权限】。其中【常规】选择页中的内容不能修改，这里列出服务器名称、产品信息、操作系统、平台、版本、语言、内存、处理器、根目录等固有属性信息，而其他7个选择页包含了服务器端的可配置信息，如图 2-33 所示。

图 2-32　选择【属性】命令

图 2-33　服务器属性对话框

其他 7 个选项的具体配置方法如下。

1.【内存】选择页

在【选择页】列表中选择【内存】选项，该选择页中的内容主要用来根据实际要求对服务器内存大小进行配置与更改，包含内容有：【服务器内存选项】、【其他内存选项】、【配置值】和【运行值】，如图 2-34 所示。

图 2-34　【内存】选择页内容

(1)【服务器内存选项】选项组。

使用 AWE 分配内存——选中该选项可以使 SQL Server 利用 Windows 2000 和 Windows

Server 2003 中的地址窗口化扩展插件(AWE)支持最高达 64GB 的物理内存。此外，AWE 仅应用于 32 位操作系统。

① 【最小服务器内存(CMB)】微调框：分配给 SQL Server 的最小内存，低于该值的内存不会被释放。

② 【最大服务器内存(CMB)】微调框：分配给 SQL Server 的最大内存。

(2) 【其他内存选项】选项组。

① 【创建索引占用的内存(KB，0=动态内存)】微调框：指定在创建索引排序过程中要使用的内存量，数值为 0 表示由操作系统动态分配。

② 【每次查询占用的最小内存(KB)】微调框：为执行查询操作分配的内存量，默认值为 1024KB。

(3) 【配置值】单选按钮：显示并运行更改选择页中的配置内容。

(4) 【运行值】单选按钮：运行值是查看本对话框中选项的当前运行的值。

2. 【处理器】选择页

在【选择页】列表中选择【处理器】选项，可以查看或修改 CPU 选项。一般来说，只有安装了多个处理器才需要配置此项。该选择页包含以下选项：【启用处理器】、【线程】、【配置值】和【运行值】，如图 2-35 所示。

图 2-35 【处理器】选择页

(1) 【启用处理器】选项组：该选项组中可设置处理器关联和 I/O 关联。

● 处理器关联：对于操作系统而言，为了执行多任务同进程可以在多个 CPU 之间移动，提高处理的效率，但对于高负荷的 SQL Server 而言，该活动会降低其性能，因为会导致数据的不断重新加载。这种线程与处理器之间的关联就是"处理器关联"。如果将每个处理器分配给特定线程，那么就可以消除处理器的重新加载需要和减少处理器之间的线程迁移。

● I/O 关联：与处理器关联类似，设置是否将 SQL Server 磁盘 I/O 绑定到指定的 CPU 子集。

① 【自动设置所有处理器的处理器关联掩码】复选框：设置是否允许 SQL Server 设置处理器关联。如果启用的话，操作系统将自动为 SQL Server 2012 分配 CPU。

② 【自动设置所有处理器的 I/O 关联掩码】复选框：此项用来设置是否允许 SQL Server 设置 I/O 关联。如果启用的话，操作系统将自动为 SQL Server 2012 分配磁盘控制器。

(2) 【线程】选项组：可对最大工作线程数和优先级等进行设置。

① 【最大工作线程数】微调框：允许 SQL Server 动态设置工作线程数，默认值为 0。一般来说，不用修改该值。

② 【提升 SQL Server 的优先级】复选框：指定 SQL Server 是否应当比其他进程具有优先处理的级别。

③ 【使用 Windows 纤程(轻型池)】复选框：使用 Windows 纤程代替 SQL Server 服务的线程，但该选项仅适用于 Windows Server 2003 Edition。

(3) 【配置值】和【运行值】单选按钮的设置同【内存】选项。

3. 【安全性】选择页

在【选择页】列表中选择【安全性】选项，此选择页中的内容主要是确保服务器的安全运行。该选择页中包含的选项有：【服务器身份验证】、【登录审核】、【服务器代理账户】和【选项】，如图 2-36 所示。

图 2-36 【安全性】选择页

(1)【服务器身份验证】选项组：表示在连接服务器时采用的验证方式，默认在安装过程中设定为"Windows 身份验证"，也可以采用"SQL Server 和 Windows 身份验证模式"的混合模式。

(2)【登录审核】选项组：是否对用户登录 SQL Server 2012 服务器的情况进行审核。如果要进行审核，审核的结果会在操作系统的【事件查看器】窗口(【开始】➤【管理工具】➤【事件查看器】➤【应用程序】命令)中查看到审核情况，如图 2-37 所示。更改审核级别后需要重新启动服务。

(3)【服务器代理账户】选项组：是否启用供 xp_cmdshell 使用的账户。

(4)【选项】选项组：是否符合启用通用条件、启用 C2 审核跟踪及跨数据库所有权链接。

①【符合启用通用条件】复选框：启用通用条件需要三个元素，分别是残留保护信息(RIP)、查看登录统计信息的能力和字段 GRANT 不能覆盖表 DENY。

②【启用 C2 审核跟踪】复选框：保证系统能够保护资源并具有足够的审核能力，运行监视数据库实体的所有访问企图。

③【跨数据库所有权链接】复选框：允许数据库成为跨数据库所有权限的源或目标。

图 2-37　【事件查看器】窗口

 更改安全性配置之后需要重新启动服务。

4.【连接】选择页

在【选择页】列表中选择【连接】选项，此选择页里包含以下选项：【连接】、【远程服务器连接】、【配置值】和【运行值】，如图 2-38 所示。

(1)【连接】选项组：可设置最大并发连接数以及使用查询调控器防止查询长时间运行。

①【最大并发连接数(0=无限制)】微调框：默认值为 0，表示无限制。也可以输入数字来限制 SQL Server 2012 允许的连接数。注意如果将此值设置过小，可能会阻止管理员进行连接，但是"专用管理员连接"始终可以连接。

图 2-38　【连接】选择页

②　【使用查询调控器防止查询长时间运行】复选框和微调框：为了避免使用 SQL 查询语句执行时间过长，导致 SQL Server 服务器的资源被长时间占用，可以启用并设置此项。选择此项后输入最长的查询运行时间，超过这个时间后，会自动中止查询，以释放更多的资源。

(2)　【远程服务器连接】选项组：设置是否允许远程连接到此服务器及其查询超时值，以及是否允许分布式事务通信。

①　【允许远程连接到此服务器】复选框：选中此项则允许从运行的 SQL Server 实例的远程服务器控制存储过程的执行。【远程查询超时值(秒，0=无超时)】微调框是指定在 SQL Server 超时之前远程操作可执行的时间，默认为 600 秒。

②　【需要将分布式事务用于服务器到服务器的通信】复选框：选中此项则允许通过 Microsoft 分布式事务处理协调器(MS DTC)事务保护服务器到服务器过程的操作。

(3)　【默认连接选项】列表框：默认连接的选项内容比较多，列表框中各个选项作用如表 2-2 所述。

表 2-2　默认连接选项作用

配置选项	作　　用
implicit transactions	控制在运行一条语句时，是否隐式启动一项事务
cursor close on commit	控制执行提交操作后游标的行为
ansi warnings	控制集合警告中的截断和 NULL
ansi padding	控制固定长度变量的填充
ANSI NULLS	在使用相等运算符时控制 NULL 的处理

续表

配置选项	作 用
arithmetic abort	在查询执行过程中发生溢出或被零除错误时终止查询
arithmetic ignore	在查询过程中发生溢出或被零除错误时返回 NULL
quoted identifier	计算表达式时区分单引号和双引号
no count	关闭在每个语句执行后所返回的说明有多少行受影响的消息
ANSI NULL default on	更改会话的行为，使用 ANSI 兼容为空性。未显式定义为空性的新列定义为允许使用空值
ANSI NULL default off	更改会话的行为，不使用 ANSI 兼容为空性。未显式定义为空性的新列定义为不允许使用空值
concat null yields null	当将 NULL 值与字符串连接时返回 NULL
numeric round abort	当表达式中出现失去精度的情况时生成错误
xact abort	如果 Transact-SQL 语句引发运行时错误，则回滚事务

5. 【数据库设置】选择页

【数据库设置】选择页可以设置针对该服务器上的全部数据库的一些选项，包含：【默认索引填充因子】、【备份和还原】、【恢复】、【数据库默认位置】、【配置值】和【运行值】等，如图 2-39 所示。

图 2-39 【数据库设置】选择页

(1)【默认索引填充因子】微调框：指定在 SQL Server 使用现有数据创建新索引时对每一页的填充程度。索引的填充因子就是规定向索引页中插入索引数据最多可以占用的页面空间。例如填充因子为 70%的话，那么在向索引页面中插入索引数据时最多可以占用页面空间的 70%，剩下的 30%空间保留给索引的数据更新时用。默认值是 0，有效值是 0～100。

(2)【备份和还原】选项组：指定 SQL Server 等待更换新磁带的时间。

① 【无限期等待】单选按钮：SQL Server 在等待新备份磁带时永不超时。

② 【尝试一次】单选按钮：是指如果需要备份磁带时，但它却不可用，则 SQL Server 将超时。

③ 【尝试】单选按钮：分钟数是指如果备份磁带在指定的时间内不可用，SQL Server 将超时。

④ 【默认备份介质保持期(天)】微调框：指示在用于数据库备份或事务日志备份后每一个备份介质的保留时间。此选项可以防止在指定的日期前覆盖备份。

(3)【恢复】选项组：设置每个数据库恢复时所需的最大分钟数。数值 0 表示让 SQL Server 自动配置。

(4)【数据库默认位置】选项组：指定数据文件和日志文件的默认位置。

6. 【高级】选择页

【高级】选择页中包含多个选项，如图 2-40 所示。各主要选项含义如下。

(1)【并行的开销阈值】选项：指定数值，单位为秒，如果一个 SQL 查询语句的开销超过这个数值，那么就会启用多个 CPU 来并行执行高于这个数字的查询，以优化性能。

(2)【查询等待值】选项：指定在超时之前查询等待资源的秒数，有效值是 0～2147483647。默认值是-1，其意思是按估计查询开销的 25 倍计算超时值。

图 2-40　【高级】选择页

(3)【锁】选项：设置可用锁的最大数目，以限制 SQL Server 为锁分配的内存量。默认值为 0，表示允许 SQL Server 根据系统要求来动态分配和释放锁。

(4)【最大并行度】选项：设置执行并行计划时能使用的 CPU 的数量，最大值为 64。0 值表示使用所有可用的处理器；1 值表示不生成并行计划。默认值为 0。

(5)【网络数据包大小】选项：设置整个网络使用的数据包的大小，单位为字节。默认值是 4096 字节。

(6)【远程登录超时值】选项：指定从远程登录尝试失败返回之前等待的秒数。默认值为 20 秒，如果设为 0 的话，则允许无限期等待。此项设置影响为执行异类查询所创建的与 OLE DB 访问接口的连接。

(7)【两位数年份截止】选项：指定从 1753～9999 之间的整数，该整数表示将两位数年份解释为四位数年份的截止年份。

(8)【默认全文语言】选项：指定全文索引列的默认语言。全文索引数据的语言分析取决于数据的语言。默认值为服务器的语言。

(9)【默认语言】选项：指定默认情况下所有新创建的登录名使用的语言。

(10)【启动时扫描存储过程】选项：指定 SQL Server 将在启动时是否扫描并自动执行存储过程。如果设为 true，则 SQL Server 在启动时将扫描并自动运行服务器上定义的所有存储过程。

(11)【游标阈值】选项：指定游标集中的行数，如果超过此行数，将异步生成游标键集。当游标为结果集生成键集时，查询优化器会估算将为该结果集返回的行数。如果查询优化器估算出的返回行数大于此阈值，则将异步生成游标，使用户能够在继续填充游标的同时从该游标中提取行。否则，同步生成游标，查询将一直等待直到返回所有行。

① –1 表示将同步生成所有键集，此设置适用于较小的游标集。

② 0 表示将异步生成所有游标键集。

③ 其他值表示查询优化器将比较游标集中的预期行数，并在该行数超过所设置的数量时异步生成键集。

(12)【允许触发器激发其他触发器】选项：指定触发器是否可以执行启动另一个触发器的操作，也就是指定触发器是否允许递归或嵌套。

(13)【最大文本复制大小】选项：指定用一个 INSERT、UPDATE、WRITETEXT 或 UPDATETEXT 语句可以向复制列添加的 text 和 image 数据的最大值，单位为字节(B)。

7. 【权限】选择页

【权限】选择页用于授予或撤销账户对服务器的操作权限，如图 2-41 所示。

【登录名或角色】列表框里显示的是多个可以设置权限的对象。

在【显式】选项卡的列表框中，可以看到【登录名或角色】列表框里的对象的权限。在【登录名或角色】列表框里选择不同的对象，在【显式】选项卡的列表框中会有不同的权限显示。在这里也可以为【登录名或角色】列表框中的对象设置权限。

图 2-41　【权限】选择页

2.3.4　实例 5——查询设计器

通过 SSMS 图形化的接口工具可以完成数据的操作和对象的创建等，而 SQL 代码可以通过图形工具的各个选项执行，也可以使用 Transact-SQL 语句编写代码。SSMS 中的查询设计器就是用来帮助用户编写 Transact-SQL 语句的工具，这些语句可以在设计器中执行用于查询数据、操作数据等。即使在用户未连接到服务器的时候，也可以编写和编辑代码。

在前面介绍模板资源时，双击某个文件之后，就是在查询设计器中打开的，下面将介绍设计器的用法和在设计器中操作数据库的过程。具体操作步骤如下。

step 01　在 SSMS 窗口中选择【文件】➤【新建】➤【项目】命令，如图 2-42 所示。

图 2-42　选择【项目】命令

step 02 打开【新建项目】对话框，选择【SQL Server 脚本 SQL Server Management Studio 项目】选项，单击【确定】按钮，如图 2-43 所示。

图 2-43 【新建项目】对话框

step 03 在工具栏中单击【新建查询】按钮，将在查询设计器中打开一个扩展名为.sql 的文件，其中没有任何代码，如图 2-44 所示。

图 2-44 查询设计器

step 04 在查询设计器中输入下面的 Transact-SQL 语句，如图 2-45 所示。

```
CREATE  DATABASE  test           --数据库名称为 test
ON
  (
```

```
    NAME = test_db,                    --数据库主数据文件名称为test
    FILENAME = 'C:\SQL Server 2012\test_db.mdf',    --主数据文件存储位置
    SIZE = 6,                          --数据文件大小，默认单位为MB
    MAXSIZE = 10,                      --最大增长空间为MB
    FILEGROWTH = 1                     --文件每次的增长大小为MB
 )
 LOG ON                                --创建日志文件
 (
  NAME = test_log,
  FILENAME = 'C:\SQL Server 2012\test_db_log',
  SIZE = 1MB,
  MAXSIZE = 2MB,
  FILEGROWTH = 1
  )
GO
```

图 2-45　输入相关语句

step 05 输入完成之后，选择【文件】➤【保存 SQLQuery1.sql】命令保存该 SQL 文件，另外用户也可以单击工具栏中的【保存】按钮或者直接按 Ctrl+S 组合键，如图 2-46 所示。

step 06 打开【另存文件为】对话框，设置完保存的路径和文件名后，单击【保存】按钮，如图 2-47 所示。

step 07 SQL 文件保存成功之后，单击工具栏中的【执行】按钮，或者直接按 F5 键，将会执行.sql 文件中的代码。执行之后，在消息窗口中将提示命令已成功执行，同时在 C:\SQL Server 2012\目录下创建两个文件，其名称分别为 test1_db 和 test1_ db_log，如图 2-48 所示。

图 2-46　保存该 SQL 文件

图 2-47　【另存文件为】对话框

图 2-48　查看创建的数据库文件

注意　在执行这段代码的时候必须要保证 C:\SQL Server 2012\目录存在，否则代码执行过程会出错。

2.4　高手甜点

甜点 1：如何获取 SQL Server 安装程序？

安装时读者可以使用购买的安装光盘进行安装，也可以从微软的网站上下载相关的安装程序(微软提供一个 180 天的免费企业试用版，该版本包含所有企业版的功能，随时可以直接激活为正式版本。读者可以下载该文件进行安装)。

甜点 2：如何设置网络数据包的大小？

一般情况下，设置网络数据包的大小可参考以下方法。如果应用程序常执行大容量复制操作或者是发送、接收大量的 text 和 image 数据的话，可以将此值设大一点。如果应用程序接收和发送的信息量都很小，那么可以将其设为 512 字节。

2.5　跟我学上机

1. 安装 SQL Server 2012。
2. 启动 SSMS 工具，配置 SQL Server 服务器的属性。

第 2 篇

SQL Server 数据库基本操作

第 3 章

操作数据库

经过第 2 章的学习，各位读者已经成功地安装了 SQL Server 2012，并且了解了 SSMS 中各种工具的作用，数据的操作只有在创建了数据库和数据表之后才能进行。本章将介绍数据库的基本操作，读者通过本章的学习，将能掌握 SQL Server 2012 中数据库的组成，SQL Server 中的系统数据库，以及如何创建和管理数据库。

本章要点(已掌握的在方框中打钩)
- [ ] 了解数据库的组成
- [ ] 掌握什么是表、数据类型和主键
- [ ] 掌握系统数据库的内容
- [ ] 掌握创建数据库的方法
- [ ] 掌握管理数据库的方法

3.1 数据库组成

随着计算机网络的普及与发展，SQL Server 等远程数据库也得到了普遍的应用。

数据库的存储结构分为逻辑存储结构和物理存储结构。

逻辑存储结构是说明数据库是由哪些性质的信息所组成，SQL Server 的数据库不仅仅只是数据的存储，所有与数据处理操作相关的信息都存储在数据库中。

数据库的物理存储结构则是讨论数据库文件在磁盘中是如何存储的，数据库在磁盘上是以文件为单位存储的，由数据库文件和事务日志文件组成，一个数据库至少应该包含一个数据库文件和一个事务日志文件。

SQL Server 数据库管理系统中数据库文件是由数据文件和日志文件组成的，数据文件以盘区为单位存储在存储器中。

3.1.1 数据文件

数据库文件是指数据库中用来存放数据库数据和数据库对象的文件，一个数据库可以有一个或多个数据库文件，一个数据库文件只能属于一个数据库。当有多个数据库文件时，有一个文件被定为主数据库文件，它用来存储数据库的启动信息和部分或者全部数据，一个数据库只能有一个主数据库文件。数据文件则划分为不同的页面和区域，页是 SQL Server 存储数据的基本单位。

主数据文件是数据库的起点，指向数据库文件的其他部分，每个数据库都有一个主要数据文件，其扩展名为.mdf。

次数据文件包含除主数据库文件外的所有数据文件，一个数据库可以没有次数据文件，也可能有多个次数据文件，扩展名为.ndf。

3.1.2 日志文件

SQL Server 的日志文件是由一系列日志记录组成的，日志文件中记录了存储数据库的更新情况等事务日志信息，用户对数据库进行的插入、删除和更新等操作也都会记录在日志文件中。当数据库发生损坏时，可以根据日志文件来分析出错的原因，或者数据丢失时，还可以使用事务日志恢复数据库。每一个数据库至少必须拥有一个事务日志文件，而且允许拥有多个日志文件。

SQL Server 2012 不强制使用.mdf、.ndf 或者.ldf 作为文件的扩展名，但建议使用这些扩展名来帮助标识文件。SQL Server 2012 中某个数据库中的所有文件的位置都记录在 master 数据库和该数据库的主文件中。

3.2　系统数据库

SQL Server 服务器安装完成之后，打开 SSMS 工具，在【对象资源管理器】面板中的【数据库】节点下面的【系统数据库】节点，可以看到几个已经存在的数据库，这些数据库在 SQL Server 安装到系统中之后就创建好了，本节将分别介绍这几个系统数据库的作用。

3.2.1　master 数据库

master 是 SQL Server 2012 中最重要的数据库，是整个数据库服务器的核心。用户不能直接修改该数据库，如果损坏了 master 数据库，那么整个 SQL Server 服务器将不能工作。该数据库中包含以下内容：所有用户的登录信息、用户所在的组、所有系统的配置选项、服务器中本地数据库的名称和信息、SQL Server 的初始化方式等。作为一个数据库管理员，应该定期备份 master 数据库。

3.2.2　model 数据库

model 数据库是 SQL Server 2012 中创建数据库的模板，如果用户希望创建的数据库有相同的初始化文件大小，则可以在 model 数据库中保存文件大小的信息；希望所有的数据库中都有一个相同的数据表，同样也可以将该数据表保存在 model 数据库中。因为将来创建的数据库以 model 数据库中的数据为模板，因此在修改 model 数据库之前要考虑到，任何对 model 数据库中数据的修改都将影响所有使用模板创建的数据库。

3.2.3　msdb 数据库

msdb 提供运行 SQL Server Agent 工作的信息。SQL Server Agent 是 SQL Server 中的一个 Windows 服务，该服务用来运行制定的计划任务。计划任务是在 SQL Server 中定义的一个程序，该程序不需要干预即可自动开始执行。与 tempdb 和 model 数据库一样，在使用 SQL Server 时也不要直接修改 msdb 数据库，SQL Server 中的其他一些程序会自动运行该数据库。例如，当用户对数据进行存储或者备份的时候，msdb 数据库会记录与执行这些任务相关的一些信息。

3.2.4　tempdb 数据库

tempdb 是 SQL Server 中的一个临时数据库，用于存放临时对象或中间结果，SQL Server 关闭后，该数据库中的内容被清空，每次重新启动服务器之后，tempdb 数据库将被重建。

3.3　创建数据库

数据库的创建过程实际上就是数据库的逻辑设计到物理实现过程。在 SQL Server 中创建数据库时有两种方法：在 SQL Server 管理器(SSMS)中使用对象资源管理器创建和使用 Transact-SQL 代码创建。这两种方法在创建数据库的时候，有各自的优缺点，可以根据自己的喜好，灵活选择使用不同的方法，对于不熟悉 Transact-SQL 语句命令的用户来说，可以使用 SQL Server 管理器提供的生成向导来创建。下面将向各位读者介绍这两种方法的创建过程。

3.3.1　实例 1——使用对象资源管理器创建数据库

在使用对象资源管理器创建数据库之前，首先要启动 SSMS，然后使用账户登录到数据库服务器。SQL Server 安装成功之后，默认情况下数据库服务器会随着系统自动启动；如果没有启动，则用户在连接时，服务器也会自动启动。

数据库连接成功之后，在左侧的【对象资源管理器】面板中打开【数据库】节点，可以看到服务器中的【系统数据库】节点，如图 3-1 所示。

在创建数据库时，用户要提供与数据库有关的信息：数据库名称、数据存储方式、数据库大小、数据库的存储路径和包含数据库存储信息的文件名称。下面介绍创建过程。

step 01　右击【数据库】节点，在弹出的快捷菜单中选择【新建数据库】命令，如图 3-2所示。

图 3-1　【数据库】节点

图 3-2　选择【新建数据库】命令

step 02　打开【新建数据库】对话框，在该对话框左侧的【选择页】列表中有 3 个选项，默认选择的是【常规】选项，右侧列出了【常规】选择页中创建数据库的参数，可以输入数据库的名称和初始大小等参数，如图 3-3 所示。

图 3-3　【新建数据库】对话框

(1)【数据库名称】文本框：mytest 为输入的数据库名称。

(2)【所有者】文本框：这里可以指定任何一个拥有创建数据库权限的账户。此处为默认账户(default)，即当前登录到 SQL Server 的账户。用户也可以修改此处的值，如果使用 Windows 系统身份验证登录，这里的值将会是系统用户 ID，如果使用 SQL Server 身份验证登录，这里的值将会是连接到服务器的 ID。

(3)【使用全文索引】复选框：如果想让数据库具有搜索特定内容的字段，需要选中此复选框。

(4)【数据库文件】列表框：可以设置数据库文件的各项属性，各属性含义如下。

①【逻辑名称】：引用文件时使用的文件的名称。

②【文件类型】：表示该文件存放的内容，行数据表示这是一个数据库文件，其中存储了数据库中的数据；日志文件中记录的是用户对数据进行的操作。

③【文件组】：为数据库中的文件指定文件组，可以指定的值有：PRIMARY 和 SECOND，数据库中必须有一个主文件组(PRIMARY)。

④【初始大小】：该列下的两个值分别表示数据库文件的初始大小为 5MB，日志文件的初始大小为 1MB。

⑤【自动增长/最大大小】：当数据库文件超过初始大小时，文件大小增加的速度，这里数据文件是每次增加 1MB，日志文件每次增加的大小为初始大小的 10%；默认情况下，在增长时不限制文件的增长极限，即“不限制文件增长”，这样就不必担心数据库的维护，但在数据库出问题时磁盘空间可能会被完全占满。因此在应用时，要根据需要设置一个合理的文件增长的最大值。

⑥【路径】：数据库文件和日志文件的保存位置，默认的路径值为 C:\Program Files\Microsoft SQL Server\MSSQL10.MSSQLSERVER\MSSQL\DATA，如果要修改路径，单击路径右边带省略号的按钮，打开【定位文件夹】对话框，读者选择想要保存数据的路径之后单击【确认】按钮返回。

⑦【文件名】：将滚动条向右拖曳到最后会看到该属性值，该值用来存储数据库中数据的物理文件名称，默认情况下，SQL Server 使用数据库名称加上_Data 后缀来创建物理文件名，例如这里的 test_Data。

(5)【添加】按钮：添加多个数据文件或者日志文件，在单击【添加】按钮之后，将新增一行，在新增行的【文件类型】列的下拉列表框中可以选择文件类型，分别是"行数据"和"日志"。

(6)【删除】按钮：删除指定的数据文件和日志文件。用鼠标选定想要删除的行，然后单击【删除】按钮，注意主数据文件不能被删除。

注意
文件类型为【日志】的行与【行数据】的行所包含的信息基本相同，对于日志文件，【文件名】列的值是通过在数据库名称后面加_log 后缀而得到的，并且不能修改【文件组】列的值。

提示
数据库名称中不能使用以下 Windows 不允许使用的非法字符：

" ' * / ? : \ < > -

step 03 在【选择页】列表中选择【选项】选项，选择页可以设置的内容如图 3-4 所示。

图 3-4 【选项】选择页

(1)【恢复模式】下拉列表框。

① 【完整】选项：允许发生错误时恢复数据库，在发生错误时，可以及时地使用事务日志恢复数据库。

② 【大容量日志】选项：当执行操作的数据量比较大时，只记录该操作事件，并不记录插入的细节，例如，向数据库插入上万条记录数据，此时只记录了该插入操作，而对于每一行插入的内容并不记录。这种方式可以在执行某些操作时提高系统性能，但是当服务器出现问题时，只能恢复到最后一次备份的日志中的内容。

③ 【简单】选项：每次备份数据库时清除事务日志，该选项表示根据最后一次对数据库的备份进行恢复。

(2) 【兼容级别】下拉列表框。

【兼容级别】下拉列表框表示是否允许建立一个兼容早期版本的数据库，如要兼容早期版本的 SQL Server，则新版本中的一些功能将不能使用。

下面的选项还有许多其他可设置参数，这里直接使用其默认值即可，在 SQL Server 的学习过程中，读者会逐步地理解这些值的作用。

step 04 在【文件组】选择页中，可以设置或添加数据库文件和文件组的属性，例如是否为只读，是否有默认值，如图 3-5 所示。

step 05 设置完上面的参数，单击【确定】按钮，开始创建数据库的工作，SQL Server 2012 在执行创建过程中将对数据库进行检验，如果存在一个相同名称的数据库，则创建操作失败，并提示错误信息，创建成功之后，回到 SSMS 窗口中，在【对象资源管理器】面板中可看到新建立的名称为 mytest 的数据库，如图 3-6 所示。

图 3-5 【文件组】选择页

图 3-6 创建的数据库

3.3.2　实例 2——使用 Transact-SQL 创建数据库

　　企业管理器(SSMS)是一个非常实用、方便的图形化(GUI)管理工具，前面进行的创建数据库的操作，实际上 SSMS 执行的就是 Transact-SQL 语言脚本，根据设定的各个选项的值在脚本中执行创建操作的过程。接下来的内容，将向读者介绍实现创建数据库对象的 Transact-SQL 语句。SQL Server 中创建一个新数据库及存储该数据库的文件的基本 Transact-SQL 语法格式如下：

```
CREATE DATABASE database_name
[ ON
     [ PRIMARY ] [<filespec> [ ,… n ]]
]
[ LOG ON
[<filespec> [ ,…n ]]
];

<filespec>::=
(
  NAME = logical_file_name
  [ , NEWNAME = new_logical_name ]
  [ , FILENAME = {'os_file_name' | 'filestream_path' } ]
  [ , SIZE = size [ KB | MB | GB | TB ] ]
  [ , MAXSIZE = { max_size [ KB | MB | GB | TB ] | UNLIMITED } ]
  [ , FILEGROWTH = growth_increment [ KB | MB | GB | TB| % ] ]
);
```

　　各参数说明如下。

　　database_name：数据库名称，不能与 SQL Server 中现有的数据库实例名称相冲突，最多可以包含 128 个字符。

　　ON：指定显示定义用来存储数据库中数据的磁盘文件。

　　PRIMARY：指定关联的<filespec>列表定义的主文件，在主文件组<filespec>项中指定的第一个文件将生成主文件，一个数据库只能有一个主文件。如果没有指定 PRIMARY，那么 CREATE DATABASE 语句中列出的第一个文件将成为主文件。

　　LOG ON：指定用来存储数据库日志的日志文件。LOG ON 后跟以逗号分隔的用以定义日志文件的 <filespec> 项列表。如果没有指定 LOG ON，将自动创建一个日志文件，其大小为该数据库的所有数据文件大小总和的 25%或 512 KB，取两者之中的较大者。

　　NAME：指定文件的逻辑名称。指定 FILENAME 时，需要使用 NAME，除非指定 FOR ATTACH 子句之一。无法将 FILESTREAM 文件组命名为 PRIMARY。

　　FILENAME：指定创建文件时由操作系统使用的路径和文件名，执行 CREATE DATABASE 语句前，指定路径必须存在。

　　SIZE：指定数据库文件的初始大小，如果没有为主文件提供 size，数据库引擎将使用 model 数据库中的主文件的大小。

　　MAXSIZE max_size：指定文件可增加到的最大值。可以使用 KB、MB、GB 和 TB 做后缀，默认为 MB。max_size 是整数值，如果不指定 max_size，则文件将不断增长直至磁盘被占满。UNLIMITED 表示文件一直增长到磁盘充满。

FILEGROWTH：指定文件的自动增量。文件的 FILEGROWTH 设置不能超过 MAXSIZE 设置。该值可以 MB、KB、GB、TB 或百分比(%)为单位指定，默认值为 MB。如果指定为百分比(%)，则增量大小为发生增长时文件大小的指定百分比。值为 0 时表明自动增长被设置为关闭，不允许增加空间。

【例 3.1】创建一个数据库 sample_db，该数据库的主数据文件逻辑名为 sample_db，物理文件名称为 sample.mdf，初始大小为 5MB，最大尺寸为 30MB，增长速度为 5%；数据库日志文件的逻辑名称为 sample_log，保存日志的物理文件名称为 sample.ldf，初始大小为 1MB，最大尺寸为 8MB，增长速度为 128KB。具体操作步骤如下。

step 01 启动 SSMS 工具，选择【文件】➤【新建】➤【使用当前连接的查询】命令，如图 3-7 所示。

图 3-7 选择【使用当前连接的查询】命令

step 02 此时会在查询编辑器中打开一个空的.sql 文件，将下面的 Transact-SQL 语句输入到空白文档中，如图 3-8 所示。

```
CREATE DATABASE [sample_db] ON  PRIMARY
(
NAME = 'sample_db',
FILENAME = 'C:\SS2012Data\sample.mdf',
SIZE = 5120KB ,
MAXSIZE =30MB,
FILEGROWTH = 5%
)
LOG ON
(
NAME = 'sample_log',
FILENAME = 'C:\SQL Server 2012\sample_log.ldf',
SIZE = 1024KB ,
MAXSIZE = 8192KB ,
FILEGROWTH = 10%
);
GO
```

图 3-8　输入相应的语句

step 03　输入完成之后，单击【执行】按钮，命令执行成功之后，刷新 SQL Server 2012
中的数据库节点，可以在子节点中看到新创建的名称为 sample_db 的数据库，如
图 3-9 所示。

　如果刷新 SQL Server 中的数据库节点后，仍然看不到新建的数据库，可以重新连
接对象资源管理器，即可看到新建的数据库。

step 04　选择新建的数据库后右击，在弹出的快捷菜单中选择【属性】命令，打开数据
库属性对话框，在【选择页】列表中选择【文件】选项，即可查看数据库的相关信
息。可以看到，这里各个参数值与 Transact-SQL 代码中指定的值完全相同，说明使
用 Transact-SQL 代码创建数据库成功，如图 3-10 所示。

图 3-9　新创建的 sample_db 数据库

图 3-10　数据库属性对话框

3.4　管理数据库

数据库的管理主要包括修改数据库、查看数据库信息、数据库更名和删除数据库。本节将介绍 SQL Server 中数据库管理的内容。

3.4.1　实例 3——修改数据库

数据库创建以后，可能会发现有些属性不符合实际的要求，这就需要对数据库的某些属性进行修改。当然，可以重新建立一个新的数据库，但是这样的操作会比较烦琐；也可以在 SSMS 的【对象资源管理器】面板中对数据库的属性进行修改，来更改创建时的某些设置和创建时无法设置的属性；还可以用 ALTER DATABASE 语句来修改数据库。

1. 使用【对象资源管理器】面板对数据库进行修改

在【对象资源管理器】面板中对数据库进行修改的步骤如下。

打开【数据库】节点，右击需要修改的数据库名称，在弹出的快捷菜单中选择【属性】命令，打开指定数据库的【数据库属性】对话框，该对话框与在 SSMS 中创建数据库时打开的对话框相似，不过【选择页】列表中多了几个选项，分别是：更改跟踪、权限、扩展属性、镜像和事务日志传送，读者可以根据需要，分别对不同的选择页中的内容进行设置。

2. 使用 ALTER DATABASE 语句进行修改

ALTER DATABASE 语句可以进行以下的修改：增加或删除数据文件、改变数据文件或日志文件的大小和增长方式、增加或者删除日志文件和文件组。ALTER DATABASE 语句的基本语法格式如下：

```
ALTER DATABASE database_name
{
  MODIFY NAME = new_database_name
 | ADD FILE <filespec> [ ,…n ] [ TO FILEGROUP { filegroup_name } ]
 | ADD LOG FILE <filespec> [ ,…n ]
 | REMOVE FILE logical_file_name
 | MODIFY FILE <filespec>
}
<filespec>::=
(
  NAME = logical_file_name
  [ , NEWNAME = new_logical_name ]
  [ , FILENAME = {'os_file_name' | 'filestream_path' } ]
  [ , SIZE = size [ KB | MB | GB | TB ] ]
  [ , MAXSIZE = { max_size [ KB | MB | GB | TB ] | UNLIMITED } ]
  [ , FILEGROWTH = growth_increment [ KB | MB | GB | TB| % ] ]
  [ , OFFLINE ]
);
```

各参数说明如下。

database_name：要修改的数据库的名称。

MODIFY NAME：指定新的数据库名称。

ADD FILE：向数据库中添加文件。

TO FILEGROUP { filegroup_name }：将指定文件添加到的文件组。filegroup_name 为文件组名称。

ADD LOG FILE：将要添加的日志文件添加到指定的数据库。

REMOVE FILE logical_file_name：从 SQL Server 的实例中删除逻辑文件并删除物理文件。除非文件为空，否则无法删除文件。logical_file_name 是在 SQL Server 中引用文件时所用的逻辑名称。

MODIFY FILE：指定应修改的文件。一次只能更改一个<filespec>属性。必须在<filespec>中指定 NAME，以标识要修改的文件。如果指定了 SIZE，那么新设置的值必须比文件当前值要大。

3.4.2　实例 4——修改数据容量

在 3.3.2 小节中，创建了一个名称为 sample_db 的数据库，数据文件的初始大小为 5120KB，即 5MB。这里介绍修改该数据库的数据文件大小的方法。

1. 在【对象资源管理器】面板中修改 sample_db 数据库数据文件的初始大小

选择需要修改的数据库 sample_db 并右击，在弹出的快捷菜单中选择【属性】命令，打开数据库属性对话框，在【选择页】列表中选择【文件】选项，然后在右侧单击 sample_db 行的【初始大小】列下的文本框，重新输入一个新值，这里输入"15"。也可以单击旁边的两个微调按钮，增大或者减小值，修改完成之后，单击【确定】按钮，这样就成功修改了 sample_db 数据库中数据文件的大小。读者可以重新打开 sample 数据库的属性对话框，查看修改结果，如图 3-11 所示。

图 3-11　修改数据库大小后的效果

2. 使用 Transact-SQL 语句修改 sample_db 数据库数据文件的初始大小

【例 3.2】将 sample_db 数据库中的主数据文件的初始大小修改为 15MB，输入语句如下：

```
ALTER DATABASE sample_db
MODIFY FILE
(
  NAME=sample_db,
  SIZE=15MB
);
GO
```

代码执行成功之后，sample_db 的初始大小即被修改为 15MB。

> 修改数据文件的初始大小时，指定的 SIZE 的值必须大于或等于当前值，如果小于当前值，代码将不能被执行。

3.4.3 实例 5——增加数据库容量

增加数据库容量可以增加数据增长的最大限制，分别可以在【对象资源管理器】面板中修改，或者使用 Transact-SQL 语句修改，下面分别介绍这两种方法。

1. 在【对象资源管理器】面板中修改 sample_db 数据库数据文件最大文件大小

具体操作步骤如下。

step 01 在 sample_db 数据库的属性对话框中，在【选择页】列表中选择【文件】选项，打开该选择页，在 sample_db 行中，单击【自动增长/最大大小】列下面的值有一个带省略号的按钮 ⋯ ，如图 3-12 所示。

图 3-12 sample_db 的属性对话框

step 02 弹出【更改 sample_db 的自动增长设置】对话框，在【最大文件大小】选项组的
【限制为(MB)】微调框中输入值"40"，增加数据库的增长限制，修改之后单击【确
定】按钮，如图 3-13 所示。

图 3-13　【更改 sample_db 的自动增长设置】对话框

step 03 返回到数据库属性对话框，即可看到修改后的结果，单击【确定】按钮完成修
改，如图 3-14 所示。

图 3-14　修改自动增长

2. 使用 Transact-SQL 语句增加数据库容量

【例 3.3】增加 sample_db 数据库容量，输入语句如下：

```
ALTER DATABASE sample_db
MODIFY FILE
(
  NAME=sample_db,
```

```
    MAXSIZE=50MB
);
GO
```

选择【文件】➤【新建】➤【使用当前连接的查询】命令，在打开的查询设计器中输入上面的代码，输入完成之后单击【执行】按钮。代码执行成功之后，sample_db 的增长最大限制值增加到 50MB，如图 3-15 所示。

图 3-15　修改最大增长限制

3.4.4　实例 6——缩减数据库容量

缩减数据库容量可以减小数据增长的最大限制，修改方法与增加数据库容量的方法相同，这里也可以分别使用两种方式来进行操作。

1. 在【对象资源管理器】面板中修改数据库 sample_db 中数据文件最大文件大小限制

与 3.4.3 小节中操作过程一样，打开【更改 sample_db 的自动增长设置】对话框，在第二个微调框中输入一个比当前值小的数值，以缩减数据库的增长限制，修改之后，单击【确定】按钮返回，在返回的数据库属性对话框中再次单击【确定】按钮。

2. 使用 Transact-SQL 语句缩减数据库容量

【例 3.4】缩减 sample_db 数据库容量，输入语句如下：

```
ALTER DATABASE sample_db
MODIFY FILE
(
    NAME=sample_db,
```

```
    MAXSIZE=25MB
);
GO
```

代码执行成功之后，sample_db 的增长最大限制值缩减为 25MB，如图 3-16 所示。

图 3-16　修改最大增长限制

3.4.5　实例 7——查看数据库信息

SQL Server 2012 中可以使用多种方式查看数据库信息，例如使用目录视图、函数、存储过程、图形化管理工具等。

1. 使用目录视图

可以使用如下的目录视图查看数据库基本信息。

使用 sys.database_files 查看有关数据库文件的信息。

使用 sys.filegroups 查看有关数据库组的信息。

使用 sys.master_files 查看数据库文件的基本信息和状态信息。

使用 sys.databases 数据库和文件目录视图查看有关数据库的基本信息。

2. 使用函数

如果要查看指定数据库中的指定选项信息时，可以使用 DATABASEPROPERTYEX()函数，该函数每次只返回一个选项的信息。

【例 3.5】要查看 test 数据库的状态信息，输入语句如下：

```
USE test
GO
SELECT DATABASEPROPERTYEX('test', 'Status')
```

AS 'test 数据库状态'

执行语句之后的结果如图 3-17 所示。

图 3-17　查看数据库 test 状态信息

上述代码中 DATABASEPROPERTYEX 语句中第一个参数表示要返回信息的数据库，第二个参数则表示要返回数据库的属性表达式，其他的可查看的属性参数值，如表 3-1 所示。

表 3-1　DATABASEPROPERTYEX 可用属性值

属　　性	说　　明
Collation	数据库的默认排序规则名称
ComparisonStyle	排序规则的 Windows 比较样式
IsAnsiNullDefault	数据库遵循 ISO 规则，允许 NULL 值
IsAnsiNullsEnabled	所有与 NULL 的比较将取值为未知
IsAnsiPaddingEnabled	在比较或插入前，字符串将被填充到相同长度
IsAnsiWarningsEnabled	如果发生了标准错误条件，则将发出错误消息或警告消息
IsArithmeticAbortEnabled	如果执行查询时发生溢出或被零除错误，则将结束查询
IsAutoClose	数据库在最后一位用户退出后完全关闭并释放资源
IsAutoCreateStatistics	在查询优化期间自动生成优化查询所需的缺失统计信息
IsAutoShrink	数据库文件可以自动定期收缩
IsAutoUpdateStatistics	如果表中数据更改造成统计信息过期，则自动更新现有统计信息
IsCloseCursorsOnCommitEnabled	提交事务时打开的游标已关闭
IsFulltextEnabled	数据库已启用全文功能
IsInStandBy	数据库以只读方式联机，并允许还原日志
IsLocalCursorsDefault	游标声明默认为 LOCAL
IsMergePublished	如果安装了复制，则可以发布数据库表供合并复制
IsNullConcat	Null 串联操作数产生 NULL
IsNumericRoundAbortEnabled	表达式中缺少精度时将产生错误
IsParameterizationForced	PARAMETERIZATION 数据库 SET 选项为 FORCED

续表

属　性	说　明
IsQuotedIdentifiersEnabled	可对标识符使用英文双引号
IsPublished	如果安装了复制，可以发布数据库表供快照复制或事务复制
IsRecursiveTriggersEnabled	已启用触发器递归触发
IsSubscribed	数据库已订阅发布
IsSyncWithBackup	数据库为发布数据库或分发数据库，并且在还原时不必中断事务复制
IsTornPageDetectionEnabled	SQL Server 数据库引擎检测到因电力故障或其他系统故障造成的不完全 I/O 操作
LCID	排序规则的 Windows 区域设置标识符(LCID)
Recovery	数据库的恢复模式
SQLSortOrder	SQL Server 早期版本中支持的 SQL Server 排序顺序 ID
Status	数据库状态
Updateability	指示是否可修改数据
UserAccess	指示哪些用户可以访问数据库
Version	用于创建数据库的 SQL Server 代码的内部版本号。标识为仅供参考。不提供支持。不保证以后的兼容性

3. 使用系统存储过程

除了上述的目录视图和函数外，还可以使用存储过程 sp_spaceused 显示数据库使用和保留的空间，执行代码后效果如图 3-18 所示。

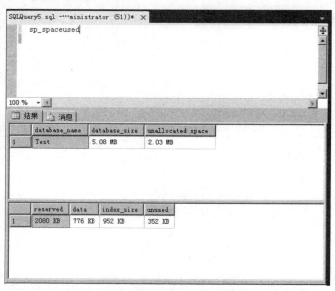

图 3-18　使用存储过程 sp_spaceused

可使用 sp_helpdb 存储过程查看所有数据库的基本信息，执行代码后效果如图 3-19 所示。

图 3-19　使用存储过程 sp_helpdb

4. 使用图形化管理工具

用户也可以在图形化管理工具 SSMS 中查看数据库信息。打开 SSMS 界面之后，在【对象资源管理器】面板中右击要查看信息的数据库节点(本例为 sample_db)，在弹出的快捷菜单中选择【属性】命令，在弹出的【数据库属性】对话框中即可查看数据库的基本信息、文件信息、文件组信息和权限信息等，如图 3-20 所示。

图 3-20　查看数据库基本信息

3.4.6 实例 8——数据库更名

数据库更名即修改数据库的名称，例如这里将 sample_db 数据库的名称修改为 sample_db2。

1. 使用【对象资源管理器】面板修改数据库名称

具体操作步骤如下。

`step 01` 在 sample_db 数据库节点上右击，在弹出的快捷菜单中选择【重命名】命令，如图 3-21 所示。

`step 02` 在反白显示的文本框中输入新的数据库名称 sample_db2，如图 3-22 所示。

图 3-21　选择【重命名】命令　　　　　图 3-22　修改数据库名称

`step 03` 输入完成之后按 Enter 键确认或者在【对象资源管理器】面板中的空白处单击，修改名称成功。

2. 使用 Transact-SQL 语句修改数据库名称

使用 ALTER DATABASE 语句可以修改数据库名称，其语法格式如下：

```
ALTER DATABASE old_database_name
 MODIFY NAME = new_database_name
```

【例 3.6】将数据库 sample_db2 的名称修改为 sample_db，输入语句如下：

```
ALTER DATABASE sample_db2
  MODIFY NAME = sample_db;
GO
```

代码执行成功之后，sample_db2 数据库的名称被修改为 sample_db，刷新【数据库】节点，可以看到修改后的新的数据库名称，如图 3-23 所示。

图 3-23 修改数据库名称效果

3.4.7 实例 9——删除数据库

当数据库不再需要时，为了节省磁盘空间，可以将它们从系统中删除，同样这里也有两种方法。

1. 使用【对象资源管理器】面板删除数据库

具体操作步骤如下。

step 01 例如删除数据库 Test，在【对象资源管理器】面板中，右击需要删除的数据库，从弹出的快捷菜单中选择【删除】命令或直接按下键盘上的 Delete 键，如图 3-24 所示。

step 02 打开【删除对象】对话框，用来确认删除的目标数据库对象。在该对话框中同时也可以选择是否要"删除数据库备份和还原历史记录信息"和"关闭现有连接"，根据需要选中对应的复选框即可，单击【确定】按钮，之后将执行数据库的删除操作，如图 3-25 所示。

图 3-24 选择【删除】命令

图 3-25 【删除对象】对话框

删除数据库时一定要慎重，因为系统无法轻易恢复被删除的数据，除非做过数据库的备份。每次删除时，只能删除一个数据库。

2. 使用 Transact-SQL 语句删除数据库

Transact-SQL 中删除数据库可使用 DROP 语句。DROP 语句可以从 SQL Server 中一次删除一个或多个数据库。该语句的用法比较简单，基本语法格式如下：

```
DROP DATABASE database_name[, …n];
```

【例 3.7】删除 Test 数据库，输入语句如下：

```
DROP DATABASE Test;
```

代码执行成功之后，Test 数据库即被删除。

并不是所有的数据库在任何时候都是可以被删除的，只有处于正常状态下的数据库才能使用 DROP 语句删除。当数据库处于以下状态时不能被删除：数据库正在使用；数据库正在恢复；数据库包含用于复制的对象。

3.5 高手甜点

甜点 1：为什么要用辅助文件？

数据库中可以使用辅助数据文件，这样如果数据库中的数据超过了单个 Windows 文件的最大限制时，可以继续增长。

甜点 2：数据库可以不用自动增长吗？

如果数据库的大小不断增长，则可以指定其增长方式；如果数据的大小基本不变，为了提高数据库的使用效率，通常不指定其有自动增长方式。

甜点 3：使用 DROP 语句要注意什么问题？

使用图形化管理工具删除数据库时会有确认删除的提示对话框，但是使用 DROP 语句删除数据库时不会出现确认信息，所以使用 Transact-SQL 语句删除数据库时要小心谨慎。另外要注意，千万不能删除系统数据库，否则会导致 SQL Server 2012 服务器无法使用。

3.6 跟我学上机

1. 使用 Transact-SQL 语句创建名称为 newDB 的新数据库，数据库的参数如下。
逻辑数据文件名：newDBdata
操作系统数据文件名：D:\newDBdata.mdf
数据文件的初始大小：2MB

数据文件的最大大小：20MB

数据文件增长幅度：10%

日志逻辑文件名：newDBlog

操作系统日志文件名：D:\newDBlog.ldf

日志文件初始大小：1MB

日志文件增长幅度：5%

2. 使用两种方法对 newDB 数据库进行管理操作，包括修改容量、修改数据库名称为 new1DB。

第 4 章

数据表的操作

在数据库中，数据表是数据库中最重要、最基本的操作对象，是数据存储的基本单位。数据表被定义为列的集合，数据在表中是按照行和列的格式来存储的。每一行代表一条唯一的记录，每一列代表记录中的一个域。

本章将介绍 SQL Server 2012 中的数据库对象，并详细介绍数据表的基本操作，主要内容包括：创建数据表、修改表字段、修改表约束、查看表结构、删除表以及如何向数据表中插入记录、删除记录和修改记录。用户通过本章的学习，能够熟练掌握数据表的基本概念，理解约束、默认和规则的含义并且学会运用；能够在图形界面模式通过图形化管理工具运用 Transact-SQL 熟练地完成有关数据表的常用操作。

本章要点(已掌握的在方框中打钩)

- ☐ 了解数据库的数据类型
- ☐ 掌握创建数据表的方法
- ☐ 掌握修改表字段的方法
- ☐ 掌握修改表约束的方法
- ☐ 掌握查看表信息的方法
- ☐ 掌握删除表的方法

4.1 数 据 类 型

数据类型是一种属性，用于指定对象可保存的数据的类型，SQL Server 2012 支持多种数据类型，包括字符类型、数值类型以及日期和时间类型等。数据类型相当于一个容器，容器的大小决定了装的东西的多少，将数据分为不同的类型可以节省磁盘空间和资源。

SQL Server 还能自动限制每个数据类型的取值范围，例如定义了一个数据类型为 int 的字段，如果插入数据时插入的值的大小在 smallint 或者 tinyint 范围之内，SQL Server 会自动将类型转换为 smallint 或 tinyint，这样一来，在存储数据时，占用的存储空间只有 int 数据类型的 1/2 或者 1/4。

SQL Server 数据库管理系统中的数据类型可以分为两类，分别是：系统默认的数据类型和用户自定义的数据类型，下面分别介绍这两大类数据类型的内容。

4.1.1 系统数据类型

SQL Server 2012 提供的系统数据类型有以下几大类，共 25 种。SQL Server 会自动限制每个系统数据类型的值的范围，当插入数据库中的值超过了数据类型允许的范围时，SQL Server 就会报错。

1. 整数数据类型

整数数据类型是常用的数据类型之一，主要用于存储数值，可以直接进行数据运算而不必使用函数转换。

1) bigint

每个 bigint 存储在 8 字节中，其中 1 个二进制位表示符号，其他 63 个二进制位表示长度和大小，可以表示 $-2^{63} \sim 2^{63}-1$ 范围内的所有整数。

2) int

每个 int 存储在 4 字节中，其中 1 个二进制位表示符号，其他 31 个二进制位表示长度和大小，可以表示 $-2^{31} \sim 2^{31}-1$ 范围内的所有整数。

3) smallint

每个 smallint 类型的数据占用两个字节的存储空间，其中一个二进制位表示整数值的正负号，其他 15 个二进制位表示整数值的长度和大小，可以表示 $-2^{15} \sim 2^{15}-1$ 范围内的所有整数。

4) tinyint

每个 tinyint 类型的数据占用了一个字节的存储空间，可以表示 0～255 范围内的所有整数。

2. 浮点数据类型

浮点数据类型存储十进制小数，用于表示浮点数值数据的大致数值数据类型。浮点数据为近似值；浮点数值的数据在 SQL Server 中采用只入不舍的方式进行存储，即当且仅当要舍入的数是一个非零数时，对其保留数字部分的最低有效位上的数值加 1，并进行必要的进位。

1) real

real 可以存储正的或者负的十进制数值，它的存储范围从$-3.40×10^{38}$~$-1.18×10^{-38}$、0 以及 $1.18×10^{-38}$~$3.40×10^{38}$。每个 real 类型的数据占用 4 字节的存储空间。

2) float [(n)]

其中 n 为用于存储 float 数值尾数的位数(以科学计数法表示)，因此可以确定精度和存储大小。如果指定了 n，则它必须是介于 1~53 之间的某个值。n 的默认值为 53。

其范围为$-1.79×10^{308}$~$-2.23×10^{-308}$、0 以及 $2.23×10^{-308}$~$1.79×10^{308}$。如果不指定数据类型 float 的长度，它占用 8 字节的存储空间。float 数据类型可以写成 float(n)的形式，n 指定 float 数据的精度，n 为 1~53 的整数值。当 n 取 1~24 时，实际上是定义了一个 real 类型的数据，系统用 4 字节存储它；当 n 取 25~53 时，系统认为其是 float 类型，用 8 字节存储它。

3) decimal[(p[, s])] 和 numeric[(p[, s])]

带固定精度和小数位数的数值数据类型。使用最大精度时，有效值从$-10^{38}+1$~$10^{38}-1$。numeric 在功能上等价于 decimal。

p(精度)指定了最多可以存储的十进制数字的总位数，包括小数点左边和右边的位数。该精度必须是从 1 到最大精度 38 之间的值。默认精度为 18。

s(小数位数) 指定小数点右边可以存储的十进制数字的最大位数。小数位数必须是范围为 0~p 的值。仅在指定精度后才可以指定小数位数。默认的小数位数为 0；因此，$0 \leqslant s \leqslant p$。最大存储大小基于精度而变化。例如，decimal(10,5)表示共有 10 位数，其中整数 5 位、小数 5 位。

3. 字符数据类型

字符数据类型也是 SQL Server 中最常用的数据类型之一，用来存储各种字母、数字符号和特殊符号。在使用字符数据类型时，需要在其前后加上英文单引号或者双引号。

1) char(n)

当用 char 数据类型存储数据时，每个字符和符号占用一个字节的存储空间。n 表示所有字符所占的存储空间，n 的取值为 1~8 000。若不指定 n 值，系统默认 n 的值为 1。若输入数据的字符串长度小于 n，则系统自动在其后添加空格来填满设定好的空间；若输入的数据过长，将会截掉其超出部分。

2) varchar(n|max)

n 为存储字符的最大长度，取值范围为 1~8 000，但可根据实际存储的字符数改变存储空间，max 指示最大存储大小是 $2^{31}-1$ 个字节。存储大小是输入数据的实际长度加 2 字节。所输入数据的长度可以为 0 个字符。如 varchar(20)，则对应的变量最多只能存储 20 个字符，不够 20 个字符时按实际存储。

3) nchar(n)

n 个字符的固定长度的 Unicode 字符数据。n 值必须在 1~4 000(含)，如果没有在数据定义或变量声明语句中指定 n，默认长度为 1。此数据类型采用 Unicode 标准字符集，因此每一个存储单位占两个字节，可将全世界文字囊括在内。

4) nvarchar(n | max)

与 varchar 相似，存储可变长度 Unicode 字符数据。n 值在 1～4 000(含)，如果没有在数据定义或变量声明语句中指定 n，默认长度为 1。max 指示最大存储大小为 $2^{31}-1$ 字节。存储大小是所输入字符个数的两倍加 2 字节。所输入数据的长度可以为 0 个字符。

4. 日期和时间数据类型

1) date

存储用字符串表示的日期数据，可以表示 0001-01-01～9999-12-31(公元元年 1 月 1 日到公元 9999 年 12 月 31 日)间的任意日期值。数据格式为"YYYY-MM-DD"：

YYYY 是表示年份的四位数字，范围为 0001～9999。

MM 是表示指定年份中的月份的两位数字，范围为 01～12。

DD 是表示指定月份中的某一天的两位数字，范围为 01～31(最高值取决于具体月份)。

该类型数据占用 3 字节的空间。

2) time

以字符串形式记录一天中的某个时间，取值范围为 00:00:00.0000000～23:59:59.9999999，数据格式为"hh:mm:ss[.nnnnnnn]"：

hh 是表示小时的两位数字，范围为 0～23。

mm 是表示分钟的两位数字，范围为 0～59。

ss 是表示秒的两位数字，范围为 0～59。

n*是 0～7 位数字，范围为 0～9999999，它表示秒的小数部分。

time 值在存储时占用 5 字节的空间。

3) datetime

用于存储时间和日期数据，从 1753 年 1 月 1 日到 9999 年 12 月 31 日，默认值为 1900-01-01 00:00:00，当插入数据或在其他地方使用时，需用单引号或双引号括起来。可以使用"/""-"和"."作为分隔符。该类型数据占用 8 字节的空间。

4) datetime2

datetime 类型的扩展，其数据范围更大，默认的小数精度更高，并具有可选的用户定义的精度。默认格式是：YYYY-MM-DD hh:mm:ss[.fractional seconds]，日期取值范围是 0001-01-01～9999-12-31(公元元年 1 月 1 日到公元 9999 年 12 月 31 日)。

5) smalldatetime

smalldatetime 类型与 datetime 类型相似，只是其取值范围从 1900 年 1 月 1 日到 2079 年 6 月 6 日，当日期时间值精度较小时，可以使用 smalldatetime，该类型数据占用 4 字节的空间。

6) datetimeoffset

用于定义一个采用 24 小时制与日期相组合并可识别时区的一日内时间。默认格式是 YYYY-MM-DD hh:mm:ss[.nnnnnnn] [{+|-}hh:mm]：

hh 是两位数，范围为-14～+14。

mm 是两位数，范围为 00～59。

这里 hh 是时区偏移量，该类型数据中保存的是世界标准时间(UTC)值，例如要存储北京时间 2011 年 11 月 11 日 12 点整，存储时该值将是 2011-11-11 12:00:00+08:00，因为北京处于东八区，比 UTC 早 8 个小时。存储该类型数据时默认占用 10 字节大小的固定存储空间。

5. 文本和图形数据类型

1) text

text 用于存储文本数据，服务器代码页中长度可变的非 Unicode 数据，最大长度为 $2^{31}-1$ (2 147 483 647) 个字符。当服务器代码页使用双字节字符时，存储仍是 2 147 483 647 字节。

2) ntext

ntext 与 text 类型作用相同，为长度可变的 Unicode 数据，最大长度为 $2^{30}-1$ (1 073 741 823) 字符。存储大小是所输入字符个数的两倍(以字节为单位)。

3) image

image 是长度可变的二进制数据，从 $0\sim2^{31}-1$ 字节。用于存储照片、目录图片或者图画，容量也是 2 147 483 647 字节，由系统根据数据的长度自动分配空间，存储该字段的数据一般不能使用 INSERT 语句直接输入。

在 Microsoft SQL Server 的未来版本中将删除 ntext、text 和 image 数据类型。请避免在新开发工作中使用这些数据类型，并考虑修改当前使用这些数据类型的应用程序。请改用 nvarchar(max)、varchar(max) 和 varbinary(max)。

6. 货币数据类型

1) money

money 用于存储货币值，取值范围为–922 337 213 685 477.580 8～922 337 213 685 477.580 8。money 数据类型中整数部分包含 19 个数字，小数部分包含 4 个数字，因此 money 数据类型的精度是 19，存储时占用 8 字节的存储空间。

2) smallmoney

smallmoney 与 money 类型相似，取值范围为–214 748.346 8～214 748.346 8，smallmoney 存储时占用 4 字节存储空间。输入数据时在前面加上一个货币符号(如人民币为¥)或其他定义的货币符号。

7. 位数据类型

bit 称为位数据类型，只取 0 或 1 为值，长度为 1 字节。bit 值经常当作逻辑值来判断 true(1)和 false(0)，输入非零值时系统将其转换为 1。

8. 二进制数据类型

1) binary(n)

长度为 n 字节的固定长度二进制数据，其中 n 是范围为 1～8 000 的值。存储大小为 n 字节。在输入 binary 值时，必须在前面带 0x，可以使用 0～9 和 A～F 表示二进制值，例如输入 0xAA5 代表 AA5，如果输入数据长度大于定义的长度，超出的部分会被截断。

2) varbinary(n|max)

可变长度二进制数据。n 可以是范围为 1～8 000 之间的值。max 指示最大存储大小为

$2^{31}-1$ 字节。存储大小为所输入数据的实际长度+2 字节。

在定义的范围内，不论输入的时间长度是多少，binary 类型的数据都占用相同的存储空间，即定义时空间，而对于 varbinary 类型的数据在存储时根据实际值的长度使用存储空间。

9. 其他数据类型

1) rowversion

每个数据库都有一个计数器，当对数据库中包含 rowversion 列的表执行插入或更新操作时，该计数器值就会增加。此计数器是数据库行版本。一个表只能有一个 rowversion 列。每次修改或插入包含 rowversion 列的行时，都会在 rowversion 列中插入经过增量的数据库行版本值。

它是公开数据库中自动生成的唯一二进制数字的数据类型。rowversion 通常用作给表行加版本戳的机制。存储大小为 8 字节。rowversion 数据类型只是递增的数字，不保留日期或时间。

2) timestamp

时间戳数据类型，timestamp 的数据类型为 rowversion 数据类型的同义词，提供数据库范围内的唯一值，反映数据修改的相对顺序，是一个单调上升的计数器，此列的值被自动更新。

在 CREATE TABLE 或 ALTER TABLE 语句中，不必为 timestamp 数据类型指定列名，例如：

```
CREATE TABLE ExampleTable (PriKey int PRIMARY KEY, timestamp);
```

此时 SQL Server 数据库引擎将生成 timestamp 列名；但 rowversion 不具有这样的行为。在使用 rowversion 时，必须指定列名，例如：

```
CREATE TABLE ExampleTable2 (PriKey int PRIMARY KEY, VerCol rowversion) ;
```

 微软将在后续版本的 SQL Server 中删除 timestamp 语法的功能。因此在新的开发工作中，应该避免使用该功能，并修改当前还在使用该功能的应用程序。

3) uniqueidentifier

16 字节 GUID——Globally Unique Identifier(全球唯一标识符)，是 SQL Server 根据网络适配器地址和主机 CPU 时钟产生的唯一号码，其中，每个位都是 0～9 或 a～f 范围内的十六进制数字。例如，6F9619FF-8B86-D011-B42D-00C04FC964FF，此号码可以通过调用 newid()函数获得，在全世界各地的计算机经由此函数产生的数字不会相同。

4) cursor

游标数据类型，该类型类似于数据表，其保存的数据中包含行和列值，但是没有索引，游标用来建立一个数据的数据集，每次处理一行数据。

5) sql_variant

用于存储除文本、图形数据和 timestamp 数据外的其他任何合法的 SQL Server 数据，可以方便 SQL Server 的开发工作。

6) table

用于存储对表或者视图处理后的结果集。这种新的数据类型使得变量可以存储一个表，从而使函数或过程返回查询结果更加方便、快捷。

7) xml

存储 xml 数据的数据类型。可以在列中或者 xml 类型的变量中存储 xml 实例。存储的
xml 数据类型表示实例大小不能超过 2GB。

4.1.2 实例 1——自定义数据类型

SQL Server 允许用户自定义数据类型，用户自定义数据类型是建立在 SQL Server 系统数
据类型基础上的，自定义的数据类型使得数据库开发人员能够根据需要定义符合自己开发需
求的数据类型。自定义数据类型虽然使用比较方便，但是需要大量的性能开销，所以使用时
要谨慎。当用户定义一种数据类型时，需要指定该类型的名称、所基于的系统数据类型以及
是否允许为空等。SQL Server 为用户提供了两种方法来创建自定义数据类型。下面将分别介
绍这两种定义数据类型的方法。

1. 使用【对象资源管理器】面板创建用户
定义数据类型

首先连接到 SQL Server 服务器，自定义数
据类型与具体的数据库相关，因此在【对象资
源管理器】面板中创建新数据类型之前，需要
选择要创建数据类型所在的数据库，这里，按
照第 3 章介绍的创建数据库的方法，创建一个名
称为 Test 的数据库，使用系统默认的参数即可。

创建用户自定义数据类型的具体操作步骤
如下。

图 4-1 选择【新建用户定义数据类型】命令

step 01 创建数据库成功之后，依次打开
Test ➤【可编程性】➤【类型】节
点，右击【用户定义数据类型】节
点，在弹出的快捷菜单中选择【新建
用户定义数据类型】命令，如图 4-1
所示。

step 02 打开【新建用户定义数据类型】对话框，如图 4-2 所示，在【名称】文本框中输
入需要定义的数据类型的名称，这里输入新数据类型的名称"HomeAddress"，表
示存储一个地址数据值，在【数据类型】下拉列表框中选择 varchar 系统数据类
型，将【长度】指定为 128，如果用户希望该类型的字段值为空的话，选中【允
许 NULL 值】复选框，其他参数不作更改。

step 03 单击【确定】按钮，完成用户定义数据类型的操作，即可看到新操作的自定义
数据类型，如图 4-3 所示。

图 4-2　【新建用户定义数据类型】对话框　　　　图 4-3　新操作的自定义数据类型

2. 使用存储过程创建用户定义数据类型

除了使用图形界面创建自定义数据类型，SQL Server 2012 中的系统存储过程 sp_addtype 也可以为用户提供用 Transact-SQL 语句创建自定义数据类型的方法，其语法形式如下：

```
sp_addtype [@typename=] type,
[@phystype=] system_data_type
[, [@nulltype=] 'null_type']
```

各参数说明如下。

type：用于指定用户定义的数据类型的名称。

system_data_type：用于指定相应的系统提供的数据类型的名称及定义。注意，不能使用 timestamp 数据类型，当所使用的系统数据类型有额外说明时，需要用引号将其括起来。

null_type：用于指定用户自定义的数据类型的 null 属性，其值可以为 null、not null 或 nonull。默认时与系统默认的 null 属性相同。用户自定义的数据类型的名称在数据库中应是唯一的。

【例 4.1】自定义一个地址 HomeAddress2 数据类型，输入语句如下：

```
sp_addtype HomeAddress2,'varchar(128)','not null'
```

新建一个使用当前连接进行的查询，在打开的查询设计器中输入上面的语句，输入完成之后单击【执行】按钮，即可以完成用户定义数据类型的操作，执行结果如图 4-4 所示。

执行完成之后，刷新【用户定义数据类型】节点，将会看到新增的数据类型，如图 4-5 所示。

删除用户自定义数据类型的方法也有两种，即在【对象资源管理器】面板中右击想要删除的数据类型，在弹出的快捷菜单中选择【删除】命令，如图 4-6 所示。

打开【删除对象】对话框，单击【确定】按钮即可，如图 4-7 所示。

图 4-4　使用系统存储过程创建用户定义数据类型

图 4-5　新建用户定义数据类型

图 4-6　选择【删除】命令

图 4-7　【删除对象】对话框

另一种方法就是使用系统存储过程 sp_droptype 来删除，语法格式如下：

```
sp_droptype type
```

type 为用户定义的数据类型，例如这里删除 HomeAddress2，Transact-SQL 语句如下：

```
sp_droptype HomeAddress2
```

数据库中正在使用的用户定义数据类型，不能被删除。

4.2　创建数据表

SQL Server 2012 是一个关系数据库，关系型数据库中的数据表之间存在一定的关联关系。本节重点讲述数据表创建的方法和技巧。

4.2.1　创建数据表的条件

关系数据库提供了三种数据完整性规则：实体完整性规则、参照完整性规则、用户定义完整性规则。其中实体完整性规则和参照完整性规则是关系模型必须满足的约束条件。

实体完整性：指每条记录的主键组成部分不能为空值，也就是必须得有一个确定的值。现实世界中的实体是可区分的，即它们具有某种唯一性标识。映射到关系模型中也就是记录是可区分的，区分记录靠的就是主键。如果主键为空，则记录不可区分，进而与之相对应的现实世界中的实体也是不可区分的，与现实矛盾。

参照完整性：一个表的外键可以为空值。如果不为空值，则每一个外键值必须等于相关联的另外那张表中主键的某个值。

用户定义完整性：它是设计者为了保证表中某些行或者列的数据满足具体应用需求而自定义的一些规则。关系模型提供定义和检验这类完整性的机制，以便使用统一的系统的方法处理，而不必由应用程序承担这一功能。

SQL Server 创建表的过程就是规定数据列的属性的过程，同时也是实施数据完整性约束的过程。

创建数据库表需要确定：表的列名、数据类型、是否允许为空，还需要确定主键、必要的默认值、标识列和检查约束。

表是用来存储数据和操作数据的逻辑结构，用来组织和存储数据，关系数据库中的所有数据都表现为表的形式，数据表由行和列组成，对数据库的操作，基本上就是对数据表的操作。SQL Server 中的数据表分为临时表和永久表，临时表存储在 tempdb 系统数据库中，当不再使用或者退出 SQL Server 时，临时表会自动删除；而永久表一旦创建之后，除非用户删除，否则将一直存放在数据库文件中。SQL Server 2012 中提供了两种创建数据表的方法：一种是通过对象资源管理器创建；另一种是通过 Transact-SQL 语句进行创建，下面分别详细介绍这两种方法。

4.2.2 实例 2——使用对象资源管理器创建表

对象资源管理器提供的创建表的方法可以让用户轻而易举地完成表的创建，具体操作步骤如下。

step 01 启动 SQL Server Management Studio，在【对象资源管理器】面板中，展开【数据库】节点下面的 Test 数据库。右击【表】节点，在弹出的快捷菜单中选择【新建表】命令，如图 4-8 所示。

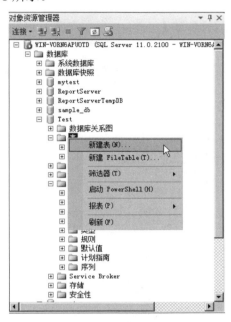

图 4-8 选择【新建表】命令

step 02 打开表设计器，在该设计器中创建表中各个字段的字段名和数据类型，这里定义一个名称为 member 的表，其结构如下：

```
member
(
  id           INT,
  FirstName    VARBINARY(50),
  LastName     VARBINARY(50),
  birth        DATE,
  info         VARCHAR(255)  NULL
);
```

根据 member 表结构，分别指定各个字段的名称和数据类型，如图 4-9 所示。

step 03 表设计完成之后，单击工具栏中的【保存】按钮，在弹出的【选择名称】对话框中输入表名称 member，单击【确定】按钮，完成表的创建，如图 4-10 所示。

列名	数据类型	允许 Null 值
id	int	☑
FirstName	varbinary(50)	☑
LastName	varbinary(50)	☑
birth	date	☑
▶ info	varchar(255)	☐
		☐

WIN-VORN6APUOTD.Test - dbo.Table_1*

图 4-9　表设计器　　　　　　　　　　　　　图 4-10　【选择名称】对话框

选择名称
输入表名称(E):
member
确定　　取消

step 04 　单击【对象资源管理器】面板中的【刷新】按钮，即可看到新添加的表，如图 4-11 所示。

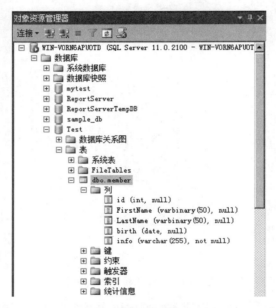

图 4-11　新增加的表

4.2.3　实例 3——使用 Transact-SQL 创建表

Transact-SQL 中使用 CREATE TABLE 语句创建数据表，该语句非常灵活，其基本语法格式如下：

```
CREATE TABLE [database_name. [ schema_name ].] table_name
[column_name <data_type>
[ NULL | NOT NULL ] | [ DEFAULT constant_expression ] | [ ROWGUIDCOL ]
{ PRIMARY KEY | UNIQUE } [CLUSTERED | NONCLUSTERED]
[ ASC | DESC ] ]
 [ ,...n ]
```

各参数说明如下。

database_name：指定要在其中创建表的数据库名称，若不指定数据库名称，则默认使用当前数据库。

schema_name：指定新表所属架构的名称，若此项为空，则默认为新表的创建者所在的当前架构。

table_name：指定创建的数据表的名称。

column_name：指定数据表中的各个列的名称，列名称必须唯一。

data_type：指定字段列的数据类型，可以是系统数据类型，也可以是用户定义数据类型。

NULL | NOT NULL：表示确定列中是否允许使用空值。

DEFAULT：用于指定列的默认值。

ROWGUIDCOL：指示新列是行 GUID 列。对于每个表，只能将其中的一个 uniqueidentifier 列指定为 ROWGUIDCOL 列。

PRIMARY KEY：主键约束，通过唯一索引对给定的一列或多列强制实体完整性的约束。每个表只能创建一个 PRIMARY KEY 约束。PRIMARY KEY 约束中定义的所有列都必须定义为 NOT NULL。

UNIQUE：唯一性约束，该约束通过唯一索引为一个或多个指定列提供实体完整性。一个表可以有多个 UNIQUE 约束。

CLUSTERED | NONCLUSTERED：表示为 PRIMARY KEY 或 UNIQUE 约束创建聚集索引还是非聚集索引。PRIMARY KEY 约束默认为 CLUSTERED，UNIQUE 约束默认为 NONCLUSTERED。在 CREATE TABLE 语句中，可只为一个约束指定 CLUSTERED。如果在为 UNIQUE 约束指定 CLUSTERED 的同时又指定了 PRIMARY KEY 约束，则 PRIMARY KEY 将默认为 NONCLUSTERED。

[ASC | DESC]：指定加入到表约束中的一列或多列的排序顺序，ASC 为升序排列，DESC 为降序排列，默认值为 ASC。

介绍完 Transact-SQL 中创建数据表的语句，下面举例说明。

【例 4.2】使用 Transact-SQL 语句创建数据表 authors，输入语句如下：

```
CREATE TABLE authors
(
 auth_id     int  PRIMARY KEY,              --数据表主键
 auth_name   VARCHAR(20) NOT NULL unique,   --作者名称，不能为空
 auth_gender tinyint NOT NULL DEFAULT(1)    --作者性别：男(1)，女(0)
);
```

新建立一个当前连接查询，在查询设计器中输入上面的代码，如图 4-12 所示。

执行成功之后，刷新数据库列表可以看到新建名称为 authors 的数据表，如图 4-13 所示。

数据表创建完成之后，可以根据需要改变表中已经定义的许多选项，用户除了可以对字段进行增加、删除和修改操作，以及更改表的名称和所属架构，还可以删除和修改表中的约束，创建或修改完成之后可以查看表结构；表不需要时可以删除表。

图 4-12　输入语句代码

图 4-13　新增加的表

4.3　修改表字段

修改表字段包含增加一个新字段、删除表中原有的一个字段以及修改字段的数据类型。SQL Server 2012 提供了两种修改表字段的方法，分别是使用【对象资源管理器】面板和使用 Transact-SQL 语句修改数据表。

4.3.1　实例 4——增加字段

增加字段的常见方法有以下两种。

1．使用【对象资源管理器】面板增加字段

例如这里在 authors 数据表中，增加一个新的字段，名称为 auth_phone，数据类型为 varchar(24)，允许空值，在 authors 表上右击，在弹出的快捷菜单中选择【设计】命令，如图 4-14 所示。

与前面介绍的创建数据表的过程相同，在弹出的表设计器中，添加新字段 auth_phone，并设置字段数据类型为 varchar(24)，允许空值，如图 4-15 所示。

修改完成之后，保存结果，添加新字段完成。

图 4-14　选择【设计】命令

提示　　如果在保存的过程中无法保存增加的表字段，将弹出警告对话框，如图 4-16 所示。

图 4-15　增加字段 auth_phone　　　　　　　　图 4-16　警告对话框

解决方案的具体操作步骤如下。

step 01　选择【工具】➤【选项】命令，如图 4-17 所示。

图 4-17　选择【选项】命令

step 02　打开【选项】对话框，选择【设计器】选项，在右侧取消选中【阻止保存要求
重新创建表的更改】复选框，单击【确定】按钮即可，如图 4-18 所示。

图 4-18　【选项】对话框

2．使用 Transact-SQL 语句添加字段

在 Transact-SQL 中使用 ALTER TABLE 语句在数据表中增加字段，基本语法格式如下：

```
ALTER TABLE [ database_name. schema_name . ] table_name
```

```
{
ADD  column_name type_name
[ NULL | NOT NULL ] | [ DEFAULT constant_expression ] | [ ROWGUIDCOL ]
{ PRIMARY KEY | UNIQUE } [CLUSTERED | NONCLUSTERED]
}
```

各主要参数说明如下。

table_name：要增加字段的数据表名称。

column_name：增加的新字段的名称。

type_name：新增加字段的数据类型。

其他参数的含义，用户可以参考前面的内容。

【例 4.3】在 authors 表中添加名称为 auth_note 的新字段，字段数据类型为 varchar(100)，允许空值，输入语句如下：

```
ALTER TABLE authors
ADD auth_note  VARCHAR(100)  NULL
```

新建查询，在查询设计器中输入上面的代码并执行，执行之后，用户可以重新打开 authors 的表设计器，可以看到，现在的表结构如图 4-19 所示。

图 4-19　添加字段 auth_note

从图 4-17 可以看到，成功添加了一个新的字段，数据类型为 varchar(100)，【允许 Null 值】选项也处于选中状态。

4.3.2　实例 5——修改字段

修改字段的常用方法有以下两种。

1. 使用【对象资源管理器】面板修改字段

修改字段可以改变字段的属性，例如字段的数据类型、是否允许空值等。修改数据类型时，在数据表设计器中，选择要修改的字段名称，选择该行的"数据类型"，在下拉列表中选择更改后的数据类型；选中或取消选中【允许 Null 值】列的复选框即可。例如，将 auth_phone 字段的数据类型由 varchar(24)修改为 varchar(50)，不允许空值，如图 4-20 所示。

图 4-20　修改字段

2. 使用 Transact-SQL 语句在数据表中修改字段

在 Transact-SQL 中使用 ALTER TABLE 语句在数据表中修改字段，基本语法格式如下：

```
ALTER TABLE [ database_name. schema_name . ] table_name
{
ALTER COLUMN column_name  new_type_name
 [ NULL | NOT NULL ] | [ DEFAULT constant_expression ] | [ ROWGUIDCOL ]
{ PRIMARY KEY | UNIQUE } [CLUSTERED | NONCLUSTERED]
}
```

各参数说明如下。

table_name：要修改字段的数据表名称。

column_name：要修改字段的名称。

new_type_name：要修改字段的新数据类型。

其他参数的含义，用户可以参考前面的内容。

【例 4.4】在 authors 表中修改名称为 auth_phone 的字段，将数据类型改为 varchar(15)，输入语句如下：

```
ALTER TABLE authors
ALTER COLUMN auth_phone  VARCHAR(15)
GO
```

新建查询，在查询设计器中输入上面的代码并执行，执行之后，用户可以重新打开 authors 的表设计器，可以看到，现在的表结构，如图 4-21 所示。

图 4-21　authors 表结构

4.3.3 实例 6——删除字段

删除字段的常用方法有以下两种。

1. 使用【对象资源管理器】面板删除字段

在表设计器中，每次可以删除表中的一个字段，操作过程比较简单，与前面增加表字段相似，打开表设计器之后，选中要删除的字段，右击，在弹出的快捷菜单中选择【删除列】命令，例如这里删除 authors 表中的 auth_phone 字段，如图 4-22 所示。

图 4-22 选择【删除列】命令

删除字段操作成功后的效果如图 4-23 所示。

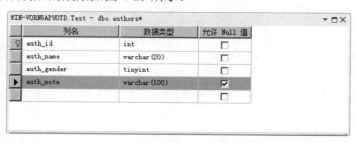

图 4-23 删除字段后的效果

2. 使用 Transact-SQL 语句删除数据表中的字段

在 Transact-SQL 中使用 ALTER TABLE 语句删除数据表中的字段，基本语法格式如下：

```
ALTER TABLE [ database_name. schema_name . ] table_name
{
    DROP COLUMN column_name
}
```

各主要参数说明如下。

table_name：删除字段的所在数据表名称。

column_name：要删除字段的名称。

【例 4.5】删除 authors 表中的 auth_phone 字段，输入语句如下：

```
ALTER TABLE authors
DROP  COLUMN auth_phone
```

在查询设计器中输入上面的代码并执行，执行成功之后，auth_phone 字段将被删除。

4.4　修改表约束

约束是用来保证数据库完整性的一种方法，设计表时，需要定义列的有效值并通过限制字段中数据、记录中数据和表之间的数据来保证数据的完整性，约束是独立于表结构的，它作为数据库定义的一部分在创建表时声明，可以通过【对象资源管理器】面板或者 ALTER TABLE 语句添加或删除。

4.4.1　实例 7——了解常见的表约束

SQL Server 2012 中有 5 种约束，分别是：主键约束(Primary Key Constraint)、唯一性约束(Unique Constraint)、检查约束(Check Constraint)、默认约束(Default Constraint)和外键约束(Foreign Key Constraint)。

1. 主键约束

主键约束可以在表中定义一个主键值，它可以唯一确定表中每一条记录，也是最重要的一种约束。每个表中只能有一个 PRIMARY KEY 约束，并且 PRIMARY KEY 约束的列不能接受空值。如果主键约束定义在不只一列上，则一列中的值可以重复，但主键约束定义中，所有列的组合值必须唯一。

2. 唯一性约束

唯一性约束(UNIQUE)确保在非主键列中不输入重复的值。它用于指定一个或者多个列的组合值具有唯一性，以防止在列中输入重复的值。可以对一个表定义多个 UNIQUE 约束，但只能定义一个 PRIMARY KEY 约束。UNIQUE 约束允许 NULL 值，但是当与参与 UNIQUE 约束的任意值一起使用时，每列只允许一个空值。

因此，当表中已经有一个主键值时，就可以使用唯一性约束。当使用唯一性约束时，需要考虑以下几个因素。

(1) 使用唯一性约束的字段允许为空值。

(2) 一个表中可以允许有多个唯一性约束。

(3) 可以把唯一性约束定义在多个字段上。

(4) 唯一性约束用于强制在指定字段上创建一个唯一性索引。

(5) 默认情况下，创建的索引类型为非聚集索引。

3. 检查约束

检查约束对输入列或者整个表中的值设置检查条件，以限制输入值，保证数据库数据的完整性。检查约束通过数据的逻辑表达式确定有效值。例如，定义一个 age 年龄字段，可以通过创建 CHECK 约束条件，将 age 列中值的范围限制为 0～150 的数据。这将防止输入的年龄值超出正常的年龄范围。可以通过任何基于逻辑运算符返回 TRUE 或 FALSE 的逻辑(布尔)表达式创建 CHECK 约束。对于上面的示例，逻辑表达式为：age >= 0 AND age <= 150。

当使用检查约束时，应考虑和注意以下几点。

(1) 一个列级检查约束只能与限制的字段有关；一个表级检查约束只能与限制的表中字段有关。

(2) 一个表中可以定义多个检查约束。

(3) 每个 CREATE TABLE 语句中的每个字段只能定义一个检查约束。

(4) 在多个字段上定义检查约束，则必须将检查约束定义为表级约束。

(5) 当执行 INSERT 语句或者 UPDATE 语句时，检查约束将验证数据。

(6) 检查约束中不能包含子查询。

4. 默认约束

默认约束指定在插入操作中如果没有提供输入值时，系统自动指定插入值，即使该值是 NULL。当必须向表中加载一行数据但不知道某一列的值或该值尚不存在时，可以使用默认值约束。默认约束可以包括常量、函数、不带变元的内建函数或者空值。使用默认约束时，应注意以下几点。

(1) 每个字段只能定义一个默认约束。

(2) 如果定义的默认值大于其对应字段的允许长度，则输入表中的默认值将被截断。

(3) 不能加入带有 IDENTITY 属性或者数据类型为 timestamp 的字段上。

(4) 如果字段定义为用户定义的数据类型，而且有一个默认绑定到这个数据类型上，则不允许该字段有默认约束。

5. 外键约束

外键约束用于强制参照完整性，提供单个字段或者多个字段的参照完整性。定义时，该约束参考同一个表或者另外一个表中主键约束字段或者唯一性约束字段，而且外键表中的字段数目和每个字段指定的数据类型都必须和 REFERENCES 表中的字段相匹配。当使用外键约束时，应考虑以下几个因素。

(1) 外键约束提供了字段参照完整性。

(2) 外键从句中的字段数目和每个字段指定的数据类型都必须和 REFERENCES 从句中的字段相匹配。

(3) 外键约束不能自动创建索引，需要用户手动创建。

(4) 用户想要修改外键约束的数据，必须只使用 REFERENCES 从句，不能使用外键子句。

(5) 一个表中最多可以有 31 个外键约束。

(6) 在临时表中,不能使用外键约束。

(7) 主键和外键的数据类型必须严格匹配。

4.4.2 实例8——增加约束

增加约束有两种方法,使用【对象资源管理器】面板和 Transact-SQL 语句创建。
这里以 member 表为例介绍增加 PRIMARY KEY 和 UNIQUE 约束的过程。

1. 使用【对象资源管理器】面板

1) 使用【对象资源管理器】面板创建 PRIMARY KEY 约束

对 Test 数据库中的 member 表中的 id 字段建立 PRIMARY KEY,具体操作步骤如下。

step 01 在【对象资源管理器】面板中选择 member 表节点并右击,在弹出的快捷菜单中
选择【设计】命令,打开表设计器。在表设计器中选择 id 字段对应的行,右击并在
弹出的快捷菜单中选择【设置主键】命令,如图 4-24 所示。

图 4-24 选择【设置主键】命令

step 02 设置完成之后,id 所在行会显示一个钥匙图标,表示这是主键列,如图 4-25 所示。

step 03 如果主键由多列组成,可以在选中某一列的同时,按 Ctrl 键选择多行,然后右
击,在弹出的快捷菜单中选择【设置主键】命令,即可将多列设为主键,如图 4-26
所示。

图 4-25 设置"主键"列   图 4-26 设置多列为主键

2) 使用【对象资源管理器】面板创建 UNIQUE 约束

具体操作步骤如下。

step 01 在【对象资源管理器】面板中选择 member 表节点，右击并在弹出的快捷菜单中
选择【设计】命令，打开表设计器。右击唯一性约束的行 FirstName，在弹出的快捷
菜单中选择【索引/键】命令，如图 4-27 所示。

图 4-27　选择【索引/键】命令

step 02 打开【索引/键】对话框，在该对话框中显示了刚才通过表设计器添加了一个名
称为 PK_member 的主键约束，如图 4-28 所示。

step 03 单击【添加】按钮，添加一个新的唯一约束，然后单击列表框中的【列】选项
右侧的按钮 ....，如图 4-29 所示。

图 4-28　【索引/键】对话框

图 4-29　添加约束

step 04 打开【索引列】对话框，在【列名】下拉列表框中列出了 member 表中所有的字
段，选择添加唯一性约束的字段 FirstName，排序顺序使用升序，然后单击【确定】
按钮，如图 4-30 所示。

图 4-30 【索引列】对话框

step 05 返回到【索引/键】对话框，即可看到修改后的索引，在【(名称)】选项右侧的文本框中输入新的名称"firstname1"，设置完成之后，单击【关闭】按钮，如图 4-31 所示。

图 4-31 设置索引名称

2. 使用 Transact-SQL 语句添加 PRIMARY KEY 约束和 UNIQUE 约束

Transact-SQL 语句中可以在创建表的同时添加约束，其基本语法格式如下：

```
CREATE TABLE table_name
column_name datatype
[CONSTRAINT constraint_name] [NOT] NULL PRIMARY KEY | UNIQUE
```

其中参数说明如下。

constraint_name：用户定义的要创建的约束的名称。

【例 4.6】定义表 table_emp，并设置表中 e_id 字段为主键列，输入语句如下：

```
CREATE TABLE table_emp
(
    e_id      CHAR(18) PRIMARY KEY,
    e_name    VARCHAR(25) NOT NULL,
```

```
    e_deptId  INT,
    e_phone   VARCHAR(15) CONSTRAINT uq_phone UNIQUE
);
```

执行完成之后，刷新 Test 数据库中的表，可以看到新建立的名称为 table_emp 的数据表，查看该表的设计器，如图 4-32 所示。

图 4-32　创建带主键约束的表 table_emp

从图 4-32 中可以看到，Transact-SQL 语句成功地在 e_id 字段建立了一个主键约束，用户可以单击工具栏中的【管理索引和键】按钮，在打开的【索引/键】对话框中可以看到表中的两个索引键，分别为以 PK_ 开头的表示主键约束和以 UQ_ 开头的表示唯一约束的两个键，以及这两个键所在的表字段信息。

4.4.3　实例 9——删除约束

当不再需要使用约束的时候，可以将其删除。删除约束的方法有两种，分别是使用【对象资源管理器】面板删除和在修改表时使用 Transact-SQL 语句删除。

1. 使用【对象资源管理器】面板删除 PRIMARY KEY 和 UNIQUE 约束

在【对象资源管理器】面板中删除主键约束或者唯一性约束，步骤如下。

(1) 打开 table_emp 数据表的表设计器。

(2) 单击工具栏中的【管理索引和键】按钮或者在表设计器相应字段列右击，在弹出的快捷菜单中选择【索引/键】命令，打开【索引/键】对话框。

(3) 选择要删除的索引或键，单击【删除】按钮。用户在这里可以选择删除 table_emp 表中的主键索引或者是唯一性索引约束。

(4) 删除完成之后，单击【关闭】按钮，删除约束操作成功。

2. 使用 ALTER TABLE 语句修改或删除 PRIMARY KEY 约束和 UNIQUE 约束

ALTER TABLE 语句用来对数据表进行操作，可以在修改数据表的时候删除表中的约束，其删除约束的基本语法格式如下：

```
ALTER TABLE table_name
DROP CONSTRAINT constraint_name [,…n]
```

各主要参数说明如下。

table_name：约束所在的数据表名称。

constraint_name：需要删除的约束名称，n 在这里表示可以同时删除多个不同名称的约束。

【例 4.7】删除 member 表中的主键约束和唯一性约束，Transact-SQL 语句如下：

```
ALTER TABLE member
DROP CONSTRAINT PK_member, UQ_firstname
```

PK_member 和 UQ_firstname 分别为在 member 表中两种约束的名称，用户可以在【索引/键】对话框中查看表中的所有索引和键的名称。

4.5 实例 10——查看表中有关信息

数据表创建之后，可能有不同的用户需要查看表的有关信息，比如表的结构、表的属性、表中存储的数据以及与其他数据对象之间的依赖关系等。

1. 查看表的结构

展开数据库 Test ➤【表】节点，在需要查看的表上右击，在弹出的快捷菜单中选择【设计】命令，打开表设计器，在使用【对象资源管理器】面板创建数据表时，用户已经在前面的章节中看到过这个设计器，该设计器中显示了表定义中各个字段的名称、数据类型、是否允许空值以及主键唯一性约束等信息。另外，该窗口中的属性用户可以进行修改操作，最后单击【保存】按钮即可保存修改的操作，如图 4-33 所示。

图 4-33　表设计器

2. 查看表的相关信息

在需要查看的表 member 上右击，并在弹出的快捷菜单中选择【属性】命令，打开表属性对话框，在【选择页】列表中选择【常规】选项，该选择页中显示了该表所在数据库的名称、当前连接到服务器的用户名称、表的创建时间和架构等属性，这里显示的属性不能修改，如图 4-34 所示。

图 4-34　表属性对话框

3. 查看表中存储的数据

在 member 表上右击，在弹出的快捷菜单中选择【编辑前 200 行】命令，将显示 member 表中的前 200 条记录，并允许用户编辑这些数据，如图 4-35 所示。

图 4-35　选择【编辑前 200 行】命令后显示的结果

4. 查看表与其他数据对象的依赖关系

在要查看的表上右击，在弹出的快捷菜单中选择【查看依赖关系】命令，打开对象依赖关系对话框，该对话框显示了该表和其他数据对象的依赖关系，如果某个存储过程中使用了该表、该表的主键被其他表的外键约束所依赖或者该表依赖其他数据对象时，这里会列出相关的信息，如图 4-36 所示。

图 4-36 对象依赖关系对话框

4.6 实例 11——删除表

当数据表不再使用时，可以将其删除，删除数据表有两种方法，分别是使用【对象资源管理器】面板和使用 DROP TABLE 语句。

1. 使用【对象资源管理器】面板删除数据表

在【对象资源管理器】面板中，展开指定的数据库和表，右击需要删除的表，从弹出的快捷菜单中选择【删除】命令，在弹出的【删除对象】对话框中单击【确定】按钮，即可删除表，如图 4-37 所示。

图 4-37 【删除对象】对话框

 当有对象依赖于该表时，该表不能删除，单击【显示依赖关系】按钮可查看依赖于表和该表依赖的对象。

2. 使用 DROP TABLE 语句删除数据表

Transact-SQL 语言中可以使用 DROP TABLE 语句删除指定的数据表，基本语法格式如下：

```
DROP TABLE table_name
```

参数含义说明如下。

table_name：等待删除的表名称。

【例 4.8】删除 Test 数据库中的 authors 表，输入语句如下：

```
USE Test
GO
DROP TABLE authors
```

4.7 高 手 甜 点

甜点 1：如何快速地为多个列定义完整性？

如果完整性约束涉及数据表中的多个列，可以将其定义在列级别上，也可以将其定义在表级别上，这样可以简化定义的过程。

甜点 2：删除用户定义数据类型时要当心。

当表中的列还在使用用户定义的数据类型时，或者在其上面还绑定有默认项或规则时，用户定义的数据类型将不能删除。

甜点 3：删除表时要注意的问题有哪些？

在对表进行修改时，首先要查看该表是否和其他表存在依赖关系，如果存在依赖关系，应先解除该表的依赖关系后再进行修改操作，否则会导致其他表出错。

甜点 4：删除规则时要注意的问题有哪些？

在删除规则时，必须确保已经解除规则与数据列或用户定义的数据类型的绑定，否则，在执行删除语句时会出错。

4.8　跟我学上机

1．创建数据库 Market，并在 Market 中创建数据表 customers，customers 表结构如表 4-1 所示，按要求进行操作。

表 4-1　customers 表结构

字 段 名	数据类型	主　键	非　空	唯　一
c_id	INT	是	是	是
c_name	VARCHAR(50)	否	否	否
c_contact	VARCHAR(50)	否	否	否
c_city	VARCHAR(50)	否	否	否
c_birth	DATETIME	否	是	否

(1) 创建数据库 Market。

(2) 创建数据表 customers，并在 c_id 字段上添加主键约束，在 c_birth 字段上添加非空约束。

(3) 将 c_name 字段数据类型改为 VARCHAR(70)。

(4) 将 c_contact 字段改名为 c_phone。

(5) 增加 c_gender 字段，数据类型为 CHAR(1)。

(6) 将表名修改为 customers_info。

(7) 删除字段 c_city。

2．在 Market 中创建数据表 orders，orders 表结构如表 4-2 所示，按要求进行操作。

表 4-2　orders 表结构

字 段 名	数据类型	主　键	非　空	唯　一
o_num	INT(11)	是	是	是
o_date	DATE	否	否	否
c_id	VARCHAR(50)	否	否	否

(1) 创建数据表 orders，并在 o_num 字段上添加主键约束，在 c_id 字段上添加外键约束，关联 customers 表中的主键 c_id。

(2) 删除 orders 表的外键约束，然后删除表 customers。

第 5 章
Transact-SQL 语言基础

　　Transact-SQL 语言是结构化查询语言的增强版本，与多种 ANSI SQL 标准兼容，而且在标准的基础上还进行了许多扩展。Transact-SQL 代码是 SQL Server 的核心，使用 Transact-SQL 可以实现关系数据库中的数据查询、操作和添加功能。本章将详细 Transact-SQL 语言的基础，包括：什么是 Transact-SQL、Transact-SQL 中的常量和变量、运算符和表达式以及如何在 Transact-SQL 中使用通配符和注释。

本章要点(已掌握的在方框中打钩)
- ☐ 了解 Transact-SQL 的基本概念
- ☐ 掌握标识符起名的方法
- ☐ 掌握常量的使用方法
- ☐ 掌握变量的使用方法
- ☐ 掌握运算符与表达式的使用方法
- ☐ 掌握通配符的使用方法
- ☐ 熟悉 Transact-SQL 中注释的使用方法

5.1 Transact-SQL 概述

前面章节中，其实已经在使用 Transact-SQL 语言，只是没有系统地对该语言进行介绍。事实上与 SQL Server 实例通信的所有应用程序都通过将 Transact-SQL 语句发送到服务器进行通信，而不管应用程序的用户界面如何。

对数据库进行查询和修改操作的语言叫作 SQL，其含义是结构化查询语言(Structured Query Language)。SQL 包括许多不同的类型，有三个主要的标准：ANSI(美国国家标准机构)SQL；对 ANSI SQL 修改后在 1992 年采纳的标准，称为 SQL-92 或 SQL2；最近的 SQL-99 标准。SQL-99 标准从 SQL2 扩充而来并增加了对象关系特征和许多其他新功能。其次，各大数据库厂商提供不同版本的 SQL。这些版本的 SQL 支持原始的 ANSI 标准，而且在很大程度上支持新推出的 SQL-92 标准。

Transact-SQL 语言是 SQL 的一种实现形式，它包含了标准的 SQL 语言部分。标准的 SQL 语句几乎完全可以在 Transact-SQL 语言中执行，因为包含了这些标准的 SQL 语言来编写应用程序和脚本，所以提高了它们的可移植性。Transact-SQL 语言除具有 SQL 的主要特点外，还增加了变量、运算符、函数、流程控制和注释等语言因素，使得 Transact-SQL 的功能更加强大。另外，在标准的 ANSI SQL-99 之外，Transact-SQL 语言根据需要又增加了一些非标准的 SQL 语言。在有些情况下，使用非标准的 SQL 语言，可以简化一些操作步骤。

5.1.1 什么是 Transact-SQL

Transact-SQL 是 Microsoft 公司在关系型数据库管理系统 SQL Server 中的 SQL-3 标准的实现，是微软对 SQL 的扩展。在 SQL Server 中，所有与服务器实例的通信，都是通过发送 Transact-SQL 语句到服务器来实现的。根据其完成的具体功能，可以将 Transact-SQL 语句分为四大类，分别为数据定义语句、数据操作语句、数据控制语句和一些附加的语言元素。

1. 数据操作语句

```
SELECT,INSERT,DELETE,UPDATE
```

2. 数据定义语句

```
CREATE TABLE,DROP TABLE,ALTER TABLE,CREATE VIEW,DROP VIEW CREATE INDEX,DROP
INDEX,CREATE PROCEDURE,ALTER PROCEDURE,DROP PROCEDURE,CREATE TRIGGER,ALTER
TRIGGER,DROP TRIGGER
```

3. 数据控制语句

```
GRANT,DENY,REVOKE
```

4. 附加的语言元素

```
BEGIN TRANSACTION/COMMIT,ROLLBACK,SET TRANSACTION,DECLARE OPEN,FETCH,CLOSE,
EXECUTE
```

5.1.2 Transact-SQL 语法的约定

表 5-1 列出了 Transact-SQL 参考的语法关系图中使用的约定，并进行了说明。

表 5-1 语法约定

约 定	作 用
大写	Transact-SQL 关键字
斜体	用户提供的 Transact-SQL 语法的参数
粗体	数据库名、表名、列名、索引名、存储过程、实用工具、数据类型名以及必须按所显示的原样输入的文本
下划线	指示当语句中省略了包含带下划线的值的子句时应用的默认值
|(竖线)	分隔括号或大括号中的语法项。只能使用其中一项
[ ](方括号)	可选语法项。不要输入方括号
{ }(大括号)	必选语法项。不要输入大括号
[,...n]	指示前面的项可以重复 n 次。各项之间以逗号分隔
[...n]	指示前面的项可以重复 n 次。每一项由空格分隔
;	Transact-SQL 语句终止符。虽然在此版本的 SQL Server 中大部分语句不需要分号，但将来的版本需要分号
<label> ::=	语法块的名称。此约定用于对可在语句中的多个位置使用的过长语法段或语法单元进行分组和标记。可使用语法块的每个位置由括在尖括号内的标签指示：<标签>

除非另外指定，否则，所有对数据库对象名的 Transact-SQL 引用将由四部分组成的名称，格式如下：

```
server_name .[database_name].[schema_name].object_name
| database_name.[schema_name].object_name
| schema_name.object_name
| object_name
```

各主要参数说明如下。

server_name：指定链接的服务器名称或远程服务器名称。

database_name：表示如果对象驻留在 SQL Server 的本地实例中，则指定 SQL Server 数据库的名称。如果对象在链接服务器中，则 database_name 将指定 OLE DB 目录。

schema_name：表示如果对象在 SQL Server 数据库中，则指定包含对象的架构的名称。如果对象在链接服务器中，则 schema_name 将指定 OLE DB 架构名称。

object_name：表示对象的名称。

引用某个特定对象时，不必总是指定服务器、数据库和架构供 SQL Server 数据库引擎标识该对象。但是，如果找不到对象，就会返回错误消息。

除了使用时完全限定引用时的四个部分，在引用时若要省略中间节点，需要使用句点来指示这些位置。表 5-2 显示了引用对象名的有效格式。

表5-2　引用对象名格式

对象引用格式	说　明
server . database . schema . object	四个部分的名称
server . database .. object	省略架构名称
server .. schema . object	省略数据库名称
server ... object	省略数据库和架构名称
database . schema . object	省略服务器名
database .. object	省略服务器和架构名称
schema . object	省略服务器和数据库名称
object	省略服务器、数据库和架构名称

许多代码示例用字母 N 作为 Unicode 字符串常量的前缀。如果没有 N 前缀，则字符串被转换为数据库的默认代码页。此默认代码页可能无法识别某些字符。

5.2　如何给标识符起名

为了提供完善的数据库管理机制，SQL Server 设计了严格的对象命名规则。在创建或引用数据库实例，如表、索引、约束等时，必须遵守 SQL Server 的命名规则，否则可能发生一些难以预测和检测的错误。

1. 标识符分类

SQL Server 的所有对象，包括服务器、数据库及数据对象，如表、视图、列、索引、触发器、存储过程、规则、默认值和约束等都可以有一个标识符，对绝大多数对象来说，标识符是必不可少的，但对某些对象来说看是否规定标识符是可选择的。对象的标识符一般在创建对象时定义，作为引用对象的工具使用。

SQL Server 一共定义了两种类型的标识符：规则标识符和界定标识符。

1) 规则标识符

规则标识符严格遵守标识符有关的规定，所以在 Transact-SQL 中凡是规则运算符都不必使用界定符，对于不符合标识符格式的标识符要使用界定符"[]"或单引号"' '"。

2) 界定标识符

界定标识符是那些使用了如"[]"和"' '"等界定符号来进行位置限定的标识符，使用界定标识符既可以遵守标识符命名规则，也可以不遵守标识符命名规则。

2. 标识符规则

标识符的首字母必须是以下两种情况之一。

第一种情况是所有在 Unicode 2.0 标准规定的字符，包括 26 个英文字母 a~z 和 A~Z，以及其他一些语言字符，如汉字。例如，可以给一个表命名为"员工基本情况"。

第二种情况是，"_""@"或"#"。

标识符首字母后的字符可以是下面 3 种情况。

第一种情况是，所有在 Unicode 2.0 标准规定的字符，包括 26 个英文字母 a～z 和 A～Z，以及其他一些语言字符，如汉字。

第二种情况是，"_""@"或"#"。

第三种情况是，0、1、2、3、4、5、6、7、8、9。

标识符不允许是 Transact-SQL 的保留字；Transact-SQL 不区分大小写，所以无论是保留字的大写还是小写都不允许使用。

标识符内部不允许有空格或特殊字符；某些以特殊符号开头的标识符在 SQL Server 中具有特定的含义。如"@"开头的标识符表示这是一个局部变量或是一个函数的参数；以"#"开头的标识符表示这是一个临时表或存储过程；一个以"##"开头的标识符表示这是一个全局的临时数据库对象。Transact-SQL 的全局变量以标识符"@@"开头，为避免同这些全局变量混淆，建议不要使用"@@"作为标识符的开始。

无论是界定标识符还是规则标识符都最多只能容纳 128 个字符，对于本地的临时表最多可以有 116 个字符。

3．对象命名规则

SQL Server 数据库管理系统中的数据库对象名称由 1～128 个字符组成，不区分大小写。在一个数据库中创建了一个数据库对象后，数据库对象的前面应该包括服务器名、数据库名、包含对象的架构名和对象名 4 个部分。

4．实例的命名规则

在 SQL Server 数据库管理系统中默认实例的名字采用计算机名，实例的名字一般由计算机名和实例名两部分组成。

正确掌握数据库的命名和引用方式是用好 SQL Server 数据库管理系统的前提，也便于用户理解 SQL Server 数据库管理系统中的其他内容。

5.3　常　　量

常量也称为文字值或标量值，是表示一个特定数据值的符号。常量的格式取决于它所表示的值的数据类型。一个常量通常有一种数据类型和长度，这二者取决于常量格式。根据数据类型的不同，常量可以分为如下几类：数字常量，字符串常量，日期和时间常量，符号常量。本节将介绍这些不同常量的表示方法。

5.3.1　数字常量

数字常量包括有符号和无符号的整数、定点数和浮点小数。

integer 常量以没有用引号括起来并且不包含小数点的数字字符串来表示。integer 常量必须全部为数字；它们不能包含小数。

```
1894
2
```

decimal 常量由没有用引号括起来并且包含小数点的数字字符串来表示。

```
1894.1204
2.0
```

float 和 real 常量使用科学计数法来表示。

```
101.5E5
0.5E-2
```

若要指示一个数是正数还是负数，对数值常量应用"+"或"−"一元运算符。这将创建一个表示有符号数字值的表达式。如果没有应用"+"或"−"一元运算符，数值常量将使用正数。

money 常量以前缀为可选的小数点和可选的货币符号的数字字符串来表示。money 常量不使用引号括起。

```
$12
¥542023.14
```

5.3.2　字符串常量

1．字符串常量

字符串常量括在单引号内并包含字母和数字字符(a～z、A～Z 和 0～9)以及特殊字符，如感叹号(!)、at 符(@)和数字号(#)。将为字符串常量分配当前数据库的默认排序规则，除非使用 COLLATE 子句为其指定了排序规则。用户输入的字符串通过计算机的代码页计算，如有必要，将被转换为数据库的默认代码页。

```
'Cincinnati'
'O''Brien'
'Process X is 50% complete.'
'The level for job_id: %d should be between %d and %d.'
"O'Brien"
```

2．Unicode 字符串

Unicode 字符串的格式与普通字符串相似，但它前面有一个 N 标识符(N 代表 SQL-92 标准中的区域语言)。N 前缀必须是大写字母。例如，'Michél' 是字符串常量而 N'Michél'则是 Unicode 常量。Unicode 常量被解释为 Unicode 数据，并且不使用代码页进行计算。Unicode 常量有排序规则。该排序规则主要用于控制比较和如何区分大小写。为 Unicode 常量分配当前数据库的默认排序规则，除非使用 COLLATE 子句为其指定了排序规则。对于字符数据，存储 Unicode 数据时每个字符使用 2 字节，而不是每个字符 1 字节。

5.3.3　日期和时间常量

日期和时间常量使用特定格式的字符日期值来表示，并被单引号括起来。

```
'December 5, 1985'
'5 December, 1985'
'851205'
'12/5/85'
```

5.3.4　符号常量

1. 分隔符

在 Transact-SQL 中，双引号有两层含义。除了引用字符串之外，双引号还用作分隔符，也就是所谓的定界表示符(delimited identifier)。分割标识符是标识的一种特殊类型，通常将保留当作标识符并且用数据库对象的名称命名空间。

单引号和双引号之间的区别就在于前者是用于 SQL92 标准。标识符这种情况中，这种标准用于区分常规和分割标识符。关键的两点就是分割标识符是用双引号引出的而且还区分大小写(Transact-SQL 还支持用方括号代替双引号)。双引号只用于分割字符串。一般来说，分割标识符说明了标识符的规格，对保留的也起到了同样的作用。分割标识符还可以让你不用名字(标识符、变量名)，这些名字也可以在将来的 SQL 标准中用作保留的。并且，分割标识符还可能在标识符名中包含不合规定的字符，如空格。

在 Transact-SQL 中，双引号是来定义 SET 语句的 QUOTED_IDENTIFIER 选项的。如果这一选项设为 ON(即默认值)，那么双引号中的标识符就被定义成了分割标识符。在这种情况下，双引号就不能用于分割字符串。

说明一个 Transact-SQL 语句的注释有两种方法。使用一对字符/**/，注释就是对附着在里面的内容进行说明。这种情况中，注释内容可能扩展成很多行。另外，这些字符 "--"(两个连字符)表示当前行剩下的就是注释。两个连字符就符合 ANSI SQL 标准，而 "/" 和 "/" 是 Transact-SQL 的扩展名。

2. 标识符

Transact-SQL 中，标识符用于识别数据库对象，如数据库、表和索引。它们通过字符串表示出来，这些字符串的长度可以达到 128 个字符，还包含字母、数字或者下面的字符："_" "@" "#" 和 "$"。每个名称都必须以一个字母或者以下字符中的一个字符开头："_"@或#。#在以它开头的表名或存储程序名表示一个临时对象，而以 "@" 开头的标识符则表示一个变量。就像是之前提到的，这些规则并不适用于分割标识符(也叫作引用标识符)，分割标识符可以将这些字符包含在内或者其中的任意字符开头(而不是分割符本身)。

5.4 变　　量

变量可以保存查询之后的结果，可以在查询语句中使用变量，也可以将变量中的值插入数据表中，在 Transact-SQL 中变量的使用非常灵活方便，可以在任何 Transact-SQL 语句集合中声明使用，根据其生命周期，可以分为全局变量和局部变量。

5.4.1　实例 1——全局变量

全局变量是 SQL Server 系统提供的内部使用的变量，其作用范围并不仅仅局限于某一程序，而是任何程序均可以随时调用。全局变量通常存储一些 SQL Server 的配置设定值和统计数据。用户可以在程序中用全局变量来测试系统的设定值或者是 Transact-SQL 命令执行后的状态值。在使用全局变量时应注意以下几点：全局变量不是由用户的程序定义的，它们是在服务器级定义的。用户只能使用预先定义的全局变量，而不能修改全局变量。引用全局变量时，必须以标记符"@@"开头。

　　局部变量的名称不能与全局变量的名称相同，否则会在应用程序中出现不可预测的结果。

SQL Server 2012 中包含的全局变量及其含义如下。

@@CONNECTIONS：返回 SQL Server 自上次启动以来尝试的连接数，无论连接是成功还是失败。

@@CPU_BUSY：返回 SQL Server 自上次启动后的工作时间。其结果以 CPU 时间增量或"滴答数"表示，此值为所有 CPU 时间的累积，因此，可能会超出实际占用的时间。乘以 @@TIMETICKS 即可转换为微秒。

@@CURSOR_ROWS：返回连接时打开的上一个游标中的当前限定行的数目。为了提高性能，Microsoft SQL Server 可异步填充大型键集和静态游标。可调用 @@CURSOR_ROWS 以确定当其被调用时检索了游标符合条件的行数。

@@DATEFIRST：针对会话返回 SET DATEFIRST 的当前值。

@@DBTS：返回当前数据库的当前 timestamp 数据类型的值。这一时间戳值在数据库中必须是唯一的。

@@ERROR：返回执行的上一个 Transact-SQL 语句的错误号。

@@FETCH_STATUS：返回针对连接当前打开的任何游标发出的上一条游标 FETCH 语句的状态。

@@FETCH_STATUS：返回针对连接当前打开的任何游标发出的上一条游标 FETCH 语句的状态。

@@IDENTITY：返回插入表的 IDENTITY 列的最后一个值。

@@IDLE：返回 SQL Server 自上次启动后的空闲时间。结果以 CPU 时间增量或"时钟周期"表示，并且是所有 CPU 的累积，因此该值可能超过实际经过的时间。乘以

@@TIMETICKS 即可转换为微秒。

@@IO_BUSY：返回自从 SQL Server 最近一次启动以来，SQL Server 已经用于执行输入和输出操作的时间。其结果是 CPU 时间增量(时钟周期)，并且是所有 CPU 的累积值，所以，它可能超过实际消逝的时间。乘以 @@TIMETICKS 即可转换为微秒。

@@LANGID：返回当前使用的语言的本地语言标识符(ID)。

@@LANGUAGE：返回当前所用语言的名称。

@@LOCK_TIMEOUT：返回当前会话的当前锁定超时设置(毫秒)。

@@MAX_CONNECTIONS：返回 SQL Server 实例允许同时进行的最大用户连接数。返回的数值不一定是当前配置的数值。

@@MAX_PRECISION：按照服务器中的当前设置，返回 decimal 和 numeric 数据类型所用的精度级别。默认情况下，最大精度返回 38。

@@NESTLEVEL：返回对本地服务器上执行的当前存储过程的嵌套级别(初始值为 0)。

@@OPTIONS：返回有关当前 SET 选项的信息。

@@PACK_RECEIVED：返回 SQL Server 自上次启动后从网络读取的输入数据包数。

@@PACK_SENT：返回 SQL Server 自上次启动后写入网络的输出数据包个数。

@@PACKET_ERRORS：返回自上次启动 SQL Server 后，在 SQL Server 连接上发生的网络数据包错误数。

@@ROWCOUNT：返回上一次语句影响的数据行的行数。

@@PROCID：返回 Transact-SQL 当前模块的对象标识符(ID)。Transact-SQL 模块可以是存储过程、用户定义函数或触发器。不能在 CLR 模块或进程内数据访问接口中指定 @@PROCID。

@@SERVERNAME：返回运行 SQL Server 的本地服务器的名称。

@@SERVICENAME：返回 SQL Server 正在其下运行的注册表项的名称。若当前实例为默认实例，则@@SERVICENAME 返回 MSSQLSERVER；若当前实例是命名实例，则该函数返回该实例名。

@@SPID：返回当前用户进程的会话 ID。

@@TEXTSIZE：返回 SET 语句的 TEXTSIZE 选项的当前值，它指定 SELECT 语句返回的 text 或 image 数据类型的最大长度，其单位为字节。

@@TIMETICKS：返回每个时钟周期的微秒数。

@@TOTAL_ERRORS：返回自上次启动 SQL Server 之后 SQL Server 所遇到的磁盘写入错误数。

@@TOTAL_READ：返回 SQL Server 自上次启动后由 SQL Server 读取(非缓存读取)的磁盘的数目。

@@TOTAL_WRITE：返回自上次启动 SQL Server 以来 SQL Server 所执行的磁盘写入数。

@@TRANCOUNT：返回当前连接的活动事务数。

@@VERSION：返回当前安装的日期、版本和处理器类型。

【例 5.1】查看当前 SQL Server 的版本信息和服务器名称，输入语句如下：

```
SELECT @@VERSION AS 'SQL Server 版本', @@SERVERNAME AS '服务器名称'
```

使用 Windows 身份验证登录到 SQL Server 服务器之后，新建立一个使用当前连接的查询，输入上面的语句，单击【执行】按钮，执行结果如图 5-1 所示。

图 5-1　查看全局变量值

5.4.2　实例 2——局部变量

局部变量是一个能够拥有特定数据类型的对象，它的作用范围仅限制在程序内部。在批处理和脚本中变量可以有如下用途：作为计数器计算循环执行的次数或控制循环执行的次数，保存数据值以供控制流语句测试以及保存由存储过程代码返回的数据值或者函数返回值。局部变量被引用时要在其名称前加上标志"@"，而且必须先用 DECLARE 命令声明后才可以使用。定义局部变量的语法形式如下：

```
DECLARE {@local-variable data-type} […n]
```

各参数说明如下。

@local-variable：用于指定局部变量的名称，变量名必须以符号@开头，并且局部变量名必须符合 SQL Server 的命名规则。

data-type：用于设置局部变量的数据类型及其大小。data-type 可以是任何由系统提供的或用户定义的数据类型。但是，局部变量不能是 text、ntext 或 image 数据类型。

【例 5.2】使用 DECLARE 语句创建 int 数据类型的名为@mycounter 的局部变量，输入语句如下：

```
DECLARE @MyCounter int;
```

若要声明多个局部变量，在定义的第一个局部变量后使用一个逗号，然后指定下一个局部变量名称和数据类型。

【例 5.3】创建三个名为 @Name、@Phone 和@Address 的局部变量，并将每个变量都初始化为 NULL，输入语句如下：

```
DECLARE @Name varchar(30), @Phone varchar(20), @Address char(2);
```

使用 DECLARE 命令声明并创建局部变量之后，会将其初始值设为 NULL，如果想要设局部变量的值，必须使用 SELECT 命令或者 SET 命令。其语法形式如下：

```
SET {@local-variable=expression}
```

或者

```
SELECT {@local-variable=expression } [, …n]
```

各主要参数说明如下。

@local-variable：是给其赋值并声明的局部变量。

expression：是任何有效的 SQL Server 表达式。

【例 5.4】使用 SELECT 语句为@MyCount 变量赋值，最后输出@MyCount 变量的值，输入语句如下：

```
DECLARE @MyCount INT
SELECT @MyCount =100
SELECT @MyCount
GO
```

【例 5.5】通过查询语句给变量赋，输入语句如下：

```
DECLARE @rows int
SET @rows=(SELECT COUNT(*) FROM Member)
SELECT @rows
GO
```

该语句查询出 member 表中总的记录数，并将其保存在 rows 局部变量中。

【例 5.6】在 SELECT 查询语句中使用由 SET 赋值的局部变量，输入语句如下：

```
USE test
GO
DECLARE @memberType varchar(100)
SET @memberType ='VIP'
SELECT RTRIM(FirstName)+' '+RTRIM(LastName) AS Name, @memberType
FROM member
GO
```

5.4.3 实例 3——批和脚本

批处理是同时从应用程序发送到 SQL Server 并得以执行的一组单条或多条 Transact-SQL 语句。这些语句为了达到一个整体的目标而同时执行。GO 命令表示批处理的结束。如果 Transact-SQL 脚本中没有 GO 命令，那么它将被作为单个批处理来执行。

SQL Server 将批中的语句作为一个整体编译为一个执行计划，因此批中的语句是一起提交给服务器的，所以可以节省系统开销。

批中的语句如果在编译时出现错误，则不能产生执行计划，批中的任何一个语句都不会执行。批运行时出现错误将有以下影响。

(1) 大多数运行时错误将停止执行批处理中当前语句和其之后的语句。

(2) 某些运行时错误(如违反约束)仅停止执行当前语句，而继续执行批处理中其他语句。

(3) 在遇到运行时错误的语句之前执行的语句不受影响。唯一例外的情况是批处理位于事务中并且错误导致事务回滚。在这种情况下，所有在运行时错误之前执行的未提交数据修改都将回滚。

批处理使用时有如下限制规则。

(1) CREATE DEFAULT、CREATE FUNCTION、CREATE PROCEDURE、CREATE RULE、CREATE SCHEMA、CREATE TRIGGER 和 CREATE VIEW 语句不能在批处理中与其他语句组合使用。批处理必须以 CREATE 语句开始。所有跟在该批处理后的其他语句将被解释为第一个 CREATE 语句定义的一部分。

(2) 不能在同一个批处理中更改表，然后引用新列。

(3) 如果 EXECUTE 语句是批处理中的第一句，则不需要 EXECUTE 关键字。如果 EXECUTE 语句不是批处理中的第一条语句，则需要 EXECUTE 关键字。

脚本是存储在文件中的一系列 Transact-SQL 语句。Transact-SQL 脚本包含一个或多个批处理。Transact-SQL 脚本主要有以下用途。

(1) 在服务器上保存用来创建和填充数据库的步骤的永久副本，作为一种备份机制。

(2) 必要时将语句从一台计算机传输到另一台计算机。

(3) 通过让新员工发现代码中的问题、了解代码或更改代码，从而快速对其进行培训。

脚本可以看作一个单元，以文本文件的形式存储在系统中，在脚本中可以使用系统函数和局部变量，例如一个脚本中包含了如下代码：

```
USE test_db
GO
DECLARE @mycount int
CREATE TABLE person
(
  id    INT NOT NULL PRIMARY KEY,
  name  VARCHAR(40) NOT NULL DEFAULT '',
  age   INT NOT NULL DEFAULT 0,
  info  VARCHAR(50) NULL
);
INSERT INTO person (id ,name, age ) VALUES (1,'Green', 21);
INSERT INTO person (age ,name, id , info) VALUES (22, 'Suse', 2, 'dancer');
SET @mycount =(SELECT COUNT(*) FROM person)
GO
```

该脚本中使用了 6 条语句，分别包含了 USE 语句、局部变量的定义、CREATE 语句、INSERT 语句、SELECT 语句以及 SET 赋值语句，所有的这些语句一起完成了 person 数据表的创建、插入数据并统计插入的记录总数的工作。

USE 语句用来设置当前使用的数据库，可以看到，因为使用了 USE 语句，所以在执行 INSERT 和 SELECT 语句时，它们将在指定的数据库(test_db)中进行操作。

5.5 运算符和表达式

运算符是一些符号，它们能够用于执行算术运算、字符串连接、赋值以及在字段、常量和变量之间进行比较。在 SQL Server 2012 中，运算符主要有以下六大类：算术运算符、比较运算符、逻辑运算符、字符串串联运算符、位运算符以及赋值运算符。表达式在 SQL Server 中也有非常重要的作用，SQL 语言中的许多重要操作也都需要使用表达式来完成，本节将介绍各类运算符的用法和有关表达式的详细信息。

5.5.1 算术运算符

算术运算符可以在两个表达式上执行数学运算，这两个表达式可以是任何数值数据类型。SQL Server 中的算术运算符如表 5-3 所示。

表 5-3   Transact-SQL 中的算术运算符

运 算 符	作 用
+	加法运算
−	减法运算
*	乘法运算
/	除法运算，返回商
%	求余运算，返回余数

加法和减法运算符也可以对 datetime 和 smalldatetime 类型的数据执行算术运算。求余运算即返回一个除法运算的整数余数，例如表达式 14%3 的结果等于 2。

5.5.2 比较运算符

比较运算符用来比较两个表达式的大小，表达式可以是字符、数字或日期数据，其比较结果是布尔值。

比较运算符测试两个表达式是否相同。除了 text、ntext 或 image 数据类型的表达式外，比较运算符可以用于所有的表达式。表 5-4 列出了 Transact-SQL 比较运算符。

表 5-4   Transact-SQL 中的比较运算符

运 算 符	含 义
=(等于)	等于
>(大于)	大于
<(小于)	小于
>=(大于等于)	大于等于

续表

运　算　符	含　义
<=(小于等于)	小于等于
<> (不等于)	不等于
!=(不等于)	不等于(非 ISO 标准)
!<(不小于)	不小于(非 ISO 标准)
!>(不大于)	不大于(非 ISO 标准)

5.5.3　逻辑运算符

逻辑运算符可以把多个逻辑表达式连接起来测试，以获得其真实情况。返回带有 TRUE、FALSE 或 UNKNOWN 值的 boolean 数据类型。Transact-SQL 中包含如下一些逻辑运算符。

ALL：如果一组的比较都为 TRUE，那么就为 TRUE。

AND：如果两个布尔表达式都为 TRUE，那么就为 TRUE。

ANY：如果一组的比较中任何一个为 TRUE，那么就为 TRUE。

BETWEEN：如果操作数在某个范围之内，那么就为 TRUE。

EXISTS：如果子查询包含一些行，那么就为 TRUE。

IN：如果操作数等于表达式列表中的一个，那么就为 TRUE。

LIKE：如果操作数与一种模式相匹配，那么就为 TRUE。

NOT：对任何其他布尔运算符的值取反。

OR：如果两个布尔表达式中的一个为 TRUE，那么就为 TRUE。

SOME：如果在一组比较中，有些为 TRUE，那么就为 TRUE。

5.5.4　字符串串联运算符

加号(+)是字符串串联运算符，可以将两个或两个以上字符串合并成一个字符串。其他所有字符串操作都使用字符串函数(如 SUBSTRING)进行处理。

默认情况下，对于 varchar 数据类型的数据，在 INSERT 或赋值语句中，空的字符串将被解释为空字符串。在串联 varchar、char 或 text 数据类型的数据时，空的字符串被解释为空字符串。例如，'abc' + '' + 'def '被存储为'abcdef '。

5.5.5　位运算符

位运算符在两个表达式之间执行位操作，这两个表达式可以为整数数据类型类别中的任何数据类型，如表 5-5 所示。

表 5-5　位运算符

运　算　符	含　义
&	位与
|	位或
^	位异或
~	返回数字的非

5.5.6　运算符的优先级

当一个复杂的表达式有多个运算符时，运算符优先级决定执行运算的先后次序。执行的顺序可能严重地影响所得到的值。

运算符的优先级别如表 5-6 所示。在较低级别的运算符之前先对较高级别的运算符进行求值，表 5-6 按运算符从高到低的顺序列出 SQL Server 中的运算符优先级别。

表 5-6　SQL Server 运算符的优先级

级　别	运　算　符
1	~(位非)
2	*(乘)、/(除)、%(取模)
3	+(正)、-(负)、+(加)、(+连接)、-(减)、&(位与)、^(位异或)、|(位或)
4	=、>、<、>= 、<= 、<> 、!=,!> 、!<(比较运算符)
5	NOT
6	AND
7	ALL、ANY、BETWEEN、IN、LIKE、OR、SOME
8	=(赋值)

当一个表达式中的两个运算符有相同的运算符优先级别时，将按照它们在表达式中的位置对其从左到右进行求值。当然，在无法确定优先级的情况下，可以使用圆括号()来改变优先级，并且这样会使计算过程更加清晰。

5.5.7　什么是表达式

表达式是指用运算符和圆括号把变量、常量和函数等运算成分连接起来的有意义的式子，即使单个的常量、变量和函数也可以看成是一个表达式。表达式有多方面的用途，如执行计算、提供查询记录条件等。

5.5.8 Transact-SQL 表达式的分类

根据连接表达式的运算符进行分类，可以将表达式分为算术表达式、比较表达式、逻辑表达式、按位表达式和混合表达式等；根据表达式的作用来进行分类可以将表达式分为字段名表达式、目标表达式和条件表达式。

1. 字段名表达式

字段名表达式可以是单一的字段名或几个字段的组合，还可以是由字段、作用于字段的集合函数和常量的任意算术运算(+、-、*、/)组成的运算式子，主要包括数值表达式、字符表达式、逻辑表达式和日期表达式 4 种。

2. 目标表达式

目标表达式有 4 种构成方式。

(1) *：表示选择相应基表和视图的所有字段。

(2) <表名>.*：表示选择指定的基表和视图的所有字段。

(3) 集函数()：表示在相应的表中按集函数操作和运算。

(4) [<表名>.]字段名表达式[, [<表名>.]<字段名表达式>]...：表示按字段名表达式在多个指定的表中选择。

3. 条件表达式

常用的条件表达式有以下 6 种。

(1) 比较大小：应用比较运算符构成表达式，主要的比较运算符有=、>、>=、<、<=、!=、<>、!>(不大于)、!<(不小于)、NOT+(与比较运算符相同，对条件求非)。

(2) 指定范围：(NOT) BETWEEN...AND...运算符查找字段值在或者不在指定范围内的记录。BETWEEN 后面指定范围的最小值，AND 后面指定范围的最大值。

(3) 集合(NOT) IN：查询字段值属于或者不属于指定集合内的记录。

(4) 字符匹配：(NOT) LIKE '<匹配字符串>' [ESCAPE '<换码字符>'] 查找字段值满足<匹配字符串>中指定的匹配条件的记录。<匹配字符串>可以是一个完整的字符串，也可以包含通配符 "_" 和 "%"，"_" 代表任意单个字符，"%" 代表任意长度的字符串。

(5) 空值 IS (NOT) NULL：查找字段值为空(不为空)的记录。NULL 不能用来表示无形值、默认值、不可用值以及取最低值或取最高值。SQL 规定，在含有运算符 "+" "-" "*" "/" 的算术表达式中，若有一个值是空值，则该算术表达式的值也是空值；任何一个含有 NULL 比较操作结果的取值都为 FALSE。

(6) 多重条件 AND 和 OR：AND 表达式用来查找字段值同时满足 AND 相连接的查询条件的记录。OR 表达式用来查询字段值满足 OR 连接的查询条件中任意一个的记录。AND 运算符的优先级高于 OR 运算符。

5.6　Transact-SQL 利器——通配符

查询时，有时无法指定一个清楚的查询条件，此时可以使用 SQL 通配符，通配符用来代替一个或多个字符，在使用通配符时，要与 LIKE 运算符一起使用。SQL 中常用的通配符如表 5-7 所示。

表 5-7　SQL 通配符

通 配 符	说 明	例 子	匹配值示例
%	匹配任意长度的字符，甚至包括零字符	'f%n'匹配字符 n 前面有任意个字符 f	fn, fan,faan, abcn
_	匹配任意单个字符	'b_ '匹配以 b 开头长度为两个字符的值	ba, by, bx, bp
[字符集合]	匹配字符集合中的任何一个字符	'[xz]' 匹配 x 或者 y	dizzy, zebra, x-ray, extra
[^]或[!]	匹配不在括号中的任何字符	'[^abc]'匹配任何不包含 a、b 或 c 的字符串	desk, fox, f8ke

5.7　Transact-SQL 语言中的注释

注释中包含对 SQL 代码的解释说明性文字，这些文字可以插入单独行中、嵌套在 Transact-SQL 命令行的结尾或嵌套在 Transact-SQL 语句中。服务器不会执行注释。对 SQL 代码添加注释可以增强代码的可读性和清晰度，而对于团队开发时，使用注释更能够加强开发人员互相之间的沟通，提高工作效率。

SQL 中的注释分为以下两种。

1. 单行注释

单行注释以两个减号“--”开始，作用范围是从注释符号开始到一行的结束。例如：

```
--CREATE TABLE temp
--( id INT PRIMAYR KEY, hobby VARCHAR(100) NULL)
```

该段代码表示创建一个数据表，但是因为加了注释符号“--”，所有该段代码是不会被执行的。

```
--查找表中的所有记录
SELECT * FROM member WHERE id=1
```

该段代码中的第二行将被 SQL 解释器执行，而第一行作为第二行语句的解释说明性文字，不会被执行。

2. 多行注释

多行注释作用于某一代码块，该种注释使用斜杠星号(/*……*/)，使用这种注释时，编译器将忽略从(/*)开始后面的所有内容，直到遇到(*/)为止。例如：

```
/*CREATE TABLE temp
--( id INT PRIMAYR KEY, hobby VARCHAR(100) NULL)*/
```

该段代码被当作注释内容，而不会被解释器执行。

5.8 高手甜点

甜点1：字符串连接时要保证数据类型可转换吗？

字符串连接时，多个表达式必须具有相同的数据类型，或者其中一个表达式必须能够隐式地转换为另一表达式的数据类型，若要连接两个数值，这两个数值都必须显式转换为某种字符串数据类型。

甜点2：使用比较运算符要保证数据类型的一致吗？

SQL Server 2012 中，比较运算符几乎可以连接所有的数据类型，但是，比较运算符两边的数据类型必须保持一致。如果连接的数据类型不是数字值时必须用单引号将比较运算符后面的数据引起来。

5.9 跟我学上机

1. SQL Server 系统数据类型都有哪些？各种类型数据都有什么特点？
2. 局部变量和全局变量有什么区别？
3. SQL Server 运算符有哪几类？每一种运算符的使用方法和特点是什么？

第 6 章

Transact-SQL 语句

Transact-SQL 是标准 SQL 的增强版，是应用程序与 SQL Server 沟通的主要语言，本章将以 Transact-SQL 语言为基础，分别从以下几个方面详细介绍 Transact-SQL 中的各种语句：数据定义语句、数据操作语句、数据控制语句、其他基本语句、流程控制语句和批处理语句。

本章要点(已掌握的在方框中打钩)
- ☐ 掌握使用数据定义语句的方法
- ☐ 掌握使用数据操作语句的方法
- ☐ 掌握使用数据控制语句的方法
- ☐ 掌握使用其他基本语句的方法
- ☐ 掌握使用流程控制语句的方法
- ☐ 掌握使用批处理语句的方法

6.1 数据定义语句

数据定义语句(DDL)，是用于描述数据库中要存储的现实世界实体的语言。作为数据库管理系统的一部分，DDL 用于定义数据库的所有特性和属性，例如行布局、字段定义、文件位置，常见的数据定义语句有：CREATE DATABASE、CREATE TABLE、CREATE VIEW、DROP VIEW、ALTER TABLE 等，下面将分别介绍各种数据定义语句。

6.1.1 实例 1——创建语句(CREATE)

作为数据库操作语言中非常重要的部分，CREATE 用于创建数据库、数据表以及约束等，下面将详细介绍 CREATE 的具体应用。

1. 创建数据库

创建数据库是在系统磁盘上划分一块区域用于数据的存储和管理，创建数据库时需要指定数据库的名称、文件名称、数据文件大小、初始大小、是否自动增长等内容。SQL Server 中可以使用 CREATE DATABASE 语句，或者通过【对象资源管理器】面板创建数据库。这里主要介绍 CREATE DATABASE 的用法。CREATE DATABASE 语句的基本语法格式如下：

```
CREATE DATABASE database_name
[ ON [ PRIMARY ]
NAME = logical_file_name
    [ , NEWNAME = new_logical_name ]
    [ , FILENAME = {'os_file_name' | 'filestream_path' } ]
    [ , SIZE = size [ KB | MB | GB | TB ] ]
    [ , MAXSIZE = { max_size [ KB | MB | GB | TB ] | UNLIMITED } ]
    [ , FILEGROWTH = growth_increment [ KB | MB | GB | TB| % ] ]
] [ ,…n ]
```

各参数说明如下。

database_name：数据库名称，不能与 SQL Server 中现有的数据库实例名称相冲突，最多可以包含 128 个字符。

ON：指定显式定义用来存储数据库中数据的磁盘文件。

PRIMARY：指定关联的<filespec>列表定义的主文件，在主文件组<filespec>项中指定的第一个文件将生产主文件，一个数据库只能有一个主文件。如果没有指定 PRIMARY，那么 CREATE DATABASE 语句中列出的第一个文件将成为主文件。

NAME：指定文件的逻辑名称。引用文件时在 SQL Server 中使用的逻辑名称。

FILENAME：指定创建文件时由操作系统使用的路径和文件名，执行 CREATE DATABASE 语句前，指定路径必须存在。

SIZE：指定数据库文件的初始大小，如果没有为主文件提供 size，数据库引擎将使用

model 数据库中的主文件的大小。

MAXSIZE：指定文件可增大到的最大大小。可以使用 KB、MB、GB 和 TB 做单位，默认为 MB。max_size 是整数值。如果不指定 max_size，则文件将不断增长直至磁盘被占满。UNLIMITED 表示文件一直增长到磁盘充满。

FILEGROWTH：指定文件的自动增量。文件的 FILEGROWTH 设置不能超过 MAXSIZE 设置。该值可以 MB、KB、GB、TB 或百分比(%)为单位指定，默认值为 MB。如果指定百分比(%)，则增量大小为发生增长时文件大小的指定百分比。值为 0 时表明自动增长被设置为关闭，不允许增加空间。

【例 6.1】创建名称为 test_db 的数据库，输入语句如下：

```
CREATE DATABASE test_db ON  PRIMARY
(
NAME = 'test_db_data1',          --数据库逻辑文件名称
FILENAME = 'C:\SQL Server 2012\test_db_data.mdf',    --主数据文件存储位置
SIZE = 5120KB ,        --主数据文件大小
MAXSIZE =20,        --主数据文件最大增长空间为20MB
FILEGROWTH =1      --文件增长大小设置为1MB
)
```

上述代码可创建一个名称为 test_db 的数据库，设定数据库的主数据文件名称为 test_db_data，主数据文件大小为 5MB，增长大小为 1MB；注意，该段代码没有指定创建事务日志文件，但是系统默认会创建一个数据库名称加上_log 的日志文件，该日志文件的大小为系统默认值 2MB，增量为 10%，最大增长空间为 20MB。

2. 创建数据表

在创建完数据库之后，接下来的工作就是创建数据表。所谓创建数据表指的是在已经创建好的数据库中建立新表。创建数据表的过程是规定数据列的属性的过程，同时也是实施数据完整性约束的过程。创建数据表使用 CREATE TABLE 语句，CREATE TABLE 语句的基本语法格式如下：

```
CREATE TABLE  [database_name.[ schema_name ].] table_name
{column_name <data_type>
[ NULL | NOT NULL ] | [ DEFAULT constant_expression ] | [ ROWGUIDCOL ]
{ PRIMARY KEY | UNIQUE } [CLUSTERED | NONCLUSTERED]
 [ ASC | DESC ]
}[ ,…n ]
```

各参数说明如下。

database_name：要在其中创建表的数据库名称，若不指定数据库名称，则默认使用当前数据库。

schema_name：新表所属架构的名称，若此项为空，则默认为新表的创建者在当前架构。

table_name：创建的数据表的名称。

column_name：数据表中的各个列的名称，列名称必须唯一。

data_type：指定字段列的数据类型，可以是系统数据类型也可以是用户定义数据类型。

NULL | NOT NULL：确定列中是否允许使用空值。

DEFAULT：用于指定列的默认值。

ROWGUIDCOL：指示新列是行 GUID 列。对于每个表，只能将其中的一个 uniqueidentifier 列指定为 ROWGUIDCOL 列。

PRIMARY KEY：主键约束，通过唯一索引对给定的一列或多列强制实体完整性的约束。每个表只能创建一个 PRIMARY KEY 约束。PRIMARY KEY 约束中定义的所有列都必须定义为 NOT NULL。

UNIQUE：唯一性约束，该约束通过唯一索引为一个或多个指定列提供实体完整性。一个表可以有多个 UNIQUE 约束。

CLUSTERED | NONCLUSTERED：指示为 PRIMARY KEY 或 UNIQUE 约束创建聚集索引还是非聚集索引。PRIMARY KEY 约束默认为 CLUSTERED，UNIQUE 约束默认为 NONCLUSTERED。在 CREATE TABLE 语句中，可只为一个约束指定 CLUSTERED。如果在为 UNIQUE 约束指定 CLUSTERED 的同时又指定了 RIMARY KEY 约束，则 PRIMARY KEY 将默认为 NONCLUSTERED。

ASC | DESC：指定加入表约束中的一列或多列的排序顺序，ASC 为升序排列，DESC 为降序排列，默认值为 ASC。

【例 6.2】在 test_db 数据库中创建员工表 tb_emp1，结构如表 6-1 所示。

表 6-1 tb_emp1 表结构

字段名称	数据类型	非　空	唯　一	备　注
id	INT	是	是	员工编号
name	VARCHAR(25)	是	否	员工名称
deptId	INT(11)	是	否	所在部门编号
salary	SMALLMONEY	否	否	工资

输入语句如下：

```
USE test_db
CREATE TABLE tb_emp1
(
id      INT PRIMARY KEY,
name    VARCHAR(25) NOT NULL,
deptId  CHAR(2) NOT NULL,
salary  SMALLMONEY NULL
);
```

上述代码将在 test_db 数据库中添加一个名称为 tb_emp1 的数据表。读者可以打开表的设计器，可以看到该表的结构，如图 6-1 所示。

图 6-1　tb_emp1 表结构

6.1.2　实例 2——删除语句(DROP)

既然能够创建数据库和数据表，那么也能将其删除，DROP 语句可以轻松地删除数据库和表。下面介绍如何使用 DROP 语句。

1．删除数据表

删除数据表是将数据库中已经存在的表从数据库中删除。注意，删除表的同时，表的定义和表中数据、索引和视图也会被删除，因此，在删除操作前，最好对表中的数据做好备份，以免造成无法挽回的后果(如果要删除的表是其他表的参照表，此表将无法删除，需要先删除表中的外键约束或者将其他表删除)。删除表的语法格式如下：

```
DROP TABLE table_name
```

table_name 为要删除的数据表的名称。

【例 6.3】删除 test_db 数据库中的 table_emp 表，输入语句如下：

```
USE test_db
GO
DROP TABLE dbo.table_emp
```

2．删除数据库

删除数据库是将已经存在数据库从磁盘上的空间中清除，清除之后，数据库中的所有数据也将一同被删除，删除数据库的基本语法格式如下：

```
DROP DATABASE database_name
```

database_name 为要删除的数据库的名称。

【例 6.4】删除 test_db 数据库，输入语句如下：

```
DROP DATABASE test_db
```

6.1.3　实例 3——修改语句(ALTER)

当数据库结构无法满足需求或者存储空间已经填满时，需要对数据库进行修改，可以使用 ALTER 语句对数据库和数据表进行修改，下面将介绍如何使用 ALTER 语句修改数据库和数据表。

1. 修改数据库

修改数据库的 ALTER 语句基本语法格式如下：

```
ALTER DATABASE database_name
{
  ADD FILE <filespec> [ ,…n ] [ TO FILEGROUP { filegroup_name } ]
  | ADD LOG FILE <filespec> [ ,…n ]
  | REMOVE FILE logical_file_name
  | MODIFY FILE <filespec>
| MODIFY NAME = new_database_name
| ADD FILEGROUP filegroup_name
| REMOVE FILEGROUP filegroup_name
| MODIFY FILEGROUP filegroup_name
}
<filespec>::=
(
NAME = logical_file_name
[ , NEWNAME = new_logical_name ]
[ , FILENAME = {'os_file_name' | 'filestream_path' } ]
 [ , SIZE = size [ KB | MB | GB | TB ] ]
[ , MAXSIZE = { max_size [ KB | MB | GB | TB ] | UNLIMITED } ]
[ , FILEGROWTH = growth_increment [ KB | MB | GB | TB| % ] ]
[ , OFFLINE ]
)
```

各参数说明如下。

database_name：要修改的数据库的名称。

ADD FILE…TO FILEGROUP：添加新数据库文件到指定的文件组中。

ADD LOG FILE：添加日志文件。

REMOVE FILE：从 SQL Server 的实例中删除逻辑文件说明并删除物理文件。除非文件为空，否则无法删除文件。

MODIFY FILE：指定应修改的文件。一次只能更改一个 <filespec> 属性。必须在 <filespec> 中指定 NAME，以标识要修改的文件。如果指定了 SIZE，那么新大小必须比文件当前大小要大。

MODIFY NAME ：使用指定的名称重命名数据库。

ADD FILEGROUP：向数据库中添加文件组。

REMOVE FILEGROUP：从数据库中删除文件组。除非文件组为空，否则无法将其删除。

MODIFY FILEGROUP：通过将状态设置为 READ_ONLY 或 READ_WRITE、将文件组设置为数据库的默认文件组或者更改文件组名称来修改文件组。

【例 6.5】将 test_db 数据库的名称修改为 company，输入语句如下：

```
ALTER DATABASE test_db
MODIFY NAME=company
```

2. 修改表

修改表结构可以在已经定义的表中增加新的字段列或删除多余的字段。实现这些操作可以使用 ALTER TABLE 语句，其基本语法格式如下：

```
ALTER TABLE [ database name . [ schema name ] . ] table name
{
ALTER
{
[COLUMN  column name type name  [column constraints] ] [,…n]
}
| ADD
{
[ column name1 typename [column constraints],[table constraint] ] [, …n]
}
| DROP
{
[COLUMN column name1] [, …n]
}
```

各参数说明如下。

ALTER：修改字段属性。

ADD：表示向表中添加新的字段列，后面可以跟多个字段的定义信息，多个字段之间用逗号隔开。

DROP：删除表中的字段，可以同时删除多个字段，多个字段之间用逗号分隔开。

【例 6.6】在更改过名称的 company 数据库中，向 tb_emp1 数据表中添加名称为 birth 的字段列，数据类型为 date，要求非空，输入语句如下：

```
USE company
GO
ALTER TABLE tb emp1
ADD  birth DATE NOT NULL
```

【例 6.7】删除 tb_emp1 表中的 birth 字段列，输入语句如下：

```
USE company
GO
ALTER TABLE tb emp1
DROP COLUMN birth
```

6.2 数据操作语句

数据操作语句(Data Manipulation Language，DML)是使用户能够查询数据库及操作已有数据库中数据的语句，其中包括数据库插入语句、数据更改语句、数据删除语句和数据查询语句等。本节将介绍这些内容。

6.2.1 实例 4——插入数据(INSERT)

向已创建好的数据表中插入记录，可以一次插入一条记录，也可以一次插入多条记录。插入表中的记录中的值必须符合各个字段值数据类型及相应的约束。INSERT 语句基本语法格式如下：

```
INSERT INTO table name ( column list )
VALUES (value_list);
```

各参数说明如下。

table_name：指定要插入数据的表名。

column_list：指定要插入数据的那些列。

value_list：指定每个列对应插入的数据。

> **注意** 使用该语句时字段列和数据值的数量必须相同，value_list 中的这些值可以是 DEFAULT，NULL 或者是表达式。DEFAULT 表示插入该列在定义时的默认值；NULL 表示插入空值；表达式将插入表达式计算之后的结果。

在演示插入操作之前，读者需要准备一张数据表，这里定义名称为 teacher 的表，请读者在 test_db 数据库中创建该数据表，创建表的语句如下：

```
CREATE  TABLE  teacher
(
id       INT  NOT NULL PRIMARY KEY,
name     VARCHAR(20)  NOT NULL ,
birthday  DATE ,
sex      VARCHAR(4) ,
cellphone VARCHAR(18)
);
```

执行操作后刷新表节点，即可看到新添加的 teacher 表，如图 6-2 所示。

【例 6.8】向 teacher 表中插入一条新记录，输入语句如下：

```
INSERT INTO teacher VALUES(1, '张三', '1978-02-14', '男', '0018611')  --插入一条记录
SELECT * FROM teacher
```

执行语句后结果如图 6-3 所示。

图 6-2　添加 teacher 表

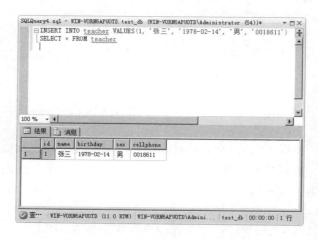

图 6-3　向 teacher 表中插入一条记录

插入操作成功，可以从 teacher 表中查看到该记录。

【例 6.9】向 teacher 表中插入多条新记录，Transact-SQL 代码如下：

```
SELECT * FROM teacher
INSERT INTO teacher
```

```
VALUES (2, '李四', '1978-11-21','女', '0018624') ,
(3, '王五','1976-12-05','男', '0018678') ,
(4, '赵纤','1980-06-05','女', '0018699') ;
SELECT * FROM teacher
```

执行结果如图 6-4 所示。

图 6-4　向 teacher 表中插入多条记录

对比插入前后的查询结果，可以看到现在表中已经多了 3 条记录，插入操作成功。

6.2.2　实例 5——更改数据(UPDATE)

表中有数据之后，接下来可以对数据进行更新操作，SQL Server 中使用 UPDATE 语句更新表中的记录，可以更新特定的行或者同时更新所有的行。UPDATE 语句的基本语法结构如下：

```
UPDATE table_name
SET column_name1 = value1,column_name2=value2,…,column_nameN=valueN
WHERE search_condition
```

各参数说明如下。

column_name1,column_name2,…,column_nameN：指定更新的字段的名称。

value1,value2,…,valueN：相对应的指定字段的更新值。

condition：指定更新的记录需要满足的条件。更新多个列时，每个"列=值"对之间用逗号隔开，最后一列之后不需要逗号。

1. 指定条件修改

【例 6.10】在 teacher 表中，更新 id 值为 2 的记录，将 birth 字段值改为'1980-8-8'，将 cellphone 字段值改为'0018600'，输入语句如下：

```
SELECT * FROM teacher WHERE id =1;
UPDATE teacher
SET birthday = '1980-8-8',cellphone='0018600' WHERE id = 1;
SELECT * FROM teacher WHERE id =1;
```

对比执行前后的结果如图 6-5 所示。

图 6-5　指定条件修改记录

对比前后的查询结果，可以看到，更新指定记录成功。

2. 修改表中所有记录

【例 6.11】在 teacher 表中，将所有老师的电话都修改为'01008611'，输入语句如下：

```sql
SELECT * FROM teacher;
UPDATE teacher SET cellphone='01008611';
SELECT * FROM teacher;
```

代码执行后的结果如图 6-6 所示。

图 6-6　同时修改 teacher 表中所有记录的 cellphone 字段

由结果可以看到，现在表中所有记录的 cellphone 字段都有相同的值，修改操作成功。

6.2.3 实例 6——删除数据(DELETE)

数据的删除将删除表的部分或全部记录，删除时可以指定删除条件从而可以删除一条或多条记录，如果不指定删除条件，DELETE 语句将删除表中所有的记录，清空数据表。DELETE 语句的基本语法格式如下：

```
DELETE FROM table_name
[WHERE condition]
```

各参数说明如下。

table_name：执行删除操作的数据表。

WHERE 子句指定删除的记录要满足的条件。

condition：条件表达式。

1. 按指定条件删除一条或多条记录

【例 6.12】删除 teacher 表中 id 等于 1 的记录，输入语句如下：

```
DELETE FROM teacher WHERE id=1;
SELECT * FROM teacher WHERE id=1;
```

执行结果如图 6-7 所示。

图 6-7 按指定条件删除一条记录

由结果可以看到，代码执行之后，SELECT 语句的查询结果为空，删除记录成功。

2. 删除表中所有记录

使用不带 WHERE 子句的 DELETE 语句可以删除表中的所有记录。

【例 6.13】删除 teacher 表中所有记录，输入语句如下：

```
SELECT * FROM teacher;
DELETE FROM teacher;
SELECT * FROM teacher;
```

执行结果如图 6-8 所示。

图 6-8　删除表中所有记录

对比删除前后的查询结果，可以看到，执行 DELETE 语句之后，表中的记录被全部删除，所以第二条 SELECT 语句的查询结果为空。

6.2.4　实例 7——查询数据(SELECT)

对于数据库管理系统来说，数据查询是执行频率最高的操作，是数据库中非常重要的部分。Transact-SQL 中使用 SELECT 语句进行数据查询，SELECT 语句的基本语法结构如下：

```
SELECT [ALL | DISTINCT] {* | <字段列表>}
FROM table_name | view_name
[WHERE <condition>]
[GROUP BY <字段名>] [HAVING <expression> ]
[ORDER BY <字段名>] [ASC | DESC]
```

各参数说明如下。

ALL：指定在结果集中可以包含重复行。

DISTINCT：指定在结果集中只能包含唯一行。对于 DISTINCT 关键字来说，NULL 值是相等的。

{* | <字段列表>}：包含星号通配符和选字段列表，'*'表示查询所有的字段，'字段列表'表示查询指定的字段，字段列至少包含一个子段名称，如果要查询多个字段，多个字段之间用逗号隔开，最后一个字段后不要加逗号。

FROM table_name | view_name：表示查询数据的来源，table_name 表示从数据表中查询数据，view_name 表示从视图中查询。对于表和视图，在查询时均可指定单个或者多个。

WHERE <condition>：指定查询结果需要满足的条件。

GROUP BY <字段名>：该子句告诉 SQL Server 显示查询出来的数据时按照指定的字段分组。

[ORDER BY <字段名>]：该子句告诉 SQL Server 按什么样的顺序显示查询出来的数据，可以进行的排序有：升序(ASC)、降序(DESC)。

为了演示本节介绍的内容，请读者在指定的数据库中建立下面的数据表，并插入记录数据。

```
CREATE TABLE stu_info
(
 s_id    INT PRIMARY KEY,
 s_name  VARCHAR(40),
 s_score  INT,
 s_sex   CHAR(2) ,
 s_age   VARCHAR(90)
);
INSERT INTO stu_info
VALUES(1,'许三',98,'男',18),
(2,'张靓',70, '女',19),
(3,'王宝',25, '男',18),
(4,'马华',10, '男',20),
(5,'李岩',65, '女',18),
(6,'刘杰',88, '男',19);
```

执行语句后，查看表的数据，结果如图 6-9 所示。

图 6-9 创建 stu_info 表

1. 基本 SELECT 查询

【例 6.14】查询 stu_info 表中的所有学生信息，输入语句如下：

```
SELECT * FROM stu_info;
```

执行结果如图 6-10 所示。

图 6-10　查询 stu_info 表中所有学生信息

可以看到，使用星号(*)通配符时，将返回所有列，列按照定义表时的顺序显示。

2．查询记录中指定字段

有时，并不需要数据表中的所有字段的值，此时，可以指定需要查询的字段名称，这样不仅显示的结果更清晰，而且能提高查询的效率。

【例 6.15】查询 stu_info 数据表中学生的姓名和成绩，输入语句如下：

```
SELECT s_name, s_score FROM stu_info;
```

代码执行结果如图 6-11 所示。

图 6-11　查询 stu_info 数据表中学生的姓名和成绩字段

3．在查询结果中使用表达式

【例 6.16】不修改数据表，查询并显示所有学生的成绩减 5 后的结果，输入语句如下：

```
SELECT s_name, s_score, s_score -5 AS new_score
FROM stu_info;
```

代码执行结果如图 6-12 所示。

图 6-12　在查询结果中使用表达式

这里 s_score-5 表达式后面使用了 AS 关键字，该关键字表示为表达式列指定一个用于显示的字段名称，AS 可设置一个可选参数，也可以不使用。

> 这里的 s_score-5 表达式中减号为英文状态下输入的符号，如果在中文状态下输入，运行将会报错。

4. 显示部分查询结果

当数据表中包含大量的数据时，可以通过指定显示记录数限制返回的结果集中的行数，方法是在 SELECT 语句中使用 TOP 关键字，其语法格式如下：

```
SELECT TOP [n | PERCENT] FROM table_name;
```

各参数说明如下。

TOP：后面有两个可选参数。

n：表示从查询结果集返回指定的 n 行。

PERCENT：表示从结果集中放回指定的百分比数目的行。

【例 6.17】查询 stu_info 中所有的记录，但只显示前 3 条，输入语句如下：

```
SELECT TOP 3 * FROM stu_info;
```

代码执行结果如图 6-13 所示。

图 6-13　返回 stu_info 表中前 3 条记录

5. 带限定条件的查询

数据库中如果包含大量的数据，根据特殊要求，可能只需查询表中的指定数据，即对数据进行过滤。在 SELECT 语句中通过 WHERE 子句，对数据进行过滤。

【例 6.18】查询 stu_info 表中所有性别为"男"的学生的信息，输入语句如下：

```
SELECT * FROM stu_info WHERE s_sex='男';
```

代码执行结果如图 6-14 所示。

图 6-14 带限定条件的查询

由返回结果可以看到，返回了 4 条记录，这些记录有一个共同的特点，就是其 s_sex 字段值都为"男"。

相反地，可以使用关键字 NOT 来查询与条件范围相反的记录。

【例 6.19】查询 stu_info 表中所有性别不为"男"的学生的信息，输入语句如下：

```
SELECT * FROM stu_info WHERE NOT  s_sex='男';
```

代码执行结果如图 6-15 所示。

图 6-15 NOT 限定条件查询

可以看到，返回的结果集中，所有记录的 s_sex 字段值为非"男"，即查询女同学的信息。当然，这里只是为了说明 NOT 运算符的使用方法，读者也可以在 WHERE 子句中直接指定查询条件为 s_sex='女'.

6. 带 AND 的多条件查询

使用 SELECT 查询时，可以增加查询的限制条件，这样可以使查询的结果更加精确。SQL Server 在 WHERE 子句中使用 AND 操作符限定必须满足所有查询条件的记录才会被返回。可以使用 AND 连接两个甚至多个查询条件，多个条件表达式之间用 AND 分开。

【例 6.20】查询 stu_info 表中性别为"男"并且成绩大于 80 的学生信息，输入语句如下：

```
SELECT * FROM stu_info WHERE s_sex='男' AND s_score > 80;
```

代码执行结果如图 6-16 所示。

图 6-16 带 AND 运算符的查询

返回查询结果中所有记录的 s_sex 字段值为"男"，同时其成绩都满足">80"的条件。

7. 带 OR 的多条件查询

与 AND 相反，在 WHERE 声明中使用 OR 操作符，表示只需要满足其中一个条件的记录即可返回。OR 也可以连接两个甚至多个查询条件，多个条件表达式之间用 OR 分开。

【例 6.21】查询 stu_info 表中成绩大于 80 或者年龄大于 18 的学生信息，输入语句如下：

```
SELECT * FROM stu_info WHERE s_score > 80 OR s_age>18;
```

代码执行结果如图 6-17 所示。

图 6-17 带 OR 运算符的多条件查询

由返回结果可以看到，第 1 条和第 4 条记录满足 WHERE 子句中的第一个大于 80 的条件，第 2 条和第 3 条记录虽然其 s_score 字段值不满足大于 80 的条件，但是其 s_age 年龄字段满足了 WHERE 子句中第二个年龄大于 18 的条件，因此也是符合查询条件的。

8. 使用 LIKE 运算符进行匹配查询

前面介绍的各种查询条件中，限定条件是确定的，但是某些时候，不能明确地指明查询的限定条件，此时，可以使用 LIKE 运算符进行模式匹配查询，在查询时可以使用如下的几个通配符，如表 6-2 所示。

表 6-2　LIKE 运算符的通配符

通 配 符	说　明
%	包含零个或多个字符的任意字符串
_(下划线)	任何单个字符
[ ]	指定范围([a～f])或集合([abcdef])中的任何单个字符
[^]	不属于指定范围([a～f])或集合([abcdef])的任何单个字符

【例 6.22】在 stu_info 数据表中，查询所有姓"马"的学生信息，输入语句如下：

```
SELECT * FROM stu_info WHERE s_name LIKE '马% '
```

代码执行结果如图 6-18 所示。

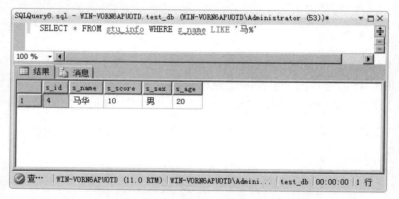

图 6-18　查询所有姓名以"马"开头同学的记录

数据表中只有一条记录的 s_name 字段值以字符"马"开头，符合匹配字符串'马%'.

【例 6.23】查询 stu_info 表中所有姓张、姓王、姓李的学生信息，输入语句如下：

```
SELECT * FROM stu_info WHERE s_name LIKE'[张王李]%'
```

代码执行结果如图 6-19 所示。

由返回结果可以看到，这里返回的 3 条记录的 s_name 字段值分别是以张、王或者李这三个姓中的某一个开头的，只要是以这 3 个姓开头的，不管后面还有多少个字符都是满足 LIKE 运算符中匹配条件的。

图 6-19 查询所有姓名以"张""王"或"李"开头同学的记录

9. 使用 BETWEEN…AND 进行查询

BETWEEN…AND 运算符可以对查询值限定一个查询区间。

【例 6.24】查询 stu_info 表中成绩大于 50 且小于 90 的学生信息，输入语句如下：

```
SELECT * FROM stu_info WHERE s_score BETWEEN 50 AND 90;
```

代码执行结果如图 6-20 所示。

图 6-20 使用 BETWEEN ... AND 运算符查询

由返回结果可以看到，这里 3 条记录的 s_score 字段的值都是大于 50 且小于 90，满足查询条件。

10. 对查询结果排序

在说明 SELECT 语句语法时介绍了 ORDER BY 子句，使用该子句可以根据指定的字段的值，对查询的结果进行排序，并且可以指定排序方式(降序或者升序)。

【例 6.25】查询 stu_info 表中所有学生信息，并按照成绩由低到高进行排序，输入语句如下：

```
SELECT * FROM stu_info ORDER BY s_score DESC;
```

代码执行结果如图 6-21 所示。

图 6-21　对查询结果排序

查询结果中返回了 stu_info 表中所有记录，这些记录根据 s_score 字段的值进行了一个降序排列。ORDER BY 子句也可以对查询结果进行升序排列，升序排列是默认的排序方式，在使用 ORDER BY 子句升序排列时，可以使用 ASC 关键字，也可以省略该关键字。读者可以自己编写升序排列的代码，对比这里的结果。

6.3　数据控制语句

数据控制语句(DCL)用来设置、更改用户或角色权限的语句，包括 GRANT、DENY、REVOKE 等语句。

GRANT 语句用来对授予用户权限，REVOKE 语句可用于删除已授予的权限，DENY 语句可用于防止主体通过 GRANT 获得特定权限。默认状态下，只有 sysadmin、dbcreater、db_owner、db_securityadmin 等成员有权执行数据控制语言。

6.3.1　实例 8——给用户授予权限(GRANT)

SQL Server 服务器通过权限表来控制用户对数据库的访问。在数据库中添加一个新用户之后，该用户可以查询系统表的权限，而不具有操作数据库对象的任何权限。

GRANT 语句可以授予对数据库对象的操作权限，这些数据库对象包括表、视图、存储过程、聚合函数等，允许执行的权限包括查询、更新、删除等。

【例 6.26】对名称为 guest 的用户进行授权，允许其对 stu_info 数据表执行更新和删除权限，输入语句如下：

```
GRANT UPDATE,DELETE ON stu_info
TO guest WITH GRANT OPTION
```

各参数说明如下。

UPDATE 和 DELETE：允许被授予的操作权限。

stu_info：权限执行对象。

guest：被授予权限的用户名称。

WITH GRANT OPTION：表示该用户还可以向其他用户授予其自身所拥有的权限。

这里只是对 GRANT 语句有一个大概的了解，在后面章节中会详细介绍该语句的用法。

6.3.2 实例 9——拒绝权限操作(DENY)

出于某些安全性的考虑，可能不再希望让一些人来查看特定的表，此时可以使用 DENY 语句来禁止对指定表的查询操作，DENY 可以被管理员来禁止某个用户对一个对象的所有访问权限。

【例 6.27】禁止 guest 用户对 stu_info 表的操作更新权限，输入语句如下：

```
DENY UPDATE ON stu_info TO guest CASCADE;
```

6.3.3 实例 10——收回权限操作(REVOKE)

既然可以授予用户权限，同样可以收回用户的权限，如收回用户的查询、更新或者删除权限的。Transact-SQL 中可以使用 REVOKE 语句来实现收回权限的操作。

【例 6.28】收回 guest 用户对 stu_info 表的删除权限，输入语句如下：

```
REVOKE DELETE ON stu_info FROM guest;
```

6.4 其他基本语句

Transact-SQL 中除了这些重要的数据定义语句、数据操作语句和数据控制语句之外，还提供了一些其他的基本语句，以此来丰富 Transact-SQL 语句的功能，本节将介绍数据声明语句、数据赋值语句和数据输出语句。

6.4.1 实例 11——数据声明(DECLARE)

数据声明语句可以声明局部变量、游标变量、函数和存储过程等，除非在声明中提供值，否则声明之后所有变量将初始化为 NULL。可以使用 SET 或 SELECT 语句对声明的变量赋值。DECLARE 语句声明变量的基本语法格式如下：

```
DECLARE
{{ @local_variable [AS] data_type } | [ = value ] }[,…n]
```

各参数说明如下。

@ local_variable：变量的名称。变量名必须以 at 符号 (@) 开头。

data_type：系统提供数据类型或是用户定义的表类型或别名数据类型。变量的数据类型不能是 text、ntext 或 image。AS 指定变量的数据类型，为可选关键字。

= value：声明的同时为变量赋值。值可以是常量或表达式，但它必须与变量声明类型匹配，或者可隐式转换为该类型。

【例 6.29】声明两个局部变量，名称为 username 和 pwd，并为这两个变量赋值，输入语句如下：

```
DECLARE @username VARCHAR(20)
DECLARE @pwd VARCHAR(20)
SET     @username = 'newadmin'
SELECT @pwd = 'newpwd'
SELECT '用户名：'+@username +'  密码：'+@pwd
```

这里定义了两个变量，其中保存了用户名和验证密码，输出结果如图 6-22 所示。

图 6-22　使用 DECLARE 声明局部变量

代码中第一个 SELECT 语句用来对定义的局部变量@pwd 赋值，第二个 SELECT 语句显示局部变量的值。

6.4.2　实例 12——数据赋值(SET)

SET 命令用于对局部变量进行赋值，也可以用于用户执行 SQL 命令时设定 SQL Server 中的系统处理选项，SET 赋值语句的语法格式如下：

```
SET {@local_variable = value | expression}
SET 选项 {ON | OFF}
```

第一条 SET 语句表示对局部变量赋值，value 是一个具体的值，expression 是一个表达式；第二条语句表示对执行 SQL 命令时的选项赋值，ON 表示打开选项功能，OFF 表示关闭选项功能。

SET 语句可以同时对一个或多个局部变量赋值。

SELECT 语句也可以为变量赋值，其语法格式与 SET 语句格式相似。

```
SELECT {@local_variable = value | expression}
```

在 SELECT 赋值语句中，当 expression 为字段名时，SELECT 语句可以使用其查询功能返回多个值，但是变量保存的是最后一个值，如果 SELECT 语句没有返回值，则变量值不变。

【例 6.30】查询 stu_info 表中的学生成绩，并将其保存到局部变量 stuScore 中，输入语句如下：

```
DECLARE @stuScore INT
SELECT  s_score FROM stu_info
SELECT  @stuScore = s_score FROM stu_info
SELECT  @stuScore AS Lastscore
```

代码执行结果如图 6-23 所示。

图 6-23 使用 SELECT 语句为变量赋值

由结果图可以看到，SELECT 语句查询的结果中最后一条记录的 s_score 字段值为 88，给 stuScore 赋值之后，其显示值为 88。

6.4.3 实例 13——数据输出(PRINT)

PRINT 语句可以向客户端返回用户定义信息，可以显示局部或全局变量的字符串值。其语法格式如下：

```
PRINT msg_str | @local_variable | string_expr
```

各参数说明如下。

msg_str：是一个字符串或 Unicode 字符串常量。

@local_variable：任何有效的字符数据类型的变量。@local_variable 的数据类型必须为 char 或 varchar，或者必须能够隐式转换为这些数据类型。

string_expr：字符串的表达式。可包括串联的文字值、函数和变量。

【例 6.31】 定义字符串变量 name 和整数变量 age，使用 PRINT 输出变量和字符串表达式值，输入语句如下：

```
DECLARE @name VARCHAR(10)='小明'
```

```
DECLARE @age INT = 21
PRINT '姓名    年龄'
PRINT @name+'      '+CONVERT(VARCHAR(20), @age)
```

代码执行结果如图 6-24 所示。

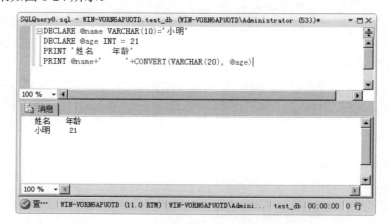

图 6-24   使用 PRINT 输出变量结果

代码中第 4 行输出字符串常量值，第 5 行 PRINT 的输出参数为一个字符串串联表达式。

6.5   流程控制语句

前文介绍的 Transact-SQL 代码均是按从上到下的顺序执行，但是通过 Transact-SQL 中的流程控制语句可以根据业务的需要改变代码的执行顺序，Transact-SQL 中可以用来编写流程控制模块的语句有：BEGIN…END 语句块、IF…ELSE 语句、CASE 语句、WHILE 语句、GOTO 语句、BREAKE 语句、WAITFOR 语句和 RETURN 语句。本节将分别介绍各种不同控制语句的用法。

6.5.1   实例 14——BEGIN…END 语句

语句块是多条 Transact-SQL 语句组成的代码段，从而可以执行一组 Transact-SQL 语句。BEGIN 和 END 是控制流语言的关键字。BEGIN…END 语句块通常包含在其他控制流程中，用来完成不同流程中有差异的代码功能。例如，对于 IF…ELSE 语句或执行重复语句的 WHILE 语句，如果不是有语句块，这些语句中只能包含一条语句，但是实际的情况可能需要复杂的处理过程。BEGIN…END 语句块允许嵌套。

【例 6.32】定义局部变量@count，如果@count 值小于 10，执行 WHILE 循环操作中的语句块，输入语句如下：

```
DECLARE @count INT;
SELECT @count=0;
WHILE @count < 10
BEGIN
```

```
      PRINT 'count = ' + CONVERT(VARCHAR(8), @count)
      SELECT @count= @count +1
END
PRINT 'loop over count = ' + CONVERT(VARCHAR(8), @count);
```

代码执行结果如图 6-25 所示。

图 6-25　BEGIN...END 语句块

上述代码执行了一个循环过程，当局部变量@count 值小于 10 时，执行 WHILE 循环内的 PRINT 语句打印输出当前@count 变量的值，对@count 执行加 1 操作之后回到 WHILE 语句的开始重复执行 BEGIN...END 语句块中的内容。直到@count 的值大于等于 10，此时 WHILE 后面的表达式不成立，将不再执行循环。最后打印输出当前的@count 值，结果为 10。

6.5.2　实例 15——IF...ELSE 语句

IF...ELSE 语句用于在执行一组代码之前进行条件判断，根据判断的结果执行不同的代码。IF...ELSE 语句对布尔表达式进行判断，如果布尔表达式返回 TRUE，则执行 IF 关键字后面的语句块；如果布尔表达式返回 FALSE，则执行 ELSE 关键字后面的语句块。语法格式如下：

```
IF Boolean_expression
{ sql_statement | statement_block }
[ ELSE
{ sql_statement | statement_block } ]
```

Boolean_expression 是一个表达式，表达式计算的结果为逻辑真值(TRUE)或假值 (FALSE)。当条件成立时，执行某段程序；条件不成立时，执行另一段程序。IF...ELSE 语句可以嵌套使用。

【例 6.33】使用 IF...ELSE 流程控制语句的执行，输入语句如下：

```
DECLARE @age INT;
```

```
SELECT @age=40
IF  @age <30
    PRINT 'This is a young man!'
ELSE
    PRINT 'This is a old man!'
```

代码执行结果如图 6-26 所示。

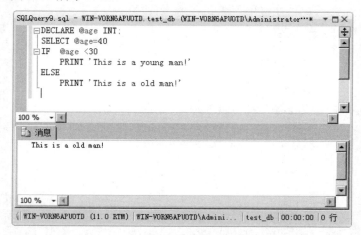

图 6-26 IF…ELSE 流程控制语句

由结果可以看到，变量@age 值为 40，大于 30，因此表达式@age<30 不成立，返回结果为逻辑假值(FALSE)，所以执行第 6 行的 PRINT 语句，输出结果为字符串"This is a old man!"。

6.5.3 实例 16——CASE 语句

CASE 是多条件分支语句，相比 IF…ELSE 语句，CASE 语句进行分支流程控制可以使代码更加清晰，易于理解。CASE 语句也根据表达式逻辑值的真假来决定执行的代码流程，CASE 语句有两种格式。

格式 1：

```
CASE input_expression
    WHEN when_expression1 THEN result_expression
    WHEN when_expression2 THEN result_expression2
    [ …n ]
    [   ELSE else_result_expression   ]
END
```

格式 1 中，CASE 语句在执行时，将 CASE 后的表达式的值与各 WHEN 子句的表达式值比较，如果相等，则执行 THEN 后面的表达式或语句，然后跳出 CASE 语句，否则返回 ELSE 后面的表达式。

【例 6.34】使用 CASE 语句根据学生姓名判断每个学生在班级的职位，输入语句如下：

```
USE test_db
SELECT s_id,s_name,
```

```
CASE s_name
    WHEN '马华' THEN '班长'
    WHEN '许三' THEN '学习委员'
    WHEN '刘杰' THEN '体育委员'
    ELSE '无'
END
AS '职位'
FROM stu_info
```

代码执行结果如图 6-27 所示。

图 6-27　使用 CASE 语句对学生职位进行判断

格式 2：

```
CASE
    WHEN Boolean_expression1 THEN result_expression1
    WHEN Boolean_expression2 THEN result_expression2
    [ …n ]
    [   ELSE else_result_expression      ]
END
```

格式 2 中，CASE 关键字后面没有表达式，多个 WHEN 子句中的表达式依次执行，如果表达式结果为真，则执行相应 THEN 关键字后面的表达式或语句，执行完毕之后跳出 CASE语句。如果所有 WHEN 语句都为 FALSE，则执行 ELSE 子句中的语句。

【例 6.35】使用 CASE 语句对考试成绩进行评定，输入语句如下：

```
SELECT s_id,s_name,s_score,
CASE
    WHEN s_score > 90 THEN '优秀'
    WHEN s_score > 80 THEN '良好'
    WHEN s_score > 70 THEN '一般'
    WHEN s_score > 60 THEN '及格'
```

```
    ELSE '不及格'
END
AS '评价'
FROM stu_info
```

代码执行结果如图 6-28 所示。

图 6-28   使用 CASE 语句对考试成绩进行评价

6.5.4   实例 17——WHILE 语句

WHILE 语句根据条件重复执行一条或多条 Transact-SQL 代码，只要条件表达式为真，就循环执行语句。在 WHILE 语句中可以通过 CONTINUE 或者 BREAK 语句跳出循环。WHILE 语句的基本语法格式如下：

```
WHILE Boolean_expression
{ sql_statement | statement_block }
[ BREAK | CONTINUE ]
```

各参数说明如下。

Boolean_expression：返回 TRUE 或 FALSE 的表达式。如果布尔表达式中含有 SELECT 语句，则必须用括号将 SELECT 语句括起来。

{sql_statement | statement_block}：Transact-SQL 语句或用语句块定义的语句分组。若要定义语句块，需要使用控制流关键字 BEGIN 和 END。

BREAK：导致从最内层的 WHILE 循环中退出。将执行出现在 END 关键字(循环结束的标记)后面的任何语句。

CONTINUE：使 WHILE 循环重新开始执行，忽略 CONTINUE 关键字后面的任何语句。

【例 6.36】WHILE 循环语句的使用，输入语句如下：

```
DECLARE @num INT;
SELECT @num=10;
WHILE @num > -1
BEGIN
    If @num > 5
        BEGIN
            PRINT '@num 等于' +CONVERT(VARCHAR(4), @num)+ '大于5 循环继续执行';
            SELECT @num = @num - 1;
            CONTINUE;
        END
    else
        BEGIN
            PRINT '@num 等于'+ CONVERT(VARCHAR(4), @num);
            BREAK;
        END
END

PRINT '循环终止之后@num 等于' + CONVERT(VARCHAR(4), @num);
```

代码执行结果如图 6-29 所示。

图 6-29   WHILE 循环语句中的语句块嵌套

6.5.5   实例 18——GOTO 语句

GOTO 语句表示将执行流更改到标签处。跳过 GOTO 后面的 Transact-SQL 语句，并从标签位置继续处理。GOTO 语句和标签可在过程、批处理或语句块中的任何位置使用。GOTO 语句的语法格式如下。

定义标签名称，使用 GOTO 语句跳转时，要指定跳转标签名称：

```
label :
```

使用 GOTO 语句跳转到标签处：

```
GOTO label
```

【例 6.37】GOTO 语句的使用，输入语句如下：

```
Use test_db;
BEGIN
SELECT s_name FROM stu_info;
GOTO jump
SELECT s_score FROM stu_info;
jump:
PRINT '第二条 SELECT 语句没有执行';
END
```

代码执行结果如图 6-30 所示。

图 6-30　GOTO 语句

6.5.6　实例 19——WAITFOR 语句

WAITFOR 语句用来暂时停止程序的执行，直到所设定的等待时间已过或所设定的时刻快到，才继续往下执行。延迟时间和时刻的格式为 "HH:MM:SS"。在 WAITFOR 语句中不能指定日期，并且时间长度不能超过 24 小时。WAITFOR 语句的语法格式如下：

```
WAITFOR
{
    DELAY 'time_to_pass'
  | TIME 'time_to_execute'
  | [ ( receive_statement ) | ( get_conversation_group_statement ) ]
    [ , TIMEOUT timeout ]
}
```

各主要参数说明如下。

DELAY：指定可以继续执行批处理、存储过程或事务之前必须经过的指定时段，最长可为 24 小时。

TIME：指定运行批处理、存储过程或事务的时间点。只能使用 24 小时制的时间值。最大延迟为一天。

【**例 6.38**】10 秒钟的延迟后执行 SET 语句，输入语句如下：

```
DECLARE @name VARCHAR(50);
SET @name='admin';
BEGIN
WAITFOR DELAY '00:00:10';
PRINT @name;
END;
```

代码执行结果如图 6-31 所示。

图 6-31　WAITFOR 语句

上述代码为@name 赋值后，并不能立刻显示该变量的值，延迟 10 秒钟后，将看到输出结果。

6.5.7　实例 20——RETURN 语句

RETURN 表示从查询或过程中无条件退出。RETURN 的执行是即时且完全的，可在任何时候用于从过程、批处理或语句块中退出。RETURN 之后的语句是不执行的。语法格式如下：

```
RETURN [ integer_expression ]
```

integer_expression 为返回的整数值。存储过程可向执行调用的过程或应用程序返回一个整数值。

　　　除非另有说明，所有系统存储过程均返回 0 值。此值表示成功，而非零值则表示失败。RETURN 语句不能返回空值。

6.6 实例21——批处理语句

批处理是从应用程序发送到 SQL Server 并得以执行的一条或多条 Transact-SQL 语句。使用批处理时,有下面一些注意事项。

一个批处理中只要存在一处语法错误,整个批处理都无法通过编译。

批处理中可以包含多个存储过程,但除第一个过程外,其他存储过程前面都必须使用 EXECUTE 关键字。

某些特殊的 SQL 指令不能和别的 SQL 语句共同存在一个批处理中,如 CREATE TABLE 和 CREATE VIEW 语句。这些语句只能独自存在于一个单独的存储过程中。

所有的批处理使用 GO 作为结束的标志,当编译器读到 GO 的时候就把 GO 前面的所有语句当作一个批处理,然后打包成一个数据包发给服务器。

GO 本身不是 Transact-SQL 的组成部分,只是一个用于表示批处理结束的前端指令。

不能在删除一个对象之后,在同一批处理 CREATE DEFAULT、CREATE FUNCTION、CREATE PROCEDURE、CREATE RULE、CREATE SCHEMA、CREATE TRIGGER 和 CREATE VIEW 语句不能在批处理中与其他语句组合使用。批处理必须以 CREATE 语句开始。所有跟在该批处理后的其他语句将被解释为第一个 CREATE 语句定义的一部分。

不能在删除一个对象之后,在同一批处理中再次引用这个对象。

如果 EXECUTE 语句是批处理中的第一句,则不需要 EXECUTE 关键字。如果 EXECUTE 语句不是批处理中的第一条语句,则需要 EXECUTE 关键字。

不能在定义一个 CHECK 约束之后,在同一个批处理中使用。

不能在修改表的一个字段之后,立即在同一个批处理中引用这个字段。

使用 SET 语句设置的某些选项值不能应用于同一个批处理中的查询。

在编写批处理程序时,最好能够以分号结束相关的语句。数据库虽然不强制要求,但是笔者还是强烈建议如此处理。一方面,这有利于提高批处理程序的可读性。批处理程序往往用来完成一些比较复杂的成套的功能,而每条语句则完成一项独立的功能。此时为了提高其可读性,最好能够利用分号来进行语句与语句之间的分隔。另一方面,考虑与未来版本的兼容性。SQL Server 数据库在设计时,一开始在此方面不够严谨。现在大部分的标准程序编辑器都实现了类似的强制控制。根据现在微软官方提供的资料来看,在以后的 SQL Server 数据库版本中,这个规则可能会成为一个强制性的规则,即必须在每条语句后面利用分号来进行分隔。为此为了能够跟后续的 SQL Server 数据库版本进行兼容,最好从现在开始就采用分号来分隔批处理程序中的每条语句。

SQL Server 提供了语句级重新编译功能。也就是说,如果一条语句触发了重新编译,则只重新编译该语句而不是整个批处理。此行为与 SQL Server 2000 不同,可参考下面的例子,其中在同一批处理中包含一条 CREATE TABLE 语句和三条 INSERT 语句。

```
CREATE TABLE dbo.t3(a int) ;
INSERT INTO dbo.t3 VALUES (1) ;
INSERT INTO dbo.t3 VALUES (1,1) ;
```

```
INSERT INTO dbo.t3 VALUES (3) ;
GO
SELECT * FROM dbo.t3 ;
```

首先，对批处理进行编译。对 CREATE TABLE 语句进行编译，但由于表 dbo.t3 尚不存在，因此，未编译 INSERT 语句。CREATE 语句执行后即表已创建。

其次，批处理开始执行。编译第一条 INSERT 语句，然后立即执行一行。编译第二条则 INSERT 语句。编译失败，批处理终止。SELECT 语句返回一行。

在 SQL Server 2012 中，批处理开始执行，同时创建了表。逐一编译三条 INSERT 语句，但不执行。因为第二条 INSERT 语句导致一个编译错误，因此，整个批处理都将终止。SELECT 语句未返回任何行。

6.7　高手甜点

甜点 1：如何在 SQL Server 中学习 SQL 语句？

SQL 语句是 SQL Server 的核心，是进行 SQL Server 2012 数据库编程的基础，SQL 是一种面向集合的说明式语言，与常见的过程式编程语言在思维上有明显不同，所以开始学习 SQL 时，最好先对各种数据库对象和 SQL 的查询有个基本理解，再开始写 SQL 代码。

甜点 2：如何选择不包含姓刘的学生？

可以使用 NOT LIKE 语句实现上述效果，语句如下：

```
SELECT * FROM 表名
WHERE 字段名 NOT LIKE '%刘%'
```

6.8　跟我学上机

1. Transact-SQL 语句包含哪些具体内容？

2. 使用 Transact-SQL 语句创建名称为 zooDB 的数据库，指定数据库参数如下：

逻辑文件名称：zooDB_data

主文件大小：5MB

最大增长空间：15MB

文件增长大小：5%

3. 使用 Transact-SQL 语句删除数据库 zooDB。

4. 声明整数变量@var，使用 CASE 流程控制语句判断@var 值等于 1、等于 2，或者两者都不等，当@var 值为 1 时，输出字符串"var is 1"，当@var 值为 2 时，输出字符串"var is 2"，否则输出字符串"var is not 1 or 2"。

第 7 章

视 图 操 作

  数据库中的视图是一个虚拟表。同真实的表一样，视图包含一系列带有名称的行和列数据。行和列数据来自由定义视图的查询所引用的表，并且在引用视图时动态生成。本章将通过一些实例来介绍视图的概念、视图的作用、创建视图、查看视图、修改视图、使用视图修改数据和删除视图等知识。

本章要点(已掌握的在方框中打钩)

- ☐ 了解视图的基本概念
- ☐ 掌握创建视图的方法
- ☐ 掌握修改视图的方法
- ☐ 掌握查看视图的方法
- ☐ 掌握使用视图修改数据的方法
- ☐ 掌握删除视图的方法

7.1 视 图 概 述

视图是从一个或者多个表中导出，视图的行为与表非常相似，但视图是一个虚拟表。在视图中用户可以使用 SELECT 语句查询数据，以及使用 INSERT、UPDATE 和 DELETE 语句修改记录。对于视图的操作最终转换为对基本数据表的操作。视图可以方便用户操作，而且可以保障数据库系统的安全。

7.1.1 视图的概念

视图是一个虚拟表，是从数据库中的一个或多个表中导出来的表。视图还可以在已经存在的视图的基础上定义。

视图一经定义便存储在数据库中，与其相对应的数据并没有像表那样在数据库中再存储一份，通过视图看到的数据只是存放在基本表中的数据。对视图的操作与对表的操作一样，可以对其进行查询、修改和删除。当对通过视图看到的数据进行修改时，相应的基本表的数据也要发生变化，同时，若基本表的数据发生变化，则这种变化也可以自动地反映到视图中。

下面有个 student 表和 stu_detail 表，在 student 表中包含了学生的 id 和姓名，stu_detail 包含了学生的 id、班级和家庭住址，而现在公布分班信息，只需要 id、姓名和班级，这该如何解决？通过学习后面的内容就可以找到完美的解决方案。

表设计语句如下：

```
CREATE TABLE student
(
  s_id  INT,
  name  VARCHAR(40)
);

CREATE TABLE stu_detail
(
  s_id   INT,
  glass  VARCHAR(40),
  addr   VARCHAR(90)
);
```

视图提供了一个很好的解决方法，创建一个视图，这些信息来自表的一部分，其他的信息不取，这样既能满足要求也不破坏表原来的结构。

7.1.2 视图分类

SQL Server 2012 中的视图可以分为 3 类，分别是：标准视图、索引视图和分区视图。

1. 标准视图

标准视图组合了一个或多个表中的数据，可以获得使用视图的大多数好处，包括将重点放在特定数据上及简化数据操作。

2．索引视图

索引视图是被具体化了的视图，即它已经过计算并存储。可以为视图创建索引，即对视图创建一个唯一的聚集索引。索引视图可以显著提高某些类型查询的性能。索引视图尤其适于聚合许多行的查询。但它们不太适于经常更新的基本数据集。

3．分区视图

分区视图在一台或多台服务器间水平连接一组成员表中的分区数据。这样，数据看上去如同来自一个表。连接同一个 SQL Server 实例中的成员表的视图是一个本地分区视图。

7.1.3 视图优点和作用

与直接从数据表中读取相比，视图有以下优点。

1．简单化

看到的就是需要的。视图不仅可以简化用户对数据的理解，也可以简化操作。那些被经常使用的查询可以被定义为视图，从而使得用户不必为以后的操作每次指定全部的条件。

2．安全性

通过视图，用户只能查询和修改他们所能见到的数据。数据库中的其他数据则既看不见也取不到。数据库授权命令可以使每个用户对数据库的检索限制到特定的数据库对象上，但不能授权到数据库特定行和特定的列上。通过视图，用户可以被限制在数据的不同子集上。

(1) 使用权限可被限制在基表的行的子集上。
(2) 使用权限可被限制在基表的列的子集上。
(3) 使用权限可被限制在基表的行和列的子集上。
(4) 使用权限可被限制在多个基表的连接所限定的行上。
(5) 使用权限可被限制在基表中的数据的统计汇总上。
(6) 使用权限可被限制在另一视图的一个子集上，或是一些视图和基表合并后的子集上。

3．逻辑数据独立性

视图可帮助用户屏蔽真实表结构变化带来的影响。

7.2 创 建 视 图

视图中包含了 SELECT 查询的结果，因此视图的创建基于 SELECT 语句和已存在的数据表，视图可以建立在一张表上，也可以建立在多张表上。创建视图时可以使用 SSMS 中的视图设计器或者使用 Transact-SQL 命令，本节分别介绍创建视图的这两种方法。

7.2.1　实例1——使用视图设计器创建视图

使用视图设计器很容易，因为创建视图的人可能并不需要了解实际上做了什么，用户也不需要知道许多关于查询的内容。

在创建视图之前，请用户在指定的数据库中创建一个基本表，本小节将基于 t 表创建视图，执行下面的语句。

```
CREATE TABLE t (quantity INT, price INT);
INSERT INTO t VALUES(3, 50);
```

使用视图设计器创建视图的具体操作步骤如下。

step 01　启动 SSMS，打开【数据库】节点中创建 t 表的数据库的节点，右击【视图】节点，在弹出的快捷菜单中选择【新建视图】命令，如图 7-1 所示。

step 02　弹出【添加表】对话框。在【表】选项卡的列表框中列出了用来创建视图的基本表，选择 t 表，单击【添加】按钮，然后单击【关闭】按钮，如图 7-2 所示。

图 7-1　选择【新建视图】命令

图 7-2　【添加表】对话框

提示　　视图的创建也可以基于多个表，如果要选择多个数据表，可按住 Ctrl 键，然后分别选择列表框中的数据表。

step 03　打开视图设计器，该设计器包含了三块区域，第一块区域是"关系图窗格"，在这里可以添加或者删除表。第二块区域是"条件窗格"，这里可以对视图的显示格式进行修改。第三块区域是"SQL 窗格"，这里用户可以输入 SQL 执行语句。在"关系图窗格"中单击表中字段左边的复选框选择需要的字段，如图 7-3 所示。

提示　　在"SQL 窗格"中，可以进行以下具体操作。

（1）通过输入 SQL 语句创建新查询。

（2）根据在"关系图窗格"和"条件窗格"中进行的设置，对查询和视图设计器创建的 SQL 语句进行修改。

（3）输入语句可以利用所使用数据库的特有功能。

step 04 单击工具栏中的【保存】按钮，打开【选择名称】对话框，输入视图的名称
后，单击【确定】按钮即可完成视图的创建，如图 7-4 所示。

图 7-3　视图设计器　　　　　　　　　　图 7-4　【选择名称】对话框

用户也可以单击工具栏中的对应按钮选择打开或关闭这些窗格，在使用时将鼠标
放在相应的按钮图标上，将会提示该图标命令的作用。

7.2.2　实例 2——使用 Transact-SQL 命令创建视图

使用 Transact-SQL 创建视图的基本语法格式如下：

```
CREATE VIEW [schema_name. ]view_name [column_list]
[ WITH <ENCRYPTION | SCHEMABINDING | VIEW_METADATA>]
AS select_statement
[ WITH CHECK OPTION ];
```

各参数说明如下。

schema_name：视图所属架构的名称。

view_name：视图的名称。视图名称必须符合有关标识符的规则。可以选择是否指定视图
所有者名称。

column_list：视图中各个列使用的名称。

AS：指定视图要执行的操作。

select_statement：定义视图的 SELECT 语句。该语句可以使用多个表和其他视图。

CHECK OPTION：强制针对视图执行的所有数据修改语句都必须符合在 select_statement
中设置的条件。通过视图修改行时，WITH CHECK OPTION 可确保提交修改后，仍可通过视
图看到数据。

视图定义中的 SELECT 子句不能包含下列内容。

(1) COMPUTE 或 COMPUTE BY 子句。

(2) ORDER BY 子句，除非在 SELECT 语句的选择列表中也有一个 TOP 子句。

(3) INTO 关键字。

(4) OPTION 子句。

(5) 引用临时表或表变量。

 注意　ORDER BY 子句仅用于确定视图定义中的 TOP 子句返回的行。ORDER BY 不保证在查询视图时得到有序结果，除非在查询中也指定了 ORDER BY。

1. 在单个表上创建视图

【例 7.1】在数据表 t 上创建一个名为 view_t 的视图，输入语句如下：

```
CREATE VIEW view_t
AS SELECT quantity, price, quantity *price AS Total_price
FROM test.dbo.t;
GO
USE test;
SELECT * FROM view_t;
```

执行结果如图 7-5 所示。

可以看到从视图 view_t 中查询的内容和基本表中是一样的，这里 view_t 中还包含了一个表达式列，该列计算了数量和价格相乘之后的总价格。

2. 在多表上创建视图

【例 7.2】在表 student 和表 stu_detail 上创建视图 stu_glass，输入语句如下：
首先向两个表中插入一些数据。

```
INSERT INTO student VALUES(1,'wanglin1'),(2,'gaoli'),(3,'zhanghai');
INSERT  INTO  stu_detail  VALUES(1, 'wuban','henan'),(2,'liuban','hebei'),
(3,'qiban','shandong');
```

创建 stu_glass 视图，输入代码如下：

```
USE test
GO
CREATE VIEW stu_glass (id,name, glass)
AS SELECT student.s_id,student.name ,stu_detail.glass
FROM student ,stu_detail
WHERE student.s_id=stu_detail.s_id;
GO
SELECT * FROM stu_glass;
```

执行结果如图 7-6 所示。

这个例子就解决了刚开始提出的那个问题，这个视图可以很好地保护好基本表中的数据。视图中的信息很简单，只包含了 id、姓名和班级，id 字段对应 student 表中的 s_id 字段，name 字段对应了表 student 中的 name 字段，glass 字段对应表 stu_detail 中的 glass 字段。

图 7-5 在单个表上创建视图

图 7-6 在多表上创建视图

7.3 实例 3——修改视图

SQL Server 中提供了两种修改视图的方法。

(1) 在 SQL Server 管理平台中，右击要修改的视图，从弹出的快捷菜单中选择【设计】命令，出现视图设计器。该设计器与创建视图的设计器相同，可以按照创建视图的方法修改视图。

(2) 使用 ALTER VIEW 语句修改视图，但首先必须拥有使用视图的权限，然后才能使用 ALTER VIEW 语句。ALTER VIEW 语句的语法格式与 CREATE VIEW 语法格式基本相同，仅关键字不同。下面向用户介绍使用 Transact-SQL 命令修改视图的方法。

【例 7.3】使用 ALTER 语句修改视图 view_t，输入语句如下：

```
ALTER VIEW view_t AS SELECT quantity FROM t;
```

代码执行之后，查看视图的设计器，结果如图 7-7 所示。

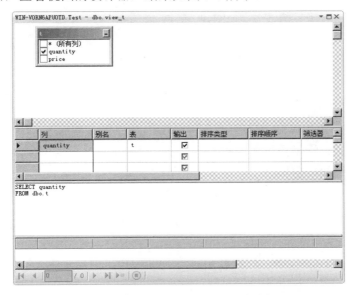

图 7-7 使用 ALTER VIEW 语句修改视图

与前面相比，可以看到，这里的定义发生了变化，即视图中只包含一个字段。

7.4 实例4——查看视图信息

视图定义好之后，用户可以随时查看视图的信息，可直接在 SQL Server 查询设计器中查看，也可以使用系统的存储过程查看。

1. 使用 SSMS 图形化工具查看

启动 SSMS 之后，选择视图所在的数据库位置，选择要查看的视图，右击并在弹出的快捷菜单中选择【属性】命令，打开视图属性对话框，即可查看视图的定义信息，如图 7-8 所示。

图 7-8 视图属性对话框

2. 使用系统存储过程查看视图定义信息

sp_help 系统存储过程是报告有关数据库对象、用户定义数据类型或 SQL Server 所提供的数据类型的信息。语法格式如下：

```
sp_help view_name
```

view_name 表示要查看的视图名，如果不加参数名称将列出有关 master 数据库中每个对象的信息。

【例 7.4】使用 sp_help 存储过程查看 view_t 视图的定义信息，输入语句如下：

```
USE test
GO
```

```
EXEC sp_help 'test.dbo.view_t';
```

执行结果如图 7-9 所示。

sp_helptext 系统存储过程是用来显示规则、默认值、未加密的存储过程、用户定义函数、触发器或视图的文本。语法格式如下：

```
sp_helptext view_name
```

view_name 表示要查看的视图名。

【例 7.5】使用 sp_helptext 存储过程查看 view_t 视图的定义信息，输入语句如下：

```
USE test
GO
EXEC sp_helptext 'test.dbo.view_t';
```

执行结果如图 7-10 所示。

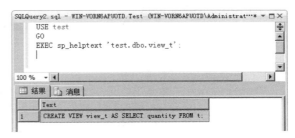

图 7-9　使用 sp_help 查看 view_t 视图信息　　　图 7-10　使用 sp_helptext 查看 view_t 视图定义语句

7.5　使用视图修改数据

更新视图是指通过视图来插入、更新、删除表中的数据，因为视图是一个虚拟表，其中没有数据。通过视图更新时都是转到基本表进行更新的，如果对视图增加或者删除记录，实际上是对其基本表增加或者删除记录。本节将介绍视图更新的三种方法：INSERT、UPDATE 和 DELETE。

修改视图时需要注意以下几点。

(1) 修改视图中的数据时，不能同时修改两个或多个基本表。

(2) 不能修改视图中通过计算得到的字段，例如包含算术表达式或者聚合函数的字段。

(3) 执行 UPDATE 或 DELETE 命令时，无法用 DELETE 命令删除数据，若使用 UPDATE 命令则应当与 INSERT 命令一样，被更新的列必须属于同一个表。

7.5.1 实例5——通过视图向基本表中插入数据

【例7.6】通过视图向基本表中插入一条新记录，输入语句如下：

```
USE test_db
GO
CREATE VIEW view_stuinfo(编号,名字,成绩,性别)
AS
SELECT s_id,s_name,s_score,s_sex
FROM stu_info
WHERE  s_name='张靓';
GO
SELECT * FROM stu_info;   --查看插入记录之前基本表中的内容
INSERT INTO view_stuinfo --向stu_info基本表中插入一条新记录
VALUES(8, '雷永',90,'男');
SELECT * FROM stu_info;   --查看插入记录之后基本表中的内容
```

执行结果如图7-11所示。

图7-11 通过视图向基本表插入记录

可以看到，通过在视图view_stuinfo中执行一条INSERT操作，实际上向基本表中插入了一条记录。

7.5.2 实例 6——通过视图修改基本表中的数据

除了可以插入一条完整的记录，通过视图也可以更新基本表中的记录的某些列值。

【**例 7.7**】通过 view_stuinfo 更新表中姓名为"张靓"的同学的成绩，输入语句如下：

```
USE test_db;
GO
SELECT * FROM view_stuinfo;
UPDATE view_stuinfo
SET 成绩=88
WHERE 名字='张靓'
SELECT * FROM stu_info;
```

执行结果如图 7-12 所示。

图 7-12 通过视图更改基本表中的数据

UPDATE 语句修改 view_stuinfo 视图中的成绩字段，更新之后，基本表中的 s_score 字段同时被修改为新的数值。

7.5.3 实例 7——通过视图删除基本表中的数据

当数据不再使用时，可以通过 DELETE 语句在视图中删除。

【**例 7.8**】通过视图删除基本表 stu_info 中的记录，输入语句如下：

```
DELETE view_stuinfo WHERE 名字='张靓'
SELECT * FROM view_stuinfo;
SELECT * FROM stu_info;
```

执行结果如图 7-13 所示。

图 7-13　通过视图删除基本表 stu_info 中的一条记录

可以看到视图 view_stuinfo 中已经不存在记录了，基本表中 s_name='张靓'的记录也同时被删除。

注意　　　建立在多个表之上的视图，无法使用 DELETE 语句进行删除操作。

7.6　实例 8——删除视图

对于不再使用的视图，可以使用 SQL Server 管理平台或者 Transact-SQL 语句来删除视图。

1. 使用【对象资源管理器】面板删除视图

具体操作步骤如下。

step 01　在 SSMS 主界面的【对象资源管理器】面板中，展开视图所在数据库节点，右击要删除的视图名称，在弹出的快捷菜单中选择【删除】命令，如图 7-14 所示，或者按 DELETE 键。

step 02　在弹出的【删除对象】对话框中单击【确定】按钮，即可完成视图的删除，如图 7-15 所示。

图 7-14　选择【删除】命令

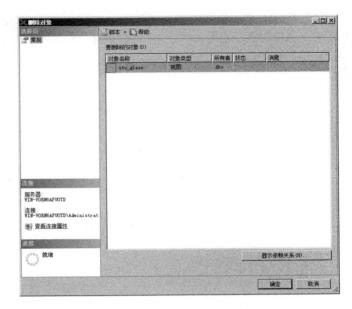

图 7-15　【删除对象】对话框

2. 使用 Transact-SQL 命令删除视图

Transact-SQL 中可以使用 DROP VIEW 语句删除视图，其语法格式如下：

```
DROP VIEW [schema. ] view_name1, view_name2,… , view_nameN;
```

该语句可以同时删除多个视图，只需要在删除各视图名称之间用逗号分隔开即可。

【例 7.9】同时删除系统中的 view_stuinfo 和 view_t 视图，输入语句如下：

```
DROP VIEW dbo.view_stuinfo,dbo.view_t;
exec sp_help 'view_stuinfo'
exec sp_help 'view_t'
```

7.7　高手甜点

甜点 1：视图和表的区别是什么？

视图和表的区别如下。

(1) 视图是已经编译好的 SQL 语句，是基于 SQL 语句的结果集的可视化的表，而表不是。

(2) 视图没有实际的物理记录，而基本表有。

(3) 表是内容，视图是窗口。

(4) 表只用物理空间，而视图不占用物理空间。视图只是逻辑概念的存在，表可以及时对它进行修改，但视图只能用创建的语句来修改。

(5) 视图是查看数据表的一种方法，可以查询数据表中某些字段构成的数据，只是一些 SQL 语句的集合。从安全的角度来说，视图可以防止用户接触数据表，从而不知道表结构。

(6) 表属于全局模式中的表，是实表；视图属于局部模式的表，是虚表。

(7) 视图的建立和删除只影响视图本身，不影响对应的基本表。

甜点 2：视图和表有什么联系？

二者有以下联系。

(1) 视图(view)是在基本表之上建立的表，它的结构(即所定义的列)和内容(即所有记录)都来自基本表，它依据基本表存在而存在。

(2) 一个视图可以对应一个基本表，也可以对应多个基本表。

(3) 视图是基本表的抽象和在逻辑意义上建立的新关系。

7.8　跟我学上机

1. 在一个表上创建视图。
2. 在多个表上建立视图。
3. 使用 Transact-SQL 语句更改视图。
4. 查看视图的详细信息。
5. 更新视图的内容。

第 8 章

数据的插入、更新和删除

存储在系统中的数据是数据库管理系统(DBMS)的核心，数据库被设计用来管理数据的存储、访问和维护数据的完整性。SQL Server 中提供了功能丰富的数据库管理语句，包括有效地向数据库中插入数据的 INSERT 语句，更新数据的 UPDATE 语句以及当数据不再使用时删除数据的 DELETE 语句。本章将详细介绍在 SQL Server 中如何使用这些语句操作数据。

本章要点(已掌握的在方框中打钩)

☐ 掌握插入数据的方法
☐ 掌握修改数据的方法
☐ 掌握删除数据的方法

8.1　插入数据(INSERT)

在使用数据库之前，数据库中必须要有数据，SQL Server 中使用 INSERT 语句向数据库表中插入新的数据记录。向已创建好的数据表中插入记录，可以一次插入一条记录，也可以一次插入多条记录。插入表中的记录中的值必须符合各个字段数据类型。SQL Server 中使用 INSERT 语句向数据表中插入数据，其基本语法格式如下：

```
INSERT [INTO] table_name [ column_list ]
VALUES (value_list);
```

各参数说明如下。

INSERT：插入数据表时使用的关键字，告诉 SQL Server 该语句的用途，该关键字后面的内容是 INSERT 语句的详细执行过程。

INTO：可选的关键字，用在 INSERT 和执行插入操作的表之间。该参数是一个可选参数。使用 INTO 关键字可以增强语句的可读性。

table_name：指定要插入数据的表名。

column_list：可选参数，用来指定记录中显示插入的数据的字段，如果不指定字段列表，则后面的 value_list 中的每一个值必须与表中对于位置处的值相匹配，即第一个值对应第一个列，第二个值对应第二个列。

> 注意　插入时必须为所有既不允许空值又没有默认值的列提供一个值，直至最后一个这样的列。

VALUES：VALUES 关键字后面指定要插入的数据列表值。

value_list：指定每个列对应插入的数据。字段列和数据值的数量必须相同，多个值之间使用逗号隔开。value_list 中的这些值可以是 DEFAULT、NULL 或者是表达式。DEFAULT 表示插入该列在定义时的默认值；NULL 表示插入空值；表达式可以是一个运算过程，也可以是一个 SELECT 查询语句，SQL Server 将插入表达式计算之后的结果。

使用 INSERT 语句时要注意以下几点。

(1) 不要向设置了标识属性的列中插入值。

(2) 若字段不允许为空，且未设置默认值，则必须给该字段设置数据值。

(3) VALUES 子句中给出的数据类型必须和列的数据类型相对应。

> 注意　为了保证数据的安全性和稳定性，只有数据库和数据库对象的创建者及被授予权限的用户才能对数据库进行添加、修改和删除数据库的操作。

8.1.1　实例 1——插入单行数据

在演示插入操作之前，读者需要准备一张数据表，这里使用前面定义过的 person 表，请读者在自己的数据库中创建该数据表，创建表的语句如下：

```
CREATE TABLE person
```

```
(
 id     INT NOT NULL PRIMARY KEY,
 name   VARCHAR(40) NOT NULL DEFAULT '',
 age    INT NOT NULL DEFAULT 0,
 info   VARCHAR(50) NULL
);
```

执行上述语句后，即可新建 person 表，打开设计器如图 8-1 所示。

列名	数据类型	允许 Null 值
id	int	☐
name	varchar(40)	☐
age	int	☐
info	varchar(50)	☑
		☐

图 8-1　person 表的设计器

1．为表的所有字段插入数据

【例 8.1】向 person 表中插入一条新记录，id 值为 1、name 值为 Green、age 值为 21、info 值为 Lawyer，Transact-SQL 语句如下：

```
INSERT INTO person (id ,name, age , info)
VALUES (1,'Green', 21, 'Lawyer');
```

语句执行完毕，可以使用 SELECT 语句查看执行结果，输入 Transact-SQL 命令：

```
SELECT * FROM person;
```

执行上述语句后，效果如图 8-2 所示。

INSERT 语句后面的列名称顺序可以不是 person 表定义时的顺序。即插入数据时，不需要按照表定义的顺序插入，只要保证值的顺序与列字段的顺序相同就可以，如下面的例子。

【例 8.2】在 person 表中，插入一条新记录，id 值为 2、name 值为 Suse、age 值为 22、info 值为 dancer，Transact-SQL 语句如下：

```
INSERT INTO person (age ,name, id , info)
VALUES (22, 'Suse', 2, 'dancer');
SELECT * FROM person;
```

执行结果如图 8-3 所示。可见虽然字段顺序不同，但是仍然成功地插入了一条记录。

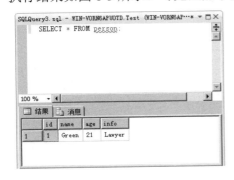

图 8-2　查询 person 表的数据

图 8-3　插入新记录

使用 INSERT 插入数据时，允许列名称列表 column_list 为空，此时，值列表中需要为表的每一个字段指定值，并且值的顺序必须和数据表中字段定义时的顺序相同。

使用 INSERT 语句插入时，允许插入的字段列表为空，不指定待插入的字段名称，此时，值列表中需要为表的每一个字段指定值，并且值的顺序必须和数据表中字段定义时的顺序相同。

【例 8.3】在 person 表中，插入一条新记录，Transact-SQL 语句如下：

```sql
INSERT INTO person
VALUES (3,'Mary', 24, 'Musician');
SELECT * FROM person;
```

执行结果如图 8-4 所示。可以看到 INSERT 语句成功地插入了一条记录。

2. 为表的指定字段插入数据

为表的指定字段插入数据，就是在 INSERT 语句中只向部分字段中插入值，而其他字段的值为表定义时的默认值。

【例 8.4】在 person 表中，插入两条新记录，一条记录中指定 name 值为 Willam、info 值为 sports man；另一条记录中指定 name 值为 Laura，Transact-SQL 语句如下：

```sql
INSERT INTO person (id,name, info) VALUES(4,'Willam', 'sports man');
INSERT INTO person (id,name ) VALUES (5,'Laura');
SELECT * FROM person;
```

查询插入之后的结果如图 8-5 所示。

图 8-4　查看插入一条记录结果

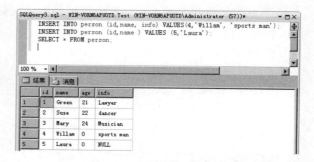

图 8-5　为表指定字段插入值

可以看到，虽然没有指定插入的字段和字段值，例 8.4 中的语句仍然可以正常执行，可以看到 SQL Server 自动向相应字段插入了默认值。

8.1.2　实例2——插入多行数据

INSERT 语句可以同时向数据表中插入多条记录，插入时指定多个值列表，每个值列表之间用逗号分隔开。

【例 8.5】在 person 表中，在 id、name、age 和 info 字段指定插入值，同时插入 3 条新记录，Transact-SQL 语句如下：

```
INSERT INTO person(id,name, age, info)
VALUES (6,'Evans',27, 'secretary'),
(7,'Dale',22, 'cook'),
(8,'Edison',28, 'singer');
SELECT * FROM person;
```

语句执行之后的结果如图 8-6 所示。

图 8-6　插入多条记录的结果

下面介绍一种非常有用的将查询结果插入表中的插入方式。

INSERT 还可以将 SELECT 语句查询的结果插入表中，如果想要从另外一个表中合并个人信息到 person 表，不需要把多条记录的值一个一个输入，只需要使用一条 INSERT 语句和一条 SELECT 语句组成的组合语句即可快速地从一个或多个表中向一个表中插入多个行。

【例 8.6】从 person_old 表中查询所有的记录，并将其插入 person 表中。

首先，创建一个名为 person_old 的数据表，其表结构与 person 结构相同，Transact-SQL 语句如下：

```
CREATE TABLE person_old
(
  id    INT NOT NULL PRIMARY KEY,
  name  VARCHAR(40) NOT NULL DEFAULT '',
  age   INT NOT NULL DEFAULT 0,
  info  VARCHAR(50) NULL
);
```

向 person_old 表中添加两条记录：

```
INSERT INTO person_old
VALUES(9,'Harry',20, 'student'),
(10,'Beckham',31, 'police');
SELECT * FROM person_old;
```

执行结果如图 8-7 所示。可以看到 INSERT 语句成功地插入了两条记录。

person_old 表中现在有两条记录。接下来将 person_old 表中所有的记录插入 person 表中，Transact-SQL 语句如下：

```
INSERT INTO person(id, name, age, info)
SELECT id, name, age, info FROM person_old;
SELECT * FROM person;
```

上面代码语句执行结果如图 8-8 所示。

图 8-7　person_old 表中添加两条记录

图 8-8　将查询结果插入表中

由结果可以看到，INSERT 语句执行后，person 表中多了两条记录，这两条记录和 person_old 表中的记录完全相同，数据转移成功。

8.2　修改数据(UPDATE)

表中插入数据之后，接下来可以对数据进行更新操作，SQL Server 中使用 UPDATE 语句更新表中的记录，可以更新特定的行或者同时更新所有的行。UPDATE 基本语法结构如下：

```
UPDATE table_name
SET column_name1 = value1,column_name2=value2,…,column_nameN=valueN
WHERE search_condition
```

各参数说明如下。

table_name：要修改的数据表名称。

SET 子句指定要修改的字段名和字段值，可以是常量或者表达式。

column_name1,column_name2,…,column_nameN：需要更新的字段的名称。

value1,value2,…,valueN：相对应的指定字段的更新值，更新多个列时，每个"列=值"对之间用逗号隔开，最后一列之后不需要逗号。

WHERE 子句指定待更新的记录需要满足的条件，具体的条件在 search_condition 中指定，如果不指定 WHERE 子句，则对表中所有的数据行进行更新。

8.2.1 实例3——修改单行数据

修改单行记录时，可以同时修改数据表中多个字段值。

【例 8.7】在 person 表中，更新 id 值为 10 的记录，将 age 字段值改为 15，将 name 字段值改为 LiMing，Transact-SQL 语句如下：

```
SELECT * FROM person WHERE id =10;
UPDATE person SET age = 15, name='LiMing' WHERE id = 10;
SELECT * FROM person WHERE id =10;
```

执行代码之后的结果如图 8-9 所示。

图 8-9　修改单行记录结果

可以看到，结果区域中分别显示了修改前后 id=10 的记录中各个字段的值。第二条查询结果可以看到，学生的基本信息中的 name 和 age 字段已经被成功修改。

8.2.2 实例4——修改多行数据

在实际的业务中，有时需要同时更新整个表的某些数据列，或者是符合条件的某些数据字段。

1. 修改部分记录的字段数据

【例 8.8】在 person 表中，更新 age 值为 19～22 的记录，将 info 字段值都改为 student，打开查询设计器，输入如下语句：

```
SELECT * FROM person WHERE age BETWEEN 19 AND 22;
UPDATE person SET info='student' WHERE age BETWEEN 19 AND 22;
SELECT * FROM person WHERE age BETWEEN 19 AND 22;
```

执行结果如图 8-10 所示。

图 8-10　修改部分记录字段

由代码执行前后的结果可以看到，UPDATE 语句执行后，成功将表中符合条件的记录的 info 字段值都改为 student。

2．修改所有记录的字段数据

【例 8.9】在 person 表中，将所有记录的 info 字段值改为 vip，打开查询设计器，输入如下语句：

```
SELECT * FROM person;
UPDATE person SET info='vip';
SELECT * FROM person;
```

执行结果如图 8-11 所示。可以看到所有记录中的 info 字段值都变成了 vip。

图 8-11　修改所有记录的字段值

8.3 删除数据(DELETE)

当数据表中的数据不再需要时，可以将其删除以节省磁盘空间，从数据表中删除数据使用 DELETE 语句，DELETE 语句允许 WHERE 子句指定删除条件。DELETE 语句基本语法格式如下：

```
DELETE FROM table_name
[WHERE <condition>];
```

各参数说明如下。

table_name：指定要执行删除操作的表。

[WHERE <condition>]：可选参数，指定删除条件，如果没有 WHERE 子句，DELETE 语句将删除表中的所有记录。

8.3.1 实例 5——删除部分数据

删除部分数据时需要指定删除的记录满足的条件，需要使用 WHERE 子句，看下面的例子。

【例 8.10】在 person 表中，删除 age 等于 22 的记录，输入语句如下：

```
SELECT * FROM person;
DELETE FROM person WHERE age = 22;
SELECT * FROM person;
```

执行结果如图 8-12 所示。

图 8-12 删除部分记录

可以看到代码执行之前，在表中有两条满足条件的记录，执行 DELETE 操作之后，这两条记录被成功删除。

8.3.2 实例6——删除表中所有数据

前文已经讲解了删除表中的指定记录的方法，地于本小节中删除表中所有数据记录将会非常简单，取消 WHERE 子句即可。

【例 8.11】删除 person 表中所有记录，Transact-SQL 语句如下：

```
SELECT * FROM person;
DELETE FROM person;
SELECT * FROM person;
```

执行结果如图 8-13 所示。

图 8-13　删除表中所有记录

从图 8-13 显示的删除表操作前后的结果可以看到，代码执行之后，已经不能从表中查询出来任何的记录了，数据表已经清空，删除表中所有记录成功，现在 person 表中已经没有任何数据记录。

8.4　高手甜点

甜点1：插入记录时可以不指定字段名称吗？

不管使用哪种 INSERT 语法，都必须给出 VALUES 的正确数目。如果不提供字段名，则必须给每个字段提供一个值，否则将产生一条错误消息。如果要在 INSERT 操作中省略某些字段，这些字段需要满足一定条件：该列定义为允许空值；或者表定义时给出默认值，如果不给出值，将使用默认值。

甜点 2：更新或者删除表时必须指定 WHERE 子句吗？

在前面章节中可以看到，所有的 UPDATE 和 DELETE 语句全都在 WHERE 子句指定了条件。如果省略 WHERE 子句，则 UPDATE 或 DELETE 将被应用到表中所有的行。因此，除非确实打算更新或者删除所有记录，否则绝对要注意使用不带 WHERE 子句的 UPDATE 或 DELETE 语句。建议在对表进行更新和删除操作之前，使用 SELECT 语句确认需要删除的记录，以免造成无法挽回的结果。

8.5　跟我学上机

创建数据表 pet，并对表进行插入、更新与删除操作，pet 表结构如表 8-1 所示。

表 8-1　pet 表结构

字 段 名	字段说明	数据类型	主 键	非 空	唯 一
name	宠物名称	VARCHAR(20)	否	是	否
owner	宠物主人	VARCHAR(20)	否	否	否
species	种类	VARCHAR(20)	否	是	否
sex	性别	CHAR(1)	否	是	否
birth	出生日期	DATE	否	是	否
death	死亡日期	DATE	否	否	否

1. 首先创建数据表 pet，使用不同的方法将表 8-2 中的记录插入 pet 表中。

表 8-2　pet 表中记录

name	owner	species	sex	birth	death
Fluffy	Harold	cat	f	2003	2010
Claws	Gwen	cat	m	2004	NULL
Buffy	NULL	dog	f	2009	NULL
Fang	Benny	dog	m	2000	NULL
Bowser	Diane	dog	m	2003	2009
Chirpy	NULL	bird	f	2008	NULL

2. 使用 UPDATE 语句将名称为 Fang 的狗的主人改为 Kevin。

3. 将没有主人的宠物的 owner 字段值都改为 Duck。

4. 删除已经死亡的宠物记录。

5. 删除所有表中的记录。

第 3 篇

Transact-SQL 查询语句

第 9 章

SQL Server 函数

SQL Server 提供了众多功能强大、方便易用的函数。使用这些函数，可以极大方便地加强用户对数据库的管理。SQL Server 中的函数包括：字符串函数、数学函数、数据类型转换函数、日期和时间函数、系统函数等其他函数。本章将介绍 SQL Server 中这些函数的功能和用法。

本章要点(已掌握的在方框中打钩)

☐ 了解 SQL Server 函数的基本概念
☐ 掌握创建数据表的方法
☐ 掌握字符串函数的使用方法
☐ 掌握数学函数的使用方法
☐ 掌握数据类型转换函数的使用方法
☐ 掌握文本和图像函数的使用方法
☐ 掌握日期和时间函数的使用方法
☐ 掌握系统函数的使用方法

9.1　SQL Server 函数简介

函数表示对输入参数值返回一个具有特定关系的值，SQL Server 提供了大量丰富的函数，在进行数据库管理以及数据的查询和操作时将会经常用到各种函数。通过对数据的处理，数据库可以变得功能更加强大，更加灵活地满足不同用户的需求。各类函数从功能方面主要分为以下几类：字符串函数、数学函数、数据类型转换函数、聚合函数、文本和图像函数、日期和时间函数、系统函数等其他函数。

9.2　字符串函数

字符串函数用于对字符和二进制字符串进行各种操作，它们返回对字符数据进行操作时通常所需要的值。大多数字符串函数只能用于 char、nchar、varchar 和 nvarchar 数据类型，或隐式转换为上述数据类型的数据类型。某些字符串函数还可用于 binary 和 varbinary 数据。字符串函数可以用在 SELECT 或者 WHERE 语句中。本节将介绍各种字符串函数的功能和用法。

9.2.1　实例 1——ASCII()函数

ASCII(character_expression)函数用于返回字符串表达式中最左侧字符的 ASCII 代码值。参数 character_expression 必须是一个 CHAR 或 VARCHAR 类型的字符串表达式。新建查询，运行下面的例子。

【例 9.1】查看指定字符的 ASCII 值，输入语句如下：

```
SELECT ASCII('s'),ASCII('sql'), ASCII(1);
```

执行结果如图 9-1 所示。

图 9-1　ASCII 函数

字符"s"的 ASCII 值为 115，所以第一行和第二行返回结果相同。对于第三条语句中的纯数字的字符串，可以不使用单引号括起来。

9.2.2 实例 2——CHAR() 函数

CHAR(integer_expression) 函数将整数类型的 ASCII 值转换为对应的字符，integer_expression 是一个介于 0 和 255 之间的整数。如果该整数表达式不在此范围内，将返回 NULL 值。

【例 9.2】查看 ASCII 值 115 和 49 对应的字符，输入语句如下：

```
SELECT CHAR(115), CHAR(49);
```

执行结果如图 9-2 所示。

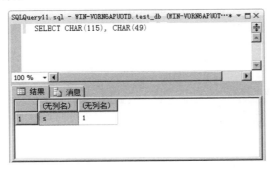

图 9-2 CHAR()函数

可以看到，这里返回值与 ASCII 函数的返回值正好相反。

9.2.3 实例 3——LEFT()函数

LEFT(character_expression, integer_expression)函数返回字符串左边开始指定个数的字符串、字符或二进制数据表达式。character_expression 是字符串表达式，可以是常量、变量或字段。integer_expression 为正整数，指定 character_expression 将返回的字符数。

【例 9.3】使用 LEFT()函数返回字符串中左边的字符，输入语句如下：

```
SELECT  LEFT('football', 4);
```

执行结果如图 9-3 所示。

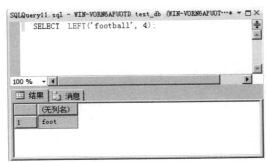

图 9-3 LEFT()函数

函数返回字符串"football"左边开始的长度为4的子字符串，结果为"foot"。

9.2.4 实例4——RIGHT()函数

与 LEFT() 函 数 相 反 ， RIGHT(character_expression,integer_expression) 返 回 字 符 串 character_expression 最右边 integer_expression 个字符。

【例9.4】使用RIGHT()函数返回字符串中右边的字符，输入语句如下：

```
SELECT  RIGHT('football', 4);
```

执行结果如图9-4所示。

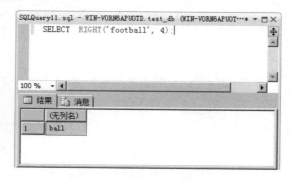

图9-4　RIGHT()函数

函数返回字符串"football"右边开始的长度为4的子字符串，结果为"ball"。

9.2.5 实例5——LTRIM()函数

LTRIM(character_expression)用于去除字符串左边多余的空格。character_expression 是一个字符串表达式，可以是常量、变量，也可以是字符字段或二进制数据列。

【例9.5】使用LTRIM()函数删除字符串右边的空格，输入语句如下：

```
SELECT  '(' + ' book ' + ')', '(' + LTRIM (' book ') + ')';
```

执行结果如图9-5所示。

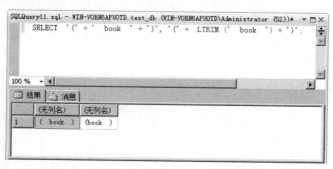

图9-5　LTRIM()函数

对比两个值，LTRIM 只删除字符串右边的空格，左边的空格不会被删除，" book "删除左边空格之后的结果为"book   "。

9.2.6 实例 6——RTRIM()函数

RTRIM(character_expression)用于去除字符串右边多余的空格。character_expression 是一个字符串表达式，可以是常量、变量，也可以是字符字段或二进制数据列。

【例 9.6】使用 RTRIM()函数删除字符串右边的空格，输入语句如下：

```
SELECT '(' + ' book ' + ')', '(' + RTRIM (' book ') + ')';
```

执行结果如图 9-6 所示。

图 9-6 RTRIM()函数

对比两个值，RTRIM 只删除字符串右边的空格，左边的空格不会被删除，" book "删除右边空格之后的结果为" book"。

9.2.7 实例 7——STR()函数

STR（float_expression [，length [，decimal]])函数用于将数值数据转换为字符数据。float_expression 是一个带小数点的近似数字(float)数据类型的表达式。length 表示总长度。它包括小数点、符号、数字以及空格。默认值为 10。decimal 指定小数点后的位数。decimal 必须小于或等于 16。如果 decimal 大于 16，则会截断结果，使其保持为小数点后具有 16 位。

【例 9.7】使用 STR()函数将数字数据转换为字符数据，输入语句如下：

```
SELECT STR(3141.59,6,1), STR(123.45, 2, 2);
```

执行结果如图 9-7 所示。

第一条语句 6 个数字和一个小数点组成的数值 3141.59 转换为长度为 6 的字符串，数字的小数部分舍入为一个小数位。

第二条语句中表达式超出指定的总长度时，返回的字符串为指定长度的两个星号**。

图 9-7　STR()函数

9.2.8　实例 8——字符串逆序的函数 REVERSE(s)

REVERSE(s)将字符串 s 反转，返回的字符串的顺序和 s 字符顺序相反。

【例 9.8】使用 REVERSE(s)函数反转字符串，输入语句如下：

```
SELECT REVERSE('abc');
```

执行结果如图 9-8 所示。

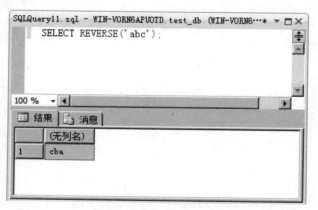

图 9-8　REVERSE(s)函数

由结果可以看到，字符串"abc"经过 REVERSE(s)函数处理之后所有字符串顺序被反转，结果为"cba"。

9.2.9　实例 9——计算字符串长度的函数 LEN(str)

返回字符表达式中的字符数。如果字符串中包含前导空格和尾随空格，则函数会将它们包含在计数内。LEN 对相同的单字节和双字节字符串返回相同的值。

【例 9.9】使用 LEN(str)函数计算字符串长度，输入语句如下：

```
SELECT LEN ('no'), LEN('日期'),LEN(12345);
```

执行结果如图 9-9 所示。

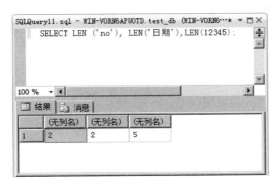

图 9-9　LEN(str)函数

可以看到，LEN(str)函数在对待英文字符和汉字字符时，返回的字符串长度是相同的。一个汉字也算作一个字符。LEN(str)函数在处理纯数字时也将其当作字符串，但是使用纯数字时可以不使用引号。

9.2.10　实例 10——匹配子串开始位置的函数 CHARINDEX()

CHARINDEX(str1,str,[start]) 函数返回子字符串 str1 在字符串 str 中的开始位置，start 为搜索的开始位置，如果指定 start 参数，则从指定位置开始搜索；如果不指定 start 参数或者指定为 0 或者为负值，则从字符串开始位置搜索。

【例 9.10】使用 CHARINDEX()函数查找字符串中指定子字符串的开始位置，输入语句如下：

```
SELECT  CHARINDEX('a','banana'),  CHARINDEX('a','banana',4),CHARINDEX('na',
'banana',4);
```

执行结果如图 9-10 所示。

图 9-10　CHARINDEX()函数

CHARINDEX('a','banana')返回字符串"banana"中子字符串"a"第一次出现的位置，结果为 2；CHARINDEX('a','banana',4)返回字符串"banana"中从第二个位置开始子字符串"a"的位置，结果为 4；CHARINDEX('na', 'banana',4)返回从第 4 个位置开始，子字符串"na"第一次出现的位置，结果为 5。

9.2.11 实例 11——SUBSTRING()函数

SUBSTRING(value_expression, start_expression, length_expression)函数返回字符表达式、二进制表达式、文本表达式或图像表达式的一部分。

value_expression 是 character、binary、text、ntext 或 image 表达式。

start_expression 指定返回字符的起始位置的整数或表达式。如果 start_expression 小于 0，会生成错误并终止语句。如果 start_expression 大于值表达式中的字符数，将返回一个零长度的表达式。

length_expression 是正整数或指定要返回的 value_expression 的字符数的表达式。如果 length_expression 是负数，会产生错误并终止语句。如果 start_expression 与 length_expression 的总和大于 value_expression 中的字符数，则返回整个值表达式。

【例 9.11】使用 SUBSTRING()函数获取指定位置处的子字符串，输入语句如下：

```
SELECT    SUBSTRING('breakfast',1,5),SUBSTRING('breakfast',LEN('breakfast')/2,
LEN('breakfast'));
```

执行结果如图 9-11 所示。

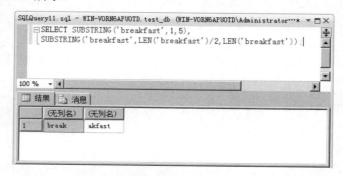

图 9-11 SUBSTRING()函数

第一条返回字符串从第一个位置开始长度为 5 的子字符串，结果为"break"，第二条语句返回整个字符串的后半段子字符串，结果为"akfast"。

9.2.12 实例 12——LOWER()函数

LOWER(character_expression)将大写字符数据转换为小写字符数据后返回字符表达式。character_expression 是指定要进行转换的字符串。

【例 9.12】使用 LOWER()函数将字符串中所有字母字符转换为小写，输入语句如下：

```
SELECT LOWER('BEAUTIFUL'), LOWER('Well');
```

执行结果如图 9-12 所示。

由结果可以看到，经过 LOWER 函数转换之后，大写字母都变成了小写，小写字母保存不变。

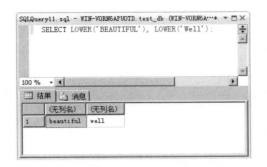

图 9-12　LOWER()函数

9.2.13　实例 13——UPPER()函数

UPPER(character_expression)将小写字符数据转换为大写字符数据后返回字符表达式。character_expression 是指定要进行转换的字符串。

【例 9.13】使用 UPPER()函数或者 UCASE 函数将字符串中所有字母字符转换为大写，输入语句如下：

```
SELECT UPPER('black'), UPPER ('BLacK');
```

执行结果如图 9-13 所示。

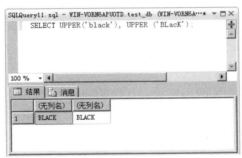

图 9-13　UPPER()函数

由结果可以看到，经过 UPPER 函数转换之后，小写字母都变成了大写，大写字母保持不变。

9.2.14　实例 14——替换函数 REPLACE(s,s1,s2)

REPLACE(s,s1,s2)使用字符串 s2 替代字符串 s 中所有的字符串 s1。

【例 9.14】使用 REPLACE(s,s1,s2)函数进行字符串替代操作，输入语句如下：

```
SELECT REPLACE('xxx.sqlserver2012.com', 'x', 'w');
```

执行结果如图 9-14 所示。

REPLACE('xxx.sqlserver2012.com', 'x', 'w')将"xxx.sqlserver2012.com"字符串中的"x"字符替换为"w"字符，结果为"www.sqlserver2012.com"。

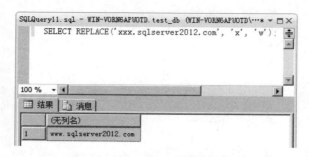

图 9-14　REPLACE(s,s1,s2)函数

9.3　数　学　函　数

数学函数主要用来处理数值数据，主要的数学函数有：绝对值函数、三角函数(包括正弦函数、余弦函数、正切函数、余切函数等)、对数函数、随机数函数等。在有错误产生时，数学函数将会返回空值 NULL。本节将介绍各种数学函数的功能和用法。

9.3.1　实例 15——绝对值函数 ABS(x)和返回圆周率的函数 PI()

ABS(X)返回 X 的绝对值。

【例 9.15】求 2、-3.3 和-33 的绝对值，输入语句如下：

```
SELECT ABS(2), ABS(-3.3), ABS(-33);
```

执行结果如图 9-15 所示。

正数的绝对值为其本身，2 的绝对值为 2；负数的绝对值为其相反数，-3.3 的绝对值为3.3；-33 的绝对值为33。

PI()返回圆周率 π 的值。默认的显示小数位数是 6 位。

【例 9.16】使用 PI()函数返回圆周率值，输入语句如下：

```
SELECT  PI();
```

执行结果如图 9-16 所示。

图 9-15　ABS()函数

图 9-16　PI()函数

9.3.2 实例 16——平方根函数 SQRT(x)

SQRT(x)返回非负数 x 的二次方根。

【例 9.17】求 9、40 的二次平方根，输入语句如下：

```
SELECT SQRT(9), SQRT(40);
```

执行结果如图 9-17 所示。

图 9-17　SQRT()函数

9.3.3 实例 17——获取随机数的函数 RAND()和 RAND(x)

RAND(x)返回一个随机浮点值 v，范围在 0 到 1 之间(即 $0 \leq v \leq 1.0$)。若指定一个整数参数 x，则它被用作种子值，使用相同的种子数将产生重复序列。如果用同一种子值多次调用 RAND 函数，它将返回同一生成值。

【例 9.18】使用 RAND()函数产生随机数，输入语句如下：

```
SELECT RAND(),RAND(),RAND();
```

执行结果如图 9-18 所示。

图 9-18　不带参数的 RAND()函数

可以看到，不带参数的 RAND()函数每次产生的随机数值是不同的。

【例 9.19】使用 RAND(x)函数产生随机数，输入语句如下：

```
SELECT RAND(10),RAND(10),RAND(11);
```

执行结果如图 9-19 所示。

图 9-19　带参数的 RAND(x)函数

可以看到，当 RAND(x)的参数相同时，将产生相同的随机数，不同的 x 产生的随机数值不同。

9.3.4　实例 18——四舍五入函数 ROUND(x,y)

ROUND(x,y)返回最接近于参数 x 的数，其值保留到小数点后面 y 位，若 y 为负值，则将保留 x 值到小数点左边 y 位。

【例 9.20】使用 ROUND(x,y)函数对操作数进行四舍五入操作，结果保留小数点后面指定 y 位，输入语句如下：

```
SELECT ROUND(1.38, 1), ROUND(1.38, 0), ROUND(232.38, -1), ROUND(232.38,-2);
```

执行结果如图 9-20 所示。

图 9-20　ROUND(x,y)函数

ROUND(1.38, 1)保留小数点后面 1 位，四舍五入的结果为 1.4；ROUND(1.38, 0) 保留小数点后面 0 位，即返回四舍五入后的整数值；ROUND(23.38, -1)和 ROUND (232.38,-2)分别保留小数点左边 1 位和 2 位。

9.3.5 实例 19——符号函数 SIGN(x)

SIGN(x)返回参数的符号，x 的值为负、零或正时返回结果依次为-1、0 或 1。

【例 9.21】使用 SIGN 函数返回参数的符号，输入语句如下：

```
SELECT SIGN(-21),SIGN(0), SIGN(21);
```

执行结果如图 9-21 所示。

图 9-21 SIGN(x)函数

SIGN(-21)返回-1；SIGN(0)返回 0；SIGN(21)返回 1。

9.3.6 实例 20——获取整数的函数 CEILING(x)和 FLOOR(x)

CEILING(x)返回不小于 x 的最小整数值。

【例 9.22】使用 CEILING(x)函数返回最小整数，输入语句如下：

```
SELECT  CEILING (-3.35),CEILING(3.35);
```

执行结果如图 9-22 所示。

-3.35 为负数，不小于-3.35 的最小整数为-3，因此返回值为-3；不小于 3.35 的最小整数为 4，因此返回值为 4。

FLOOR(x)返回不大于 x 的最大整数值。

【例 9.23】使用 FLOOR(x)函数返回最大整数，输入语句如下：

```
SELECT FLOOR(-3.35), FLOOR(3.35);
```

执行结果如图 9-23 所示。

-3.35 为负数，不大于-3.35 的最大整数为-4，因此返回值为-4；不大于 3.35 的最大整数为 3，因此返回值为 3。

图 9-22　CEILING(x)函数　　　　　　　　　图 9-23　FLOOR(x)函数

9.3.7　实例 21——幂运算函数 POWER(x,y)、SQUARE(x)和 EXP(x)

POWER(x,y)函数返回 x 的 y 次乘方的结果值。

【例 9.24】使用 POWER(x,y)函数进行乘方运算，输入语句如下：

```
SELECT POWER(2,2), POWER(2.00,-2);
```

执行结果如图 9-24 所示。

可以看到，POWER(2,2)返回 2 的 2 次方，结果都是 4；POWER(2,-2)都返回 2 的-2 次方，结果为 4 的倒数，即 0.25。

SQUARE(x)返回指定浮点值 x 的平方。

【例 9.25】使用 SQUARE(x)函数进行平方运算，输入语句如下：

```
SELECT SQUARE (3), SQUARE (-3), SQUARE (0);
```

执行结果如图 9-25 所示。

图 9-24　POWER(x,y)函数　　　　　　　　图 9-25　SQUARE(x)函数

EXP(x)返回 e 的 x 乘方后的值。

【例 9.26】使用 EXP(x)函数计算 e 的乘方，输入语句如下：

```
SELECT EXP(3),EXP(-3),EXP(0);
```

执行结果如图 9-26 所示。

图 9-26　EXP(x)函数

EXP(3)返回以 e 为底的 3 次方，结果为 20.085536923187；EXP(−3)返回以 e 为底的−3 次方，结果为 0.0497870683678639；EXP(0)返回以 e 为底的 0 次方，结果为 1。

9.3.8　实例 22——对数运算函数 LOG(x)和 LOG10(x)

LOG(x)返回 x 的自然对数，x 相对于基数 e 的对数。

【例 9.27】使用 LOG(x)函数计算自然对数，输入语句如下：

```
SELECT LOG(3), LOG(6);
```

执行结果如图 9-27 所示。

对数定义域不能为负数。

LOG10(x)返回 x 的基数为 10 的对数。

【例 9.28】使用 LOG10(x)计算以 10 为基数的对数，输入语句如下：

```
SELECT LOG10(1), LOG10(100), LOG10(1000);
```

执行结果如图 9-28 所示。

图 9-27　LOG(x)函数

图 9-28　LOG10(x)函数

10 的 0 次乘方等于 1，因此 LOG10(1)返回结果为 0，10 的 2 次乘方等于 100，因此 LOG10(100)返回结果为 2。10 的 3 次乘方等于 1000，因此 LOG10(1000)返回结果为 3。

9.3.9　实例23——角度与弧度相互转换的函数 RADIANS(x)和 DEGREES(x)

RADIANS(x)将参数 x 由角度转化为弧度。

【例 9.29】使用 RADIANS(x)函数将角度转换为弧度，输入语句如下：

```
SELECT RADIANS(90.0),RADIANS(180.0);
```

执行结果如图 9-29 所示。

DEGREES(x)将参数 x 由弧度转化为角度。

【例 9.30】使用 DEGREES(x)函数将弧度转换为角度，输入语句如下：

```
SELECT DEGREES(PI()), DEGREES(PI() / 2);
```

执行结果如图 9-30 所示。

图 9-29　RADIANS(x)函数

图 9-30　DEGREES(x)函数

9.3.10　实例24——正弦函数 SIN(x)和反正弦函数 ASIN(x)

SIN(x)返回 x 正弦，其中 x 为弧度值。

【例 9.31】使用 SIN(x)函数计算正弦值，输入语句如下：

```
SELECT SIN(PI()/2), ROUND(SIN(PI()),0);
```

执行结果如图 9-31 所示。

ASIN(x)返回 x 的反正弦，即正弦为 x 的值。若 x 不在-1 到 1 的范围之内，则返回 NULL。

【例 9.32】使用 ASIN(x)函数计算反正弦值，输入语句如下：

```
SELECT ASIN(1), ASIN(0);
```

执行结果如图 9-32 所示。

可以看到 ASIN(x)函数的值域正好是 SIN(x)函数的定义域。

图 9-31　SIN(x)函数

图 9-32　ASIN(x)函数

9.3.11　实例 25——余弦函数 COS(x)和反余弦函数 ACOS(x)

COS(x)返回 x 的余弦，其中 x 为弧度值。

【例 9.33】使用 COS(x)函数计算余弦值，输入语句如下：

```
SELECT COS(0),COS(PI()),COS(1);
```

执行结果如图 9-33 所示。

由结果可以看到，COS(0)值为 1；COS(PI())值为−1；COS(1)值为 0.5403023058681398。

ACOS(x)返回 x 的反余弦，即余弦是 x 的值。若 x 不在−1 到 1 的范围之内，则返回 NULL。

【例 9.34】使用 ACOS(x)计算反余弦值，输入语句如下：

```
SELECT ACOS(1),ACOS(0), ROUND(ACOS(0.5403023058681398),0);
```

执行结果如图 9-34 所示。

图 9-33　COS(x)函数

图 9-34　ACOS(x)函数

由结果可以看到，函数 ACOS(x)和 COS(x)互为反函数。

9.3.12　实例 26——正切函数 TAN(x)、反正切函数 ATAN(x)和余切函数 COT(x)

TAN(x)返回 x 的正切，其中 x 为给定的弧度值。

【例9.35】使用 TAN(x)函数计算正切值，输入语句如下：

```
SELECT TAN(0.3), ROUND(TAN(PI()/4),0);
```

执行结果如图9-35所示。

ATAN(x)返回 x 的反正切，即正切为 x 的值。

【例9.36】使用 ATAN(x)函数计算反正切值，输入语句如下：

```
SELECT ATAN(0.30933624960962325), ATAN(1);
```

执行结果如图9-36所示。

图9-35　TAN(x)函数

图9-36　ATAN(x)函数

由结果可以看到，函数 ATAN(x)和 TAN(x)互为反函数。

COT(x)返回 x 的余切。

【例9.37】使用 COT(x)函数计算正切值，输入语句如下，

```
SELECT COT(0.3), 1/TAN(0.3),COT(PI() / 4);
```

执行结果如图9-37所示。

图9-37　COT(x)函数

由结果可以看到，函数 COT(x)和 TAN(x)互为倒函数。

9.4　实例27——数据类型转换函数

在同时处理不同数据类型的值时，SQL Server 一般会自动进行隐式类型转换。对于数据类型相近的数值是有效的，比如 int 和 float，但是对于其他数据类型，例如整型和字符型数据，隐式转换就无法实现了，此时必须使用显示转换。为了实现这种转换，Transact-SQL 提供了两个显式转换的函数，分别是 CAST()函数和 CONVERT()函数。

CAST(x AS type)和 CONVERT(type ,x)函数将一个类型的值转换为另一个类型的值。

【例 9.38】使用 CAST()和 CONVERT()函数进行数据类型的转换，输入语句如下：

```sql
SELECT CAST('121231' AS DATE), CAST(100 AS CHAR(3)), CONVERT(TIME,'2012-05-
01 12:11:10');
```

执行结果如图 9-38 所示。

图 9-38　CAST()和 CONVERT()函数

可以看到，CAST('121231' AS DATE)将字符串值转换为了相应的日期值，CAST(100 AS CHAR(3))将整数数据 100 转换为带有 3 个显示宽度的字符串类型，结果为字符串"100"；CONVERT(TIME,'2010-10-01 12:12:12')将 DATETIME 类型的值，转换为 TIME 类型值，结果为"12:11:10.0000000"。

9.5　文本和图像函数

文本和图像函数用于对文本或图像输入值或字段进行操作，并提供有关该值的基本信息。Transact-SQL 中常用的文本函数有两个，即 TEXTPTR()函数和 TEXTVALID()函数。

9.5.1　实例28——TEXTPTR()函数

TEXTPTR(column)函数用于返回对应 varbinary 格式的 text、ntext 或者 image 字段的文本指针值。查找到文本指针值可应用于 READTEXT、WRITETEXT 和 UPDATETEXT 语句。其中参数 column 是一个数据类型为 text、ntext 或者 image 的字段列。

【例 9.39】查询 t1 表中 c2 字段 16 字节文本指针，输入语句如下。

首先创建数据表 t1，c1 为 int 类型，c2 字段为 text 类型，Transact-SQL 代码如下：

```
CREATE TABLE t1 (c1 int, c2 text)
INSERT t1 VALUES ('1', 'This is text.')
```

使用 TEXTPTR()函数查询 t1 表中 c2 字段的 16 字节文本指针，Transact-SQL 代码如下：

```
SELECT c1,TEXTPTR(c2) FROM t1 WHERE c1 = 1
```

执行结果如图 9-39 所示。

图 9-39　TEXTPTR()函数

上述语句返回值为类似 0xFFFF711700000000094000000001000000 的记录集。

9.5.2　实例 29——TEXTVALID()函数

TEXTVALID('table.column', text_ptr)函数用于检查特定文本指针是否为有效的 text、ntext 或 image 函数。Table.column 为指定数据表和字段，text_ptr 为要检查的文本指针。

【例 9.40】检查是否存在用于 t1 表的 c2 字段中的各个值的有效文本指针，输入语句如下：

```
SELECT c1, 'This is text.' = TEXTVALID('t1.c2', TEXTPTR(c2))FROM t1;
```

执行结果如图 9-40 所示。

图 9-40　TEXTVALID()函数

上述语句返回的结果中第一个 1 为 c1 字段的值，第二个 1 表示查询的值存在。

9.6 日期和时间函数

日期和时间函数主要用来处理日期和时间值，本节将介绍各种日期和时间函数的功能和用法。一般的日期函数除了使用 DATE 类型的参数外，也可以使用 DATETIME 类型的参数，但会忽略这些值的时间部分，相同地，以 TIME 类型值为参数的函数，可以接受 DATETIME 类型的参数，但会忽略日期部分。

9.6.1 实例 30——获取系统当前日期的函数 GETDATE()

GETDATE()函数用于返回当前数据库系统日期和时间，返回值的类型为 datetime。

【例 9.41】使用 GETDATE()函数获取系统当期日期，输入语句如下：

```
SELECT GETDATE();
```

执行结果如图 9-41 所示。

图 9-41　GETDATE()函数

这里返回的值为笔者计算机上的当前系统时间。

9.6.2 实例 31——返回 UTC 日期的函数 UTC_DATE()

UTC_DATE()函数返回当前 UTC(世界标准时间)日期值。

【例 9.42】使用 UTC_DATE()函数返回当前 UTC 日期值，输入语句如下：

```
SELECT GETUTCDATE();
```

执行结果如图 9-42 所示。

对比 GETDATE()函数的返回值，可以看到，因为读者位于东八时区，所以当前系统时间比 UTC 提前 8 个小时，所以这里显示的 UTC 时间需要减去 8 个小时的时差。

图 9-42　UTC_DATE()函数

9.6.3　实例 32——获取天数的函数 DAY(d)

DAY(d)函数用于返回指定日期的 d 是一个月中的第几天，范围是从 1 到 31，该函数在功能上等价于 DATEPART(dd,d)。

【例 9.43】使用 DAY(d)函数返回指定日期中的天数，输入语句如下：

```
SELECT DAY('2010-11-12 01:01:01');
```

执行结果如图 9-43 所示。

图 9-43　DAY(d)函数

返回结果为 12，即 11 月中的第 12 天。

9.6.4　实例 33——获取月份的函数 MONTH(d)

MONTH(d)函数返回表示指定日期 d 中月份的整数值。

【例 9.44】使用 MONTH(d)函数返回指定日期中的月份，输入语句如下：

```
SELECT MONTH('2012-04-12 01:01:01');
```

执行结果如图 9-44 所示。

图 9-44　MONTH(d)函数

9.6.5　实例 34——获取年份的函数 YEAR(d)

YEAR(d)函数返回表示指定日期 d 中年份的整数值。

【**例 9.45**】使用 YEAR(d)函数返回指定日期对应的年份，输入语句如下：

```
SELECT YEAR('2011-02-03'),YEAR('1996-02-03');
```

执行结果如图 9-45 所示。

图 9-45　YEAR(d)函数

9.6.6　实例 35——获取日期中指定部分字符串值的函数 DATENAME (dp,d)

DATENAME(dp,d)根据 dp 指定返回日期中相应部分的值，例如 YEAR(d)返回日期中的年份值，MONTH(d)返回日期中的月份值，d 其他可以取的值有：quarter、dayofyear、day、week、weekday、hour、minute、second 等。

【**例 9.46**】使用 DATENAME(dp,d)函数返回日期中的指定部分的日期字符串值，输入语句如下：

```
SELECT DATENAME(year,'2011-11-12 01:01:01'),
DATENAME(weekday, '2011-11-12 01:01:01'),
DATENAME(dayofyear, '2011-11-12 01:01:01');
```

执行结果如图 9-46 所示。

图 9-46　DATENAME(dp,d)函数

这里 3 个 DATENAME(dp,d)函数分别返回指定日期值中的年份值、星期值和该日是一年中的第几天。

9.6.7　实例 36——获取日期中指定部分的整数值的函数 DATEPART(dp,d)

DATEPART(dp,d)函数返回指定日期中相应部分的整数值。dp 的取值与 DATENAME(dp,d) 函数中的相同。

【例 9.47】使用 DATEPART(dp,d)函数返回日期中的指定部分的日期整数值，输入语句如下：

```
SELECT DATEPART (year,'2011-11-12 01:01:01'),
DATEPART (month, '2011-11-12 01:01:01'),
DATEPART (dayofyear, '2011-11-12 01:01:01');
```

执行结果如图 9-47 所示。

图 9-47　DATEPART(dp,d)函数

西方国家一周第一天是以星期日开始，所以这里 2011-11-12 为星期六，返回值为 7。

9.6.8 实例 37——计算日期和时间的函数 DATEADD(dp,num,d)

DATEADD(dp,num,d)函数用于执行日期的加运算，返回指定日期值加上一个时间段后的新日期。dp 指定日期中进行加法运算的部分值，例如 year、month、day、hour、minute、second、millsecond 等；num 指定与 dp 相加的值，如果该值为非整数值，将舍弃该值的小数部分；d 为执行加法运算的日期。

【例 9.48】使用 DATEADD ()函数执行日期加操作，输入语句如下：

```
SELECT DATEADD(year,1,'2011-11-12 01:01:01'),
DATEADD(month,2,'2011-11-12 01:01:01'),
DATEADD(hour,1,'2011-11-12 01:01:01')
```

执行结果如图 9-48 所示。

DATEADD(year,1,'2011-11-12 01:01:01')表示年值增加 1，2011 加 1 之后为 2012；DATEADD(month,2,'2011-11-12 01:01:01')表示月份值增加 2，11 月增加 2 个月之后为 1 月，同时，年值增加 1，结果为 2012-01-12；DATEADD(hour,1,'2011-11-12 01:01:01')表示时间部分的小时数增加 1。

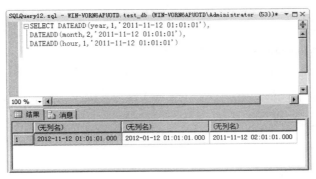

图 9-48　DATEADD 函数(dp,num,d)

9.7　系　统　函　数

系统信息包括当前使用数据库名称、主机名、系统错误信息以及用户名称等内容。使用 SQL Server 中的系统函数可以在需要的时候获取这些信息。本节将介绍常用的系统函数的作用和使用方法。

9.7.1 实例 38——返回表中指定字段的长度值的函数 COL_LENGTH()

COL_LENGTH('table'，'column') 函数返回表中指定字段的长度值。其返回值为 INT 类型。"table"为要确定其列长度信息的表的名称，它是 nvarchar 类型的表达式。"column"为要确定其长度的列的名称，它是 nvarchar 类型的表达式。

【例 9.49】显示 test_db 数据库中 stu_info 表中的 s_name 字段长度，输入语句如下：

```
USE test_db
SELECT COL_LENGTH('stu_info','s_name');
```

执行结果如图 9-49 所示。

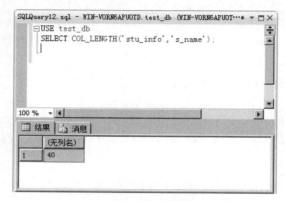

图 9-49   COL_LENGTH()函数

9.7.2   实例 39——返回表中指定字段的名称的函数 COL_NAME()

COL_NAME('table_id, 'column_id')函数返回表中指定字段的名称。table_id 包含列的表的标识号，column_id 是列的标识号，类型为 int。

【例 9.50】显示 test_db 数据库中 stu_info 表中的第一个字段的名称，输入语句如下：

```
SELECT COL_NAME(OBJECT_ID('test_db.dbo.stu_info'),1);
```

执行结果如图 9-50 所示。

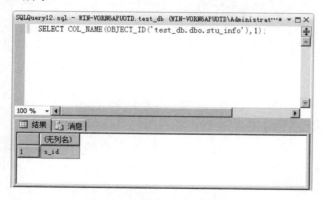

图 9-50   COL_NAME()函数

9.7.3   实例 40——返回数据表达式的数据的实际长度函数 DATALENGTH()

DATALENGTH(expression)函数返回数据表达式的数据的实际长度即字节数。其返回值类型为 int。NULL 的长度为 NULL。expression 可以是任何数据类型的表达式。

【例 9.51】查找 stu_info 表中 s_score 字段的长度，输入语句如下：

```
USE test_db;
SELECT DATALENGTH(s_name) FROM stu_info WHERE s_id=1;
```

执行结果如图 9-51 所示。

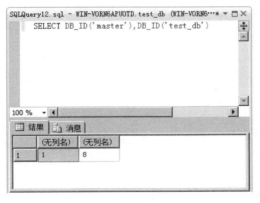

图 9-51　DATALENGTH()函数

9.7.4　实例 41——返回数据库的编号的函数 DB_ID()

DB_ID('database_name')函数返回数据库的编号。其返回值为 SMALLINT 类型。如果没有指定 database_name，则返回当前数据库的编号。

【例 9.52】查看 test_db 数据库的数据库编号，输入语句如下：

```
SELECT DB_ID('master'),DB_ID('test_db')
```

执行结果如图 9-52 所示。

图 9-52　DB_ID()函数

9.7.5　实例 42——返回数据库的名称的函数 DB_NAME()

DB_NAME('database_id') 函数返回数据库的名称。其返回值类型为 nvarchar(128)。database_id 是 smallint 类型的数据。如果没有指定 database_id，则返回当前数据库的名称。

【例9.53】返回指定 ID 的数据库的名称，输入语句如下：

```
USE master
SELECT DB_NAME(),DB_NAME(DB_ID('test_db'));
```

执行结果如图 9-53 所示。

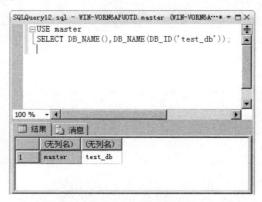

图 9-53　DB_NAME()函数

use 语句将 master 选择为当前数据库，因此 DB_NAME()返回值为当前数据库 master；
DB_NAME(DB_ID('test_db'))返回值为 test_db 本身。

9.7.6　实例 43——返回当前数据库默认的 NULL 值的函数 GETANSINULL()

GETANSINULL()('database_name')函数返回当前数据库默认的 NULL 值，其返回值类型
为 int。GETANSINULL()函数对 ANSI 空值 NULL 返回 1；如果没有定义 ANSI 空值，则返
回 0。

【例9.54】返回当前数据库默认是否允许空值，输入语句如下：

```
SELECT GETANSINULL('test_db')
```

执行结果如图 9-54 所示。

图 9-54　GETANSINULL()函数

如果指定数据库的为空性允许为空值，并且没有显式定义列或数据类型的为空性，则 GETANSINULL()函数返回 1。

9.7.7 实例 44——返回服务器端计算机的标识号的函数 HOST_ID()

HOST_ID()函数返回服务器端计算机的标识号。其返回值类型为 char(10)。

【例 9.55】查看当前服务器端计算机的标识号，输入语句如下：

```sql
SELECT HOST_ID();
```

执行结果如图 9-55 所示。

使用 HOST_ID()函数可以记录那些向数据表中插入数据的计算机终端 ID。

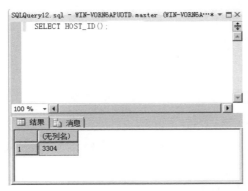

图 9-55　HOST_ID()函数

9.7.8 实例 45——返回服务器端计算机的名称的函数 HOST_NAME()

HOST_NAME()函数返回服务器端计算机的名称，其返回值类型为 nvarchar(128)。

【例 9.56】查看当前服务器端计算机的名称，输入语句如下：

```sql
SELECT HOST_NAME();
```

执行结果如图 9-56 所示。

图 9-56　HOST_NAME()函数

笔者登录时使用的是 Windows 身份验证，这里显示的值为笔者所在计算机的名称。

9.7.9　实例 46——返回数据库对象的编号的函数 OBJECT_ID()

OBJECT_ID('database_name.schema_name.object_name', 'object_type')函数返回数据库对象的编号。其返回值类型为 int。"object_name"为要使用的对象，它的数据类型为 varchar 或 nvarchar。如果 object_name 的数据类型为 varchar，则它将隐式转换为 nvarchar。可以选择是否指定数据库和架构名称。"object_type"指定架构范围的对象类型。

【例 9.57】返回 test_db 数据库中 stu_info 表的对象 ID。

```
SELECT OBJECT_ID('test_db.dbo.stu_info');
```

执行结果如图 9-57 所示。

图 9-57　OBJECT_ID()函数

　当指定一个临时表的表名时，其表名的前面必须加上临时数据库名 "tempdb"，如：select object_id("tempdb..#mytemptable")。

9.7.10　实例 47——返回用户的 SID (安全标识号)的函数 SUSER_SID()

SUSER_SID('login_name')函数根据用户登录名返回用户的 SID (Security Identification Number，安全标识号)，其返回值类型为 int。如果不指定 login_name，则返回当前用户的 SID。

【例 9.58】查看当前登录用户安全标识号，输入语句如下：

```
SELECT SUSER_SID('KEVIN\Administrator');
```

执行结果如图 9-58 所示。

图 9-58　SUSER_SID()函数

因为笔者使用的是 Windows 用户，所以该语句查看了 Windows 用户 KEVIN\Administrator 的安全标识号，如果使用 SQL Server 用户 sa 登录，则输入如下语句：

```
SELECT SUSER_SID('sa');
```

9.7.11　实例 48——返回用户的登录名的函数 SUSER_SNAME()

SUSER_SNAME([server_user_sid])函数返回与安全标识号(SID)关联的登录名。如果没有指定 server_user_sid，则返回当前用户的登录名。其返回值类型为 nvarchar(128)。

【例 9.59】返回与 Windows 安全标识号关联的登录名，输入语句如下：

```
SELECT SUSER_SNAME(0x0105000000000000515000000A1F4046244DDB83D235F636BF4010000);
```

执行结果如图 9-59 所示。

图 9-59　SUSER_SNAME()函数

9.7.12　实例 49——返回数据库对象的名称的函数 OBJECT_NAME()

OBJECT_NAME(object_id [, database_id])函数返回数据库对象的名称。database_id 要在

其中查找对象的数据库的 ID，数据类型为 int。object_id 为要使用的对象的 ID，数据类型为 int，假定为指定数据库对象，如果不指定 database_id，则假定为当前数据库上下文中的架构范围内的对象。其返回值类型为 sysname。

【例 9.60】查看 test_db 数据库中对象 ID 值为 114099447 的对象名称，输入语句如下：

```
SELECT OBJECT_NAME(114099447,DB_ID('test_db')), OBJECT_ID('test_db.dbo.stu_info');
```

执行结果如图 9-60 所示。

图 9-60   OBJECT_NAME()函数

9.7.13   实例 50——返回数据库用户的标识号的函数 USER_ID()

USER_ID('user')函数根据用户名返回数据库用户的 ID 号。其返回值类型为 INT。如果没有指定 user，则返回当前用户的数据库 ID 号。

【例 9.61】显示当前用户的数据库标识号，输入语句如下：

```
USE test_db;
SELECT USER_ID();
```

执行结果如图 9-61 所示。

图 9-61   USER_ID()函数

9.7.14　实例 51——返回数据库用户名的函数 USER_NAME()

USER_NAME(id)函数根据与数据库用户关联的 ID 号返回数据库用户名。其返回值类型为 nvarchar(256)。如果没有指定 id，则返回当前数据库的用户名。

【例 9.62】查找当前数据库名称，输入语句如下：

```
USE test_db;
SELECT USER_NAME();
```

执行结果如图 9-62 所示。

图 9-62　USER_NAME()函数

9.8　高手甜点

甜点 1：STR 函数在遇到小数时如何处理？

在使用 STR 函数时，如果数字为小数，则在转换为字符串数据类型时，只返回其整数部分，如果小数点后的数字大于等于 5，则四舍五入返回其整数部分。

甜点 2：自定义函数支持输出参数吗？

自定义函数可以接受零个或多个输入参数，其返回值可以是一个数值，也可以是一个表，但是自定义函数不支持输出参数。

9.9　跟我学上机

1．使用数学函数进行如下运算。

(1) 计算 18 除以 5 的商和余数。

(2) 将弧度值 PI()/4 转换为角度值。

(3) 计算 9 的 4 次方值。

(4) 保留浮点值 3.14159 小数点后面 2 位。

2. 使用字符串函数进行如下运算。

(1) 分别计算字符串"Hello World!"和"University"的长度。

(2) 从字符串"Nice to meet you!"中获取子字符串"meet"。

(3) 除去字符串"h e l l o"中的空格。

(4) 将字符串"SQLServer"逆序输出。

(5) 在字符串"SQLServerSQLServer"中从第 4 个字母开始查找字母 Q 第一次出现的位置。

3. 使用日期和时间函数进行如下运算。

(1) 计算当前日期是一年的第几天。

(2) 计算当前日期是一周中的第几个工作日。

(3) 计算"1929-02-14"与当前日期之间相差的年份。

第 10 章

Transact-SQL 查询

数据库管理系统的一个最重要的功能就是提供数据查询，数据查询不是简单地返回数据库中存储的数据，而是应该根据需要对数据进行筛选，以及数据将以什么样的格式显示。SQL Server 提供了功能强大、灵活的语句来实现这些操作，本章将介绍如何使用 SELECT 语句查询数据表中的一列或多列数据、使用集合函数显示查询结果、嵌套查询、多表连接查询等。

本章要点(已掌握的在方框中打钩)

☐ 掌握查询工具的使用方法
☐ 掌握使用 SELECT 语句进行查询的方法
☐ 掌握使用 WHERE 语句进行条件查询的方法
☐ 掌握使用聚合函数统计汇总的方法
☐ 掌握嵌套查询的使用方法
☐ 掌握多表连接查询的使用方法
☐ 掌握外连接查询的使用方法
☐ 掌握排序函数的使用方法
☐ 掌握动态查询的使用方法

10.1　查询工具的使用

在第 1 章介绍 SQL Server 2012 的图形管理工具时，介绍了查询设计器，该设计器取代了以前版本的查询工具——查询分析器。查询设计器用来执行 Transact-SQL 语句。Transact-SQL 是结构化查询语言，在很大程度上遵循现代的 ANSI/ISO SQL 标准。本节将介绍如何在查询设计器中编辑查询以及如何更改查询结果的显示方法。

10.1.1　实例 1——编辑查询

编程查询语句之前，需要打开查询设计器。首先，打开 SSMS 并连接到 SQL Server 服务器。单击工具栏中的【新建查询】按钮，或者选择【文件】|【新建】|【使用当前连接的查询】命令，打开新的查询设计器。打开查询设计器后，同时在窗口上边显示与查询相关的菜单按钮。

首先可以在 SQL 编辑窗口工具栏的数据库下拉列表框中选择 test 数据库，然后在查询设计器的编辑窗口中输入以下代码：

```
SELECT * FROM test_db.dbo.stu_info;
```

输入时，设计器会根据输入的内容改变字体颜色，同时，SQL Server 中的 IntelliSense 功能将提示接下来可能要输入的内容供用户选择，用户可以从列表中直接选择，也可以自己继续手动输入，如图 10-1 所示。

图 10-1　IntelliSense 功能

在编辑窗口的代码中，SELECT 和 FROM 为关键字，显示为蓝色；星号"*"显示为黑色，对于一个无法确定的项，SQL Server 中都显示为黑色；而对于语句中使用到的参数和连接器则显示为红色。这些颜色的区分将有助于提高编辑代码的效率和及时发现错误。

SQL 编辑器工具栏上有一个带"√"图标的按钮，该按钮用来在实际执行查询语句之前对语法进行分析，如果有任何语法上的错误，在执行之前即可找到这些错误。

单击工具栏中的【执行】按钮，SSMS 窗口的显示效果如图 10-2 所示。

可以看到，现在查询窗口自动划分为两个子窗口，上面的窗口中为执行的查询语句，下面的【结果】窗口中显示了查询语句的执行结果。

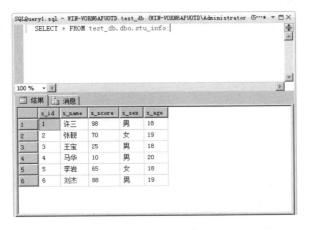

图 10-2　SSMS 窗口

10.1.2　实例 2——查询结果的显示方法

默认情况下，查询的结果是以网格格式显示的。在查询设计器的工具栏中提供了 3 种不同的显示查询结果的方式，如图 10-3 所示。

图 10-3　查询结果显示方式图标

图 10-3 所示的三个图标按钮，它们依次表示【以文本格式显示结果】、【以网格显示结果】和【将结果保存到文件】。也可以选择 SSMS 的【查询】菜单中的【将结果保存到】子菜单下的选项来选择查询结果的显示方式。

1. 以文本格式显示结果

这种显示方式使得查询得到的结果以文本页面的方式显示。选择该选项之后，再次单击【执行】按钮，查询结果显示格式如图 10-4 所示。

图 10-4　以文本格式显示查询结果

可以看到，这里返回的结果与前面是完全相同的，只是显示格式上有些差异。当返回结果只有一个结果集，且该结果只有很窄的几列或者想要以文本文件来保存返回的结果时，可以使用该显示格式。

2. 以网格显示结果

这种显示方式将返回结果的列和行以网格的形式排列。该种显示查询结果有以下特点。

(1) 可以更改列的宽度，鼠标指针悬停到该列标题的边界处，单击拖动该列右边界，即可自定义列宽度，双击右边界使得该列可自动调整大小。

(2) 可以任意选择几个单元格，然后可以将其单独复制到其他网格，例如 Microsoft Excel。

(3) 可以选择一列或者多列。

默认情况下，SQL Server 使用该显示方式。

3. 将结果保存到文件

该选项与【以文本格式显示结果】选项相似，不过，它是将结果输出到文件而不是屏幕。使用这种方式可以直接将查询结果导出到外部文件。

10.2　使用 SELECT 进行查询

SQL Server 从数据表中查询数据的基本语句为 SELECT 语句。SELECT 语句的基本格式是：

```
SELECT {ALL | DISTINCT}  *|列1 别名1 , 列2 别名2….
[TOP n [PERCENT]]
[INTO 表名]
FROM 表1 别名1 , 表2 别名2,
{WHERE 条件}
{GROUP BY 分组条件  {HAVING 分组条件}   }
{ORDER BY 排序字段 ASC|DESC }
```

各参数说明如下。

DISTINCT：去掉记录中的重复值，在有多列的查询语句中，可使多列组合后的结果唯一。

TOP n [PERCENT]：表示只取前面的 n 条记录，如果指定 PERCENT，则表示取表中前面的 n%行。

INTO <表名>：<表名>是将查询结果插入到另一个表中。

FROM 表 1 别名 1 , 表 2 别名 2：FROM 关键字后面指定查询数据的来源，可以是表、视图。

WHERE：该选项是可选项，如果选择该项，将限定查询行必须满足的查询条件；查询中尽量使用有索引的列以加速数据检索的速度。

GROUP BY：该子句告诉 SQL Server 如何显示查询出来的数据，并按照指定的字段分组。

HAVING：指定分组后的数据查询条件。

[ORDER BY]：该子句告诉 SQL Server 按什么样的顺序显示查询出来的数据，可以进行的排序有：升序(ASC)、降序(DESC)。

下面，在 test 数据库中创建数据表 fruits，该表中包含了本章需要用到的数据。

```
CREATE TABLE fruits
(
f_id    CHAR(10)    PRIMARY KEY,       --水果 id
s_id    INT             NOT NULL,      --供应商 id
f_name  VARCHAR(255)        NOT NULL,  --水果名称
f_price DECIMAL(8,2)  NOT NULL,        --水果价格
);
```

为了演示如何使用 SELECT 语句，需要插入数据，输入语句如下：

```
INSERT INTO fruits (f_id, s_id, f_name, f_price)
VALUES('a1', 101,'apple',5.2),
  ('b1',101,'blackberry', 10.2),
  ('bs1',102,'orange', 11.2),
  ('bs2',105,'melon',8.2),
  ('t1',102,'banana', 10.3),
  ('t2',102,'grape', 5.3),
  ('o2',103,'coconut', 9.2),
  ('c0',101,'cherry', 3.2),
  ('a2',103, 'apricot',2.2),
  ('l2',104,'lemon', 6.4),
  ('b2',104,'berry', 7.6),
  ('m1',106,'mango', 15.6);
```

10.2.1 实例 3——使用星号和列名

SELECT 语句在查询时允许指定查询的字段，可以指定查询所有字段，也可以查询指定字段，查询所有字段时有两种方法，分别是使用通配符"*"和指定所有字段名称。

1. 在 SELECT 语句中使用星号(*)通配符查询所有字段

SELECT 查询记录最简单的形式是从一个表中检索所有记录，实现的方法是使用星号(*)通配符指定查找所有的列。语法格式如下：

```
SELECT * FROM 表名;
```

【例 10.1】从 fruits 表中检索所有字段的数据，Transact-SQL 语句如下：

```
SELECT * FROM fruits;
```

执行结果如图 10-5 所示。

可以看到，使用星号(*)通配符时，将返回所有列，列按照定义表时的顺序显示。

2. 在 SELECT 语句中指定所有字段

根据前面 SELECT 语句格式，SELECT 关键字后面字段名为将要查找的数据，因此可以将表中所有字段的名称跟在 SELECT 子句右面，有时，可能表中的字段比较多，不一定能记得所有字段的名称，因此该方法有时很不方便，不建议使用。例如，查询 fruits 表中的所有数据，SQL 语句也可以书写如下：

```sql
SELECT f_id, s_id ,f_name, f_price FROM fruits;
```

查询结果与例 10.1 相同。

3. 查询特定字段

使用 SELECT 语句，可以获取多个字段下的数据，只需要在关键字 SELECT 后面指定要查找的字段的名称，不同字段名称之间用逗号(,)分隔开，最后一个字段后面不需要加逗号，使用这种查询可以获得有针对性的查询结果，语法格式如下：

```sql
SELECT 字段名1,字段名2,…,字段名n  FROM 表名;
```

【例 10.2】从 fruits 表中获取 f_name 和 f_price 两列，Transact-SQL 语句如下：

```sql
SELECT f_name, f_price FROM fruits;
```

执行结果如图 10-6 所示。

图 10-5　查询记录所有字段

图 10-6　查询 f_name 和 f_price 字段

　　SQL Server 中的 SQL 语句是不区分大小写的，因此 SELECT 和 select 作用是相同的，但是，许多开发人员习惯对关键字使用大写，而数据列和表名使用小写，读者也应该养成一个良好的编程习惯，这样写出来的代码更容易阅读和维护。

10.2.2 实例 4——使用 DISTINCT 取消重复

从前面的例子可以看到，SELECT 查询返回所有匹配的行，假如查询 fruits 表中所有的 s_id，Transact-SQL 语句如下：

```
SELECT s_id FROM fruits;
```

执行后结果如图 10-7 所示。

可以看到查询结果返回了 12 条记录，其中有一些重复的 s_id 值。有时，出于对数据分析的要求，需要消除重复的记录值，如何使查询结果没有重复呢？在 SELECT 语句中可以使用 DISTINCT 关键字指示 SQL Server 消除重复的记录值。语法格式如下：

```
SELECT DISTINCT 字段名 FROM 表名;
```

【例 10.3】查询 fruits 表中 s_id 字段的值，使返回的 s_id 字段值不得重复，Transact-SQL 语句如下：

```
SELECT DISTINCT s_id FROM fruits;
```

查询结果如图 10-8 所示。

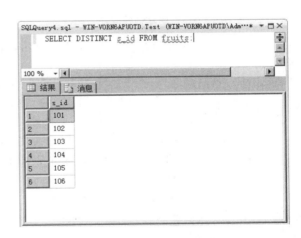

图 10-7　查询 s_id 字段　　　　　图 10-8　取消重复查询结果

可以看到这次查询结果只返回了 6 条记录的 s_id 值，且没有重复的值，SELECT DISTINCE s_id 告诉 SQL Server 只返回不同的 s_id 值。

10.2.3 实例 5——使用 TOP 返回前 n 行

SELECT 将返回所有匹配的行，可能是表中所有的行，如仅仅需要返回第一行或者前几行，则使用 TOP 关键字，基本语法格式如下：

```
TOP n [PERCENT]
```

n 为指定返回行数的数值，如果指定了 PERCENT，则指示查询返回结果集中前 n%的行。

【例 10.4】从 fruits 表中选取头 3 条记录，输入语句如下：

```sql
SELECT TOP (3) * FROM fruits;
```

查询结果如图 10-9 所示。

【例 10.5】从 fruits 表中选取前 30%的记录，输入语句如下：

```sql
SELECT TOP 30 PERCENT * FROM fruits;
```

执行结果如图 10-10 所示。

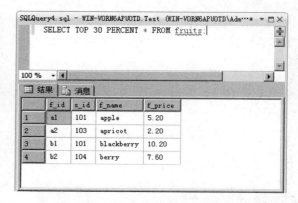

图 10-9　返回查询结果前 3 行　　　　　图 10-10　返回查询结果中前 30%的记录

fruits 表中一共有 12 条记录，返回总数的 30%的记录，即表中前 4 条记录。

10.2.4　实例 6——修改列标题

查询数据时，有时会遇到以下一些问题。

(1) 查询的数据表中有些字段名称为英文，不易理解。

(2) 对多个表同时进行查询时，多个表中可能会出现名称相同的字段，可能会引起混淆或者不能引用这些字段。

(3) SELECT 查询语句的选择列为表达式时，此时在查询结果中没有列名。

当出现上述问题时，为了突出数据处理后所代表的意义，可以为字段取一个别名。

1. 使用 AS 关键字

在列名表达式后使用 AS 关键字接一个字符串为表达式指定别名。AS 关键字也可以省略。为字段取别名的基本语法格式如下：

```
列名 [AS] 列别名
```

上述语句中"列名"为表中字段定义的名称；"列别名"为字段别名名称。"列别名"可以使用单引号，也可以不使用。

【例 10.6】查询 fruits 表，为 f_name 取别名"名称"、f_price 取别名"价格"，Transact-SQL 语句如下：

```
SELECT f_name AS '名称', f_price AS '价格'
FROM fruits;
```

执行结果如图 10-11 所示。

图 10-11　为 f_name 和 f_price 字段取别名

2. 使用等号(=)

在列的前面使用 "=" 为列表达式指定别名，别名可以用单引号括起来，也可以不使用单引号。

fruits 表中的 f_name 和 f_price 列分别指定名称为 "名称" 和 "价格"，输入语句如下：

```
SELECT '名称'=f_name,'价格'=f_price
FROM fruits;
```

上述语句的执行结果与使用 AS 关键字的效果相同。

10.2.5　实例 7——在查询结果集中显示字符串

为了使查询结果更加容易理解，可以为查询的列添加一些说明性文字。Transact-SQL 中，可以在 SELECT 语句的查询列名列表中使用单引号为结果集加入字符串或常量，从而为特定的列添加注释。

【例 10.7】查询 fruits 表，对表中的 s_id 和 f_id 添加说明信息，输入语句如下：

```
SELECT '供应商编号：', s_id,'水果编号',f_id FROM fruits;
```

执行结果如图 10-12 所示。

图 10-12　为查询结果添加说明信息

10.2.6　实例 8——查询列表达式

在 SELECT 查询结果中可以根据需要，使用算术运算符或者逻辑运算符对查询的结果进行处理。

【例 10.8】查询 fruits 表中所有水果的名称和价格，并对价格打八折，输入语句如下：

```
SELECT f_name, f_price 原价,f_price * 0.8 折扣价
FROM fruits;
```

执行结果如图 10-13 所示。

图 10-13　查询列表达式

10.3 使用 WHERE 进行条件查询

数据库中包含大量的数据，根据特殊要求，可能只需查询表中的指定数据，即对数据进行过滤。在 SELECT 语句中通过 WHERE 子句，对数据进行过滤，语法格式如下：

```
SELECT 字段名 1,字段名 2,…,字段名 n
FROM 表名
WHERE 查询条件;
```

在 WHERE 子句中，SQL Server 提供了一系列的条件判断符，如表 10-1 所示。

表 10-1 WHERE 子句判断符

操 作 符	说 明
=	相等
<>	不相等
<	小于
<=	小于或者等于
>	大于
>=	大于或者等于
BETWEEN AND	位于两值之间

本节将介绍如何在查询条件中使用这些判断条件。

10.3.1 实例 9——使用关系表达式查询

WHERE 子句中，关系表达式由关系运算符和列组成，可用于列值的大小或相等的判断，主要的运算符有=、<>、<、<=、>、>=。

【例 10.9】查询价格为 10.2 的水果的名称，Transact-SQL 语句如下：

```
SELECT f_name, f_price
FROM fruits
WHERE f_price = 10.2;
```

该语句使用 SELECT 声明从 fruits 表中获取价格等于 10.2 的水果的数据，从查询结果可以看到价格是 10.2 的水果的名称 blackberry，其他的均不满足查询条件，查询结果如图 10-14 所示。

本例采用了简单的相等过滤，查询一个指定列 f_price 具有值 10.20。相等判断还可以用来比较字符串。

【例 10.10】查找名称为"apple"的水果的价格，Transact-SQL 语句如下：

```
SELECT f_name, f_price
```

```
FROM fruits
WHERE f_name = 'apple';
```

查询结果如图 10-15 所示。

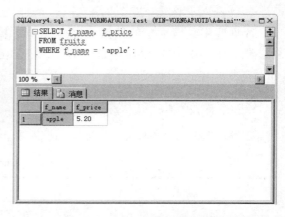

图 10-14　使用相等运算符对数值判断　　　图 10-15　使用相等运算符字符串值判断

上述语句使用 SELECT 声明从 fruits 表中获取名称为 "apple" 的水果的价格，从查询结果中可以看到只有名称为 "apple" 的行被返回，其他的均不满足查询条件。

【例 10.11】查询价格小于 10 的水果的名称，Transact-SQL 语句如下：

```
SELECT f_name, f_price
FROM fruits
WHERE f_price < 10;
```

上述语句使用 SELECT 声明从 fruits 表中获取价格低于 10 的水果名称，即 f_price 小于 10 的水果信息将被返回，查询结果如图 10-16 所示。

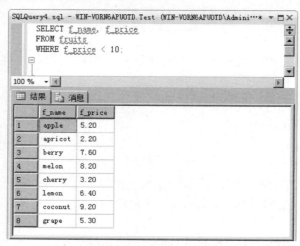

图 10-16　使用小于运算符进行查询

可以看到查询结果中所有记录的 f_price 字段的值均小于 10。而大于 10 的记录没有被返回。

10.3.2　实例 10——使用 BETWEEN…AND 表示范围

BETWEEN…AND 用来查询某个范围内的值，该操作符需要两个参数，即范围的开始值和结束值，如果记录的字段值满足指定的范围查询条件，则这些记录被返回。

【例 10.12】查询价格在 2～10.2 之间水果的名称和价格，Transact-SQL 语句如下：

```
SELECT f_name, f_price FROM fruits WHERE f_price BETWEEN 2.00 AND 10.20;
```

执行结果如图 10-17 所示。

可以看到，返回结果包含了价格从 2～10.20 之间的字段值，并且端点值 10.20 也包括在返回结果中，即 BETWEEN 匹配范围中的所有值，包括开始值和结束值。

BETWEEN…AND 操作符前可以加关键字 NOT，表示指定范围之外的值，如果字段值不满足指定范围内的值，则这些记录被返回。

【例 10.13】查询价格在 2～10.20 之外的水果名称和价格，Transact-SQL 语句如下：

```
SELECT f_name, f_price
FROM fruits
WHERE f_price NOT BETWEEN 2.00 AND 10.20;
```

查询结果如图 10-18 所示。

图 10-17　使用 BETWEEN…AND 操作符查询

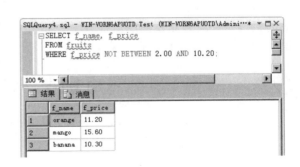

图 10-18　使用 NOT BETWEEN…AND 操作符查询

由结果可以看到，返回的记录只有 f_price 字段大于 10.20 的，f_price 字段小于 2.00 的记录也满足查询条件，因此如果表中有 f_price 字段小于 2.00 的记录，也会作为查询结果。

10.3.3　实例 11——使用 IN 关键字

IN 操作符用来查询满足指定条件范围内的记录，使用 IN 操作符时，将所有检索条件用括号括起来，检索条件用逗号分隔开，只要满足条件范围内的一个值即为匹配项。

【例 10.14】查询 s_id 为 101 和 102 的记录，Transact-SQL 语句如下：

```
SELECT s_id,f_name, f_price
FROM fruits
WHERE s_id IN (101,102)
```

执行结果如图 10-19 所示。

相反地，可以使用关键字 NOT 来检索不在条件范围内的记录。

【例 10.15】查询所有 s_id 不等于 101 也不等于 102 的记录，Transact-SQL 语句如下：

```
SELECT s_id,f_name, f_price
FROM fruits
WHERE s_id NOT IN (101,102);
```

查询结果如图 10-20 所示。

图 10-19　使用 IN 操作符查询　　　　　　图 10-20　使用 NOT IN 操作符查询

由结果可以看到，该语句在 IN 关键字前面加上了 NOT 关键字，这使得查询的结果与前面的查询结果正好相反，前面检索了 s_id 等于 101 和 102 的记录，而这里所要求的查询的记录中的 s_id 字段值不等于这两个值中的任意一个。

10.3.4　实例 12——使用 LIKE 关键字

在前面的检索操作中，讲述了如何查询多个字段的记录，如何进行比较查询或者是查询一个条件范围内的记录，如果要查找所有的包含字符"ge"的水果名称，该如何查找呢？简单的比较操作已经行不通了，在这里，需要使用通配符进行匹配查找，通过创建查找匹配模式对表中的数据进行比较。执行这个任务的关键字是 LIKE。

通配符是一种在 SQL 的 WHERE 条件子句中拥有特殊意思的字符，SQL 语句支持多种通配符，可以和 LIKE 一起使用的通配符如表 10-2 所示。

表 10-2　LIKE 操作符中使用的通配符

通 配 符	说　　明
%	包含零个或多个字符的任意字符串
_	任何单个字符

通 配 符	说 明
[ ]	指定范围([a～f])或集合([abcdef])中的任何单个字符
[^]	不属于指定范围([a～f])或集合([abcdef])的任何单个字符

1. 百分号通配符 "%"，匹配任意长度的字符，甚至包括零字符

【例 10.16】查找所有以 "b" 字母开头的水果，Transact-SQL 语句如下：

```
SELECT f_id, f_name
FROM fruits
WHERE f_name LIKE 'b%';
```

查询结果如图 10-21 所示。

上述语句查询的结果返回所有以 "b" 开头的水果的 id 和 name，"%"告诉 SQL Server
返回所有 f_name 字段以字母 "g" 开头的记录，不管 "g" 后面有多少个字符。

在搜索匹配时，通配符 "%" 可以放在不同位置。

【例 10.17】在 fruits 表中，查询 f_name 中包含字母 "g" 的记录，Transact-SQL 语句如下：

```
SELECT f_id, f_name
FROM fruits
WHERE f_name LIKE '%g%';
```

查询结果如图 10-22 所示。

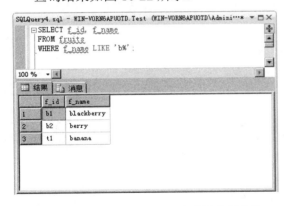

图 10-21　查询以字母 "b" 开头的水果名称

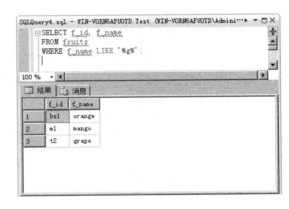

图 10-22　查询包含字母 "g" 的水果名称

上述语句查询字符串中包含字母 "g" 的水果名称，只要名字中有字符 "g"，而前面或
后面不管有多少个字符，都满足查询的条件。

【例 10.18】查询以 "b" 开头，并以 "y" 结尾的水果的名称，Transact-SQL 语句如下：

```
SELECT f_name
FROM fruits
WHERE f_name LIKE 'b%y';
```

查询结果如图 10-23 所示。

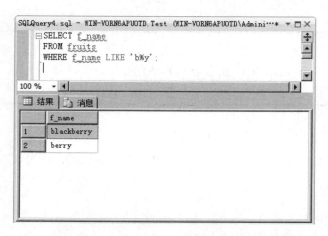

图 10-23　查询以字母"b"开头，字母"y"结尾的水果名称

通过以上查询结果可以看到，"%"用于匹配在指定的位置任意数目的字符。

2.　下划线通配符"_"，一次只能匹配任意一个字符

下划线通配符"_"的用法和"%"相同，区别是"%"匹配多个字符，而"_"只匹配任意单个字符，如果要匹配多个字符，则需要使用相同个数的"_"。

【例 10.19】在 fruits 表中，查询以字母"y"结尾，且"y"前面只有 4 个字母的记录，Transact-SQL 语句如下：

```
SELECT f_id, f_name FROM fruits WHERE f_name LIKE '____y';
```

查询结果如图 10-24 所示。

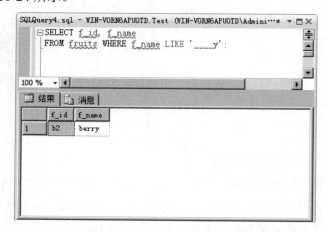

图 10-24　查询长度为 5 个字符，且以字母"y"结尾的水果名称

从结果可以看到，以"y"结尾且前面只有 4 个字母的记录只有一条。其他记录的 f_name 字段也有以"y"结尾的，但其总的字符串长度不为 5，因此不在返回结果中。

3. 指定范围中的任何单个字符

方括号"[]"指定一个字符集合，只要匹配其中任何一个字符，即为所查找的文本。

【例 10.20】在 fruits 表中，查找 f_name 字段值中以字母"abc"3 个字母之一开头的记录，Transact-SQL 语句如下：

```
SELECT * FROM fruits
WHERE f_name LIKE '[abc]%';
```

查询结果如图 10-25 所示。

由查询结果可以看到，所有返回记录的 f_name 字段的值中都以字母"abc"3 个中的某一个开头。

4. 不属于指定范围的任何单个字符

"[^字符集合]"匹配不在指定集合中的任何字符。

【例 10.21】在 fruits 表中，查找 f_name 字段值中不是以字母"abc"3 个字母之一开头的记录，Transact-SQL 语句如下：

```
SELECT * FROM fruits
WHERE f_name LIKE '[^abc]%';
```

查询结果如图 10-26 所示。

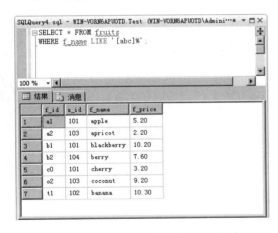

图 10-25　查询以 3 个字母"abc"中
任意一个开头的水果名称

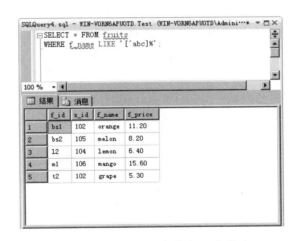

图 10-26　查询不以字母"abc"其中
一个开头的水果名称

由查询结果可以看到，所有返回记录的 f_name 字段的值中都不是以字母"abc"3 个中的某一个开头的。

10.3.5　实例 13——使用 IS NULL 查询空值

数据表创建的时候，设计者可以指定某列中是否可以包含空值(NULL)，空值不同于 0，也不同于空字符串，空值一般表示数据未知、不适用或将在以后添加数据。在 SELECT 语句中使用 IS NULL 子句，可以查询某字段内容为空记录。

下面，在 test 数据库中创建数据表 customers，该表中包含了本章中需要用到的数据。输入语句如下：

```
CREATE TABLE customers
(
c_id    char(10)    PRIMARY KEY,
c_name  varchar(255)   NOT NULL,
c_email varchar(50)    NULL,

);
```

为了演示需要插入以下数据，输入语句如下：

```
INSERT INTO customers (c_id, c_name, c_email)
VALUES('10001','RedHook', 'LMing@163.com'),
 ('10002','Stars', 'Jerry@hotmail.com'),
('10003','RedHook',NULL),
('10004','JOTO', ' sam@hotmail.com ');
```

【例 10.22】查询 customers 表中 c_email 字段为空的记录的 c_id、c_name 和 c_email 字段值，Transact-SQL 语句如下：

```
SELECT c_id, c_name,c_email FROM customers WHERE c_email IS NULL;
```

查询结果如图 10-27 所示。

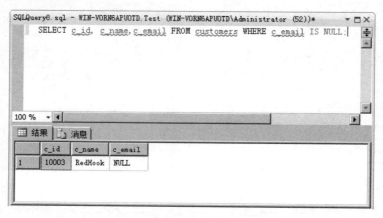

图 10-27 查询 c_email 字段为空的记录

与 IS NULL 相反的是 IS NOT NULL，该关键字查找字段不为空的记录。

【例 10.23】查询 customers 表中 c_email 不为空的记录的 c_id、c_name 和 c_email 字段值，Transact-SQL 语句如下：

```
SELECT c_id, c_name,c_email
FROM customers WHERE c_email IS NOT NULL;
```

查询结果如图 10-28 所示。

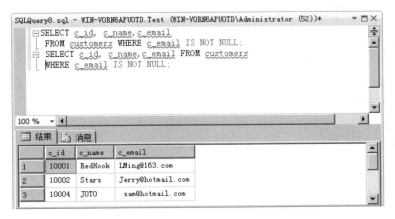

图 10-28　查询 c_email 字段不为空的记录

由结果可以看到，查询出来的记录的 c_email 字段都不为空值。

10.3.6　实例 14——使用 EXISTS 关键字

EXISTS 关键字后面的参数是一个任意的子查询，系统对子查询进行运算以判断它是否返回行，如果至少返回一行，那么 EXISTS 的结果为 TRUE，此时外层查询语句将进行查询；如果子查询没有返回任何行，那么 EXISTS 返回的结果是 FALSE，此时外层语句将不进行查询。

下面，在 test 数据库中创建数据表 suppliers，该表中包含了本章以下部分中需要用到的数据。

```
CREATE TABLE suppliers
(
s_id     char(10)    PRIMARY KEY,
s_name   varchar(50)    NOT NULL,
s_city   varchar(50)     NOT NULL,
);
```

为了演示需要插入以下数据，输入语句如下：

```
INSERT INTO suppliers (s_id, s_name, s_city)
VALUES('101','FastFruit Inc', 'Tianjin'),
 ('102','LT Supplies', 'shanghai'),
('103','ACME', 'beijing'),
('104','FNK Inc', 'zhengzhou'),
('105','Good Set', 'xinjiang'),
('106','Just Eat Ours', 'yunnan'),
('107','JOTO meoukou', 'guangdong');
```

【例 10.24】查询 suppliers 表中是否存在 s_id=107 的供应商，如果存在则查询 fruits 表中的记录，Transact-SQL 语句如下：

```
SELECT * FROM fruits
WHERE EXISTS
(SELECT s_name FROM suppliers WHERE s_id = 107);
```

查询结果如图 10-29 所示。

由结果可以看到，内层查询结果表明 suppliers 表中存在 s_id=107 的记录，因此 EXISTS 表达式返回 TRUE；外层查询语句接收到 TRUE 之后对 fruits 表进行查询，返回所有的记录。

EXISTS 关键字可以和条件表达式一起使用。

【例 10.25】查询 suppliers 表中是否存在 s_id=107 的供应商，如果存在则查询 fruits 表中的 f_price 大于 10.20 的记录，Transact-SQL 语句如下：

```
SELECT * FROM fruits
WHERE f_price>10.20 AND EXISTS
(SELECT s_name FROM suppliers WHERE s_id = 107);
```

执行结果如图 10-30 所示。

图 10-29 在查询中使用 EXISTS 关键字

图 10-30 使用带 AND 运算符的复合条件查询

由结果可以看到，内层查询结果表明 suppliers 表中存在 s_id=107 的记录，因此 EXISTS 表达式返回 TRUE；外层查询语句接收到 TRUE 之后根据查询条件 f_price > 10.20 对 fruits 表进行查询，返回结果为 3 条 f_price 大于 10.20 的记录。

NOT EXISTS 与 EXISTS 使用方法相同，返回的结果相反。子查询如果至少返回一行，那么 NOT EXISTS 的结果为 FALSE，此时外层查询语句将不进行查询；如果子查询没有返回任何行，那么 NOT EXISTS 返回的结果是 TRUE，此时外层语句将进行查询。

10.3.7 实例 15——使用 ORDER BY 排序

从前面的查询结果，读者会发现有些字段的值是没有任何顺序的，SQL Server 2012 中可以通过在 SELECT 使用 ORDER BY 子句对查询的结果进行排序。

1. 单列排序

下面使用 ORDER BY 子句对指定的列数据进行排序。

【例 10.26】查询 fruits 表的 f_name 字段值，并对其进行排序，Transact-SQL 语句如下：

```
SELECT f_name FROM fruits ORDER BY f_name;
```

执行结果如图 10-31 所示。

上述语句查询的结果和前面的语句相同，不同的是，通过指定 ORDER BY 子句，SQL Server 对查询的 f_name 列的数据按字母表的顺序进行了升序排序。

2．多列排序

有时，需要根据多列值进行排序，比如，要显示一个学生列表，可能会有多个学生的姓氏是相同的，因此还需要根据学生的名进行排序。对多列数据进行排序时，只需将排序的列之间用逗号隔开即可。

【例 10.27】查询 fruits 表中的 f_name 和 f_price 字段，先按 f_name 排序，再按 f_price 排序，Transact-SQL 语句如下：

```
SELECT f_name, f_price FROM fruits ORDER BY f_name, f_price;
```

查询结果如图 10-32 所示。

图 10-31　对单列查询结果排序　　　　　　图 10-32　对多列查询结果排序

3．指定排序方向

默认情况下，查询数据按字母升序(ASC)进行排序(从 A～Z)，但数据的排序并不仅限于此，还可以使用 ORDER BY 对查询结果进行降序排序(从 Z～A)，这通过关键字 DESC 实现，下面的例子表明了如何降序排列。

【例 10.28】查询 fruits 表中的 f_name 和 f_price 字段，对结果按 f_price 降序方式排序，Transact-SQL 语句如下：

```
SELECT f_name, f_price FROM fruits ORDER BY f_price DESC;
```

查询结果如图 10-33 所示。

由结果可以看到，记录的现实顺序是按照 f_price 字段值由高到低显示。

图 10-33　对查询结果指定排序方向

10.3.8　实例 16——使用 GROUP BY 分组

分组查询是对数据按照某个或多个字段进行分组，SQL Server 中使用 GROUP BY 关键字对数据进行分组，基本语法形式如下：

```
[GROUP BY  字段] [HAVING <条件表达式>]
```

上述语句中"字段"表示进行分组时所依据的列名称；"HAVING <条件表达式>"指定 GROUP BY 分组显示时需要满足的限定条件。

1．创建分组

GROUP BY 关键字通常和集合函数一起使用，如 MAX()、MIN()、COUNT()、SUM()、AVG()。例如，要返回每个水果供应商提供的水果种类，这时就要在分组过程中用到 COUNT()函数，把数据分为多个逻辑组，并对每个组进行集合计算。

【例 10.29】根据 s_id 对 fruits 表中的数据进行分组，Transact-SQL 语句如下：

```
SELECT s_id, COUNT(*) AS Total FROM fruits GROUP BY s_id;
```

查询结果如图 10-34 所示。

查询结果显示，s_id 表示供应商的 ID，Total 字段使用 COUNT()函数计算得出，GROUP BY 字句按照 s_id 排序并对数据进行分组，可以看到 ID 为 101、102 的供应商提供 3 种水果，ID 为 103 和 104 的供应商分别提供 2 种水果，ID 为 105 和 106 的供应商只提供 1 种水果。

2．多字段分组

使用 GROUP BY 可以对多个字段进行分组，GROUP BY 关键字后面跟需要分组的字段，SQL Server 根据多字段的值来进行层次分组，分组层次从左到右，即先按第 1 个字段分组，然后在第 1 个字段值相同的记录中，再根据第 2 个字段的值进行分组，以此类推。

【例 10.30】根据 s_id 和 f_name 字段对 fruits 表中的数据进行分组，Transact-SQL 语句如下：

```
SELECT s_id,f_name FROM fruits group by s_id,f_name;
```

查询结果如图 10-35 所示。

图 10-34   对查询结果分组

图 10-35   根据多列对查询结果排序

由结果可以看到，查询记录先按照 s_id 进行分组，再对 f_name 字段按不同的取值进行分组。

10.3.9   实例 17——使用 HAVING 对分组结果过滤

GROUP BY 可以和 HAVING 一起限定显示记录所需满足的条件，只有满足条件的分组才会被显示。

【例 10.31】根据 s_id 对 fruits 表中的数据进行分组，并显示水果种类大于 1 的分组信息，Transact-SQL 语句如下：

```
SELECT s_id, COUNT(*) AS Total FROM fruits
GROUP BY s_id HAVING COUNT(*) > 1;
```

查询结果如图 10-36 所示。

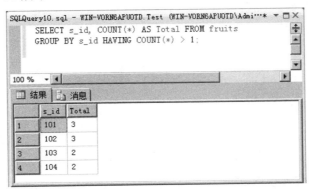

图 10-36   使用 HAVING 子句对分组查询结果过滤

由结果可以看到，ID 为 101、102、103 和 104 的供应商提供水果种类大于 1，满足 HAVING 子句条件，因此出现在返回结果中；而 ID 为 105 和 106 的供应商的水果种类等于 1，不满足这里的限定条件。因此不在返回结果中。

 提示   HAVING 关键字与 WHERE 关键字都是用来过滤数据，两者有什么区别呢？其中重要的一点是，HAVING 用在数据分组之后进行过滤来选择分组，而 WHERE 在分组之前用来选择记录。另外 WHERE 排除的记录不再包括在分组中。

10.3.10　实例 18——使用 COMPUTE 子句对查询结果小计

GROUP BY 子句返回的结果集中只有合计数据，而没有原始的详细记录。如果想在 SQL Server 中完成这项工作，可以使用 COMPUTE BY 子句。COMPUTE 生成合计作为附加的汇总列出现在结果集的最后。当与 BY 一起使用时，COMPUTE 子句在结果集内生成控制中断和分类汇总。

【例 10.32】使用 COMPUTE 子句生成 fruits 表中 f_price 字段的总和，Transact-SQL 语句如下：

```
USE test
SELECT s_id, f_price,f_name FROM fruits
ORDER BY s_id
COMPUTE SUM(f_price);
```

查询结果如图 10-37 所示。

图 10-37　使用 COMPUTE 子句对查询结果值求总和

查询结果按 s_id 字段进行排序之后，并返回所有记录中 f_price 字段的总和。

10.3.11 实例 19——使用 COMPUTE BY 子句分组小计

与单个 COMPUTE 不同，COMPUTE BY 用来产生分组统计数据。

【例 10.33】按 s_id 字段分组显示并统计各个分组中 f_price 字段值的总和，Transact-SQL 语句如下：

```
USE test
SELECT s_id, f_price,f_name FROM fruits
ORDER BY s_id
COMPUTE SUM(f_price) BY s_id;
```

查询结果如图 10-38 所示。

图 10-38　使用 COMPUTE BY 子句对查询结果分组小计

返回结果按 s_id 值分组显示记录，并计算每组中 f_price 的总和。

10.3.12 实例 20——使用 UNION 合并查询结果集

利用 UNION 关键字，可以给出多条 SELECT 语句，并将它们的结果组合成单个结果集。合并时，两个表对应的列数和数据类型必须相同。各个 SELECT 语句之间使用 UNION 或 UNION ALL 关键字分隔。UNION 不使用关键字 ALL，执行的时候删除重复的记录，所有返回的行都是唯一的；使用关键字 ALL 的作用是不删除重复行也不对结果进行自动排序。基本语法格式如下：

```
SELECT column,… FROM table1
UNION [ALL]
SELECT column,… FROM table2
```

【例 10.34】查询所有价格小于 9 的水果的信息，查询 s_id=101 的所有水果的信息，使用 UNION ALL 连接查询结果，Transact-SQL 语句如下：

```
SELECT s_id, f_name, f_price
FROM fruits
WHERE f_price < 9.0
UNION ALL
SELECT s_id, f_name, f_price
FROM fruits
WHERE s_id =101;
```

执行结果如图 10-39 所示。

图 10-39　使用 UNION ALL 连接查询结果

如前所述，UNION 将多个 SELECT 语句的结果组合成一个结果集。该结果集仅仅是包含了多个查询结果集中的值，并不会区分重复的记录，因此会包含相同的记录。读者可以从结果中看到，第 1 条记录和第 8 条记录是相同的，第 5 条记录和第 10 条记录是相同的。

如果要合并查询结果并删除重复的记录，可以不使用 ALL 关键字。

【例 10.35】查询所有价格小于 9 的水果的信息，查询 s_id=101 的所有水果的信息，使用 UNION 连接查询结果，Transact-SQL 语句如下：

```
SELECT s_id, f_name, f_price
FROM fruits
WHERE f_price < 9.0
UNION
SELECT s_id, f_name, f_price
FROM fruits
WHERE s_id =101;
```

执行结果如图 10-40 所示。

图 10-40　使用 UNION 连接查询结果

执行完毕之后把输出结果组合成单个的结果集，并删除重复的记录。

10.4　使用聚合函数统计汇总

有时并不需要返回实际表中的数据，而只是对数据进行总结，SQL Server 提供一些查询功能，可以对获取的数据进行分析和报告。这些函数的功能有：计算数据表中总共有的记录行数、计算某个字段列下数据的总和，以及计算表中某个字段下的最大值、最小值或者平均值。本节将介绍这些函数以及如何使用它们。这些聚合函数的名称和作用如表 10-3 所示。

表 10-3　SQL Server 聚合函数

函　　数	作　　用
SUM()	返回某列值的和
AVG()	返回某列的平均值
MAX()	返回某列的最大值
MIN()	返回某列的最小值
COUNT()	返回某列的行数

接下来，将详细介绍各函数的使用方法。

10.4.1　实例 21——使用 SUM()函数求列的和

SUM()是一个求总和的函数，返回指定列值的总和。

【例 10.36】在 fruits 表中查询供应商 s_id=103 订单水果的总价格，Transact-SQL 语句如下：

```
Use Test;
SELECT SUM(f_price) AS sum_price
FROM fruits
WHERE s_id = 103;
```

执行结果如图 10-41 所示。

从查询结果可以看到，SUM(f_price)函数返回所有水果价格数量之和，WHERE 子句指定查询供应商 s_id 为 103。

SUM()函数可以与 GROUP BY 一起使用，来计算每个分组的总和。

【例 10.37】在 fruits 表中，使用 SUM()函数统计不同供应商中订购的水果价格总和，Transact-SQL 语句如下：

```
Use Test;
SELECT s_id,SUM(f_price) AS sum_price
FROM fruits
GROUP BY s_id;
```

执行结果如图 10-42 所示。

图 10-41　使用 SUM()函数求列总和　　　　图 10-42　使用 SUM()函数对分组结果求和

由查询结果可以看到，GROUP BY 按照供应商 s_id 进行分组，SUM()函数计算每个分组中订购的水果的价格总和。

SUM()函数在计算时，忽略列值为 NULL 的行。

10.4.2 实例 22——使用 AVG()函数求列平均值

AVG()函数通过计算返回的行数和每一行数据的和，求得指定列数据的平均值。

【例 10.38】在 fruits 表中，查询 s_id=103 的供应商的水果价格的平均值，Transact-SQL 语句如下：

```
SELECT AVG(f_price) AS avg_price
FROM fruits
WHERE s_id = 103;
```

执行结果如图 10-43 所示。

图 10-43　使用 AVG()函数对列求平均值

该例中的查询语句增加了一个 WHERE 子句，并且添加了查询过滤条件，只查询 s_id = 103 的记录中的 f_price，因此，通过 AVG()函数计算的结果只是指定的供应商水果的价格平均值，而不是市场上所有水果的价格的平均值。

AVG()函数可以与 GROUP BY 一起使用，来计算每个分组的平均值。

【例 10.39】在 fruits 表中，查询每一个供应商的水果价格的平均值，Transact-SQL 语句如下：

```
SELECT s_id,AVG(f_price) AS avg_price
FROM fruits
GROUP BY s_id;
```

执行结果如图 10-44 所示。

图 10-44　使用 AVG()函数对分组求平均值

GROUP BY 关键字根据 s_id 字段对记录进行分组，然后计算出每个分组的平均值，这种分组求平均值的方法非常有用，例如，求不同班级学生成绩的平均值，求不同部门工人的平均工资，求各地的年平均气温，等等。

10.4.3　实例 23——使用 MAX()函数求列最大值

MAX()函数返回指定列中的最大值。

【例 10.40】在 fruits 表中查找市场上价格最高的水果，Transact-SQL 语句如下：

```sql
SELECT MAX(f_price) AS max_price FROM fruits;
```

执行结果如图 10-45 所示。

由结果可以看到，MAX()函数查询出了 f_price 字段的最大值 15.60。

MAX()函数也可以和 GROUP BY 关键字一起使用，来求每个分组中的最大值。

【例 10.41】在 fruits 表中查找不同供应商提供的价格最高的水果，Transact-SQL 语句如下：

```sql
SELECT s_id, MAX(f_price) AS max_price
FROM fruits
GROUP BY s_id;
```

执行结果如图 10-46 所示。

图 10-45　使用 MAX()函数求最大值　　　图 10-46　使用 MAX()函数求每个分组中的最大值

由结果可以看到，GROUP BY 关键字根据 s_id 字段对记录进行分组，然后计算出每个分组中的最大值。

MAX()函数不仅适用于查找数值类型，也可以用于查找字符类型。

【例 10.42】在 fruits 表中查找 f_name 的最大值，Transact-SQL 语句如下：

```sql
SELECT MAX(f_name) FROM fruits;
```

执行结果如图 10-47 所示。

图 10-47　使用 MAX()函数求每个分组中字符串最大值

由结果可以看到，MAX()函数可以对字母进行大小判断，并返回最大的字符或者字符串值。

　　MAX()函数除了用来找出最大的列值或日期值之外，还可以返回任意列中的最大值，包括返回字符类型的最大值，在对字符类型数据进行比较时，按照字符的 ASCII 码值大小比较，从 a～z，a 的 ASCII 码最小，z 的最大。在比较时，先比较第一个字母，如果相等，继续比较下一个字符，一直到两个字符不相等或者字符结束为止。例如，"b" 与 "t" 比较时，"t" 为最大值；"bcd" 与 "bca" 比较时，"bcd" 为最大值。

10.4.4　实例 24——使用 MIN()函数求列最小值

MIN()函数返回查询列中的最小值。

【例 10.43】在 fruits 表中查找市场上水果的最低价格，Transact-SQL 语句如下：

```
SELECT MIN(f_price) AS min_price FROM fruits;
```

执行结果如图 10-48 所示。

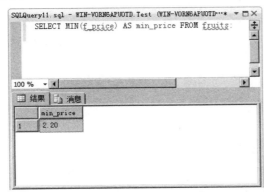

图 10-48　使用 MIN()函数求列最小值

由结果可以看到，MIN ()函数查询出了 f_price 字段的最小值 2.20。

MIN()函数也可以和 GROUP BY 关键字一起使用，求每个分组中的最小值。

【例 10.44】在 fruits 表中查找不同供应商提供的价格最低的水果，Transact-SQL 语句如下：

```
SELECT s_id, MIN(f_price) AS min_price
FROM fruits
GROUP BY s_id;
```

执行结果如图 10-49 所示。

图 10-49　使用 MIN()函数求分组中的最小值

由结果可以看到，GROUP BY 关键字根据 s_id 字段对记录进行分组，然后计算出每个分组中的最小值。

MIN()函数与 MAX()函数类似，不仅适用于查找数值类型，也可以用于查找字符类型。

10.4.5　实例 25——使用 COUNT()函数统计

COUNT()函数统计数据表中包含的记录行的总数，或者根据查询结果返回列中包含的数据行数。其使用方法有两种。

(1) COUNT(*)：计算表中总的行数，不管某列有数值或者为空值。

(2) COUNT(字段名)：计算指定列下总的行数，计算时将忽略字段值为空值的行。

【例 10.45】查询 customers 表中总的行数，Transact-SQL 语句如下：

```
SELECT COUNT(*) AS 客户总数
FROM customers;
```

执行结果如图 10-50 所示。

由查询结果可以看到，COUNT(*)函数返回 customers 表中记录的总行数，不管其值是什么。返回总数的名称为客户总数。

【例 10.46】查询 customers 表中有电子邮箱的客户的总数，Transact-SQL 语句如下：

```
SELECT COUNT(c_email) AS email_num
FROM customers;
```

执行结果如图 10-51 所示。

图 10-50　使用 COUNT()函数计算总记录数　　　图 10-51　　返回有具体列值的记录总数

由查询结果可以看到，表中 4 个 customer 只有 3 个有 email，其他 customer 的 email 为空值，NULL 的记录没有被 COUNT()函数计算。

 两个例子中不同的数值，说明了两种方式在计算总数的时候对待 NULL 值的方式的不同。即指定列的值为空的行被 COUNT()函数忽略，但是如果不指定列，而在 COUNT()函数中使用星号(*)，则所有记录都不忽略。

前面介绍分组查询时，介绍了 COUNT()函数与 GROUP BY 关键字一起使用，用来计算不同分组中的记录总数。

【例 10.47】在 fruits 表中，使用 COUNT()函数统计不同供应商所订购的水果种类数目，Transact-SQL 语句如下：

```
USE test
SELECT s_id  '供应商', COUNT(f_name) '水果种类数目'
FROM fruits
GROUP BY s_id;
```

执行结果如图 10-52 所示。

图 10-52　使用 COUNT()函数求分组记录和

由查询结果可以看到，GROUP BY 关键字先按照供应商进行分组，然后计算每个分组中的总记录数。

10.5 嵌 套 查 询

嵌套查询指一个查询语句嵌套在另一个查询语句内部的查询。嵌套查询又叫子查询，在 SELECT 子句中先计算子查询，子查询结果作为外层另一个查询的过滤条件，查询可以基于一个表或者多个表。子查询中常用的操作符有 ANY(SOME)、ALL、IN、EXISTS。子查询可以添加到 SELECT、UPDATE 和 DELETE 语句中，而且可以进行多层嵌套。本节将介绍如何在 SELECT 语句中嵌套子查询。

10.5.1 实例 26——使用比较运算符

子查询可以使用比较运算符，如<、<=、=、>=和!=等。

【例 10.48】在 suppliers 表中查询 s_city 等于"Tianjin"的供应商 s_id，然后在 fruits 表中查询所有该供应商提供的水果的种类，Transact-SQL 语句如下：

```
SELECT s_id, f_name FROM fruits
WHERE s_id =
(SELECT s1.s_id FROM suppliers AS s1 WHERE s1.s_city = 'Tianjin');
```

该嵌套查询首先在 suppliers 表中查找 s_city 等于 Tianjin 的供应商的 s_id，然后在外层查询时，在 fruits 表中查找 s_id 等于内层查询返回值的记录，查询结果如图 10-53 所示。

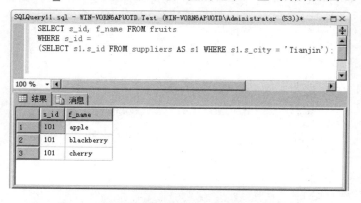

图 10-53 使用等号(=)运算符进行比较子查询

结果表明，"Tianjin"地区的供应商提供的水果种类有 3 种，分别为"apple""blackberry""cherry"。

【例 10.49】在 suppliers 表中查询 s_city 等于"Tianjin"的供应商 s_id，然后在 fruits 表中查询所有非该供应商提供的水果的种类，Transact-SQL 语句如下：

```
SELECT s_id, f_name FROM fruits
WHERE s_id <>
```

```
(SELECT s1.s_id FROM suppliers AS s1 WHERE s1.s_city = 'Tianjin');
```

执行结果如图 10-54 所示。

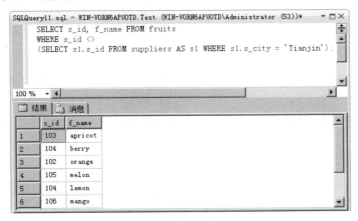

图 10-54　使用不等号运算符(<>)进行比较子查询

该嵌套查询执行过程与前面相同，在这里使用了不等于"<>"运算符，因此返回的结果和前面正好相反。

10.5.2　实例 27——使用 IN 关键字

使用 IN 关键字进行子查询时，内层查询语句仅仅返回一个数据列，这个数据列里的值将提供给外层查询语句进行比较操作。

【例 10.50】在 fruits 表中查询订购 f_id 为 c0 的供应商的 s_id，并根据供应商 s_id 查询其名称 s_name，Transact-SQL 语句如下：

```
USE Test;
SELECT s_name FROM suppliers WHERE s_id IN
(SELECT s_id  FROM fruits WHERE f_id = 'c0');
```

执行结果如图 10-55 所示。

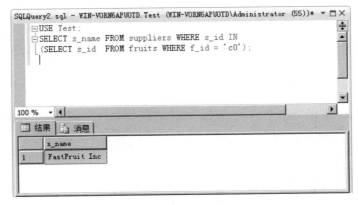

图 10-55　使用 IN 关键字进行子查询

上述查询过程可以分步执行，首先内层子查询找出 fruits 表中符合条件的供应商的 s_id，查询结果为 101，然后执行外层查询，在 suppliers 表中查询供应商的 s_id=101 的供应商名称。读者可以分开执行这两条 SELECT 语句，对比其返回值。嵌套子查询语句可以写为如下形式，可以实现相同的效果：

```
SELECT s_name FROM suppliers WHERE s_id IN(101);
```

这个例子说明在处理 SELECT 语句时，SQL Server 2012 实际上执行了两个操作过程，即先执行内层子查询，再执行外层查询，内层子查询的结果作为外部查询的比较条件。

SELECT 语句中可以使用 NOT IN 关键字，其作用与 IN 关键字正好相反。

【例 10.51】与前一个例子语句类似，可以在 SELECT 语句中使用 NOT IN 操作符，Transact-SQL 语句如下：

```
USE Test;
SELECT s_name FROM suppliers WHERE s_id NOT IN
(SELECT s_id  FROM fruits WHERE f_id = 'c0');
```

执行结果如图 10-56 所示。

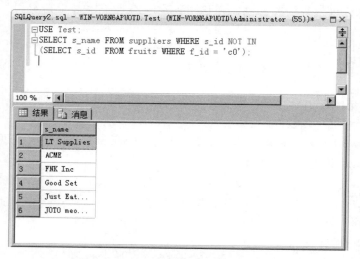

图 10-56　使用 NOT IN 操作符进行子查询

10.5.3　实例 28——使用 ANY、SOME 和 ALL 关键字

1. ANY 和 SOME 关键字

ANY 和 SOME 关键字是同义词，表示满足其中任一条件。它们允许创建一个表达式对子查询的返回值列表进行比较，只要满足内层子查询中的任何一个比较条件，就返回一个结果作为外层查询的条件。

下面定义两个表 tbl1 和 tbl2：

```
CREATE table tbl1 ( num1 INT NOT NULL);
CREATE table tbl2 ( num2 INT NOT NULL);
```

分别向两个表中插入数据：

```
INSERT INTO tbl1 values(1), (5), (13), (27);
INSERT INTO tbl2 values(6), (14), (11), (20);
```

ANY 关键字接在一个比较操作符的后面，表示与子查询返回的任何值比较为 TRUE，则返回 TRUE。

【例 10.52】返回 tbl2 表的所有 num2 列，然后将 tbl1 中的 num1 的值与之进行比较。

```
SELECT num1 FROM tbl1 WHERE num1 > ANY (SELECT num2 FROM tbl2);
```

执行结果如图 10-57 所示。

图 10-57　使用 ANY 关键字查询

在子查询中，返回的是 tbl2 表的所有 num2 列结果(6,14,11,20)，然后将 tbl1 中的 num1 列的值与之进行比较，只要大于 num2 列的任意一个数即为符合条件的结果。

2．ALL 关键字

ALL 关键字与 ANY 和 SOME 不同，使用 ALL 时需要同时满足所有内层查询的条件。例如，修改前面的例子，用 ALL 操作符替换 ANY 操作符。

ALL 关键字接在一个比较操作符的后面，表示与子查询返回的所有值比较为 TRUE，则返回 TRUE。

【例 10.53】返回 tbl1 表中比 tbl2 表中 num2 列所有值都大的值，Transact-SQL 语句如下：

```
SELECT num1 FROM tbl1 WHERE num1 > ALL (SELECT num2 FROM tbl2);
```

执行结果如图 10-58 所示。

在子查询中，返回的是 tbl2 的所有 num2 列结果(6,14,11,20)，然后将 tbl1 中的 num1 列的值与之进行比较，大于所有 num2 列值的 num1 值只有 27，因此返回结果为 27。

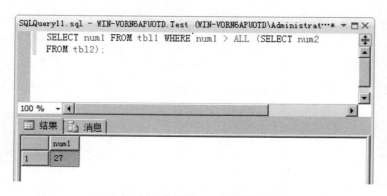

图 10-58　使用 ALL 关键字查询

10.5.4　实例 29——使用 EXISTS 关键字

EXISTS 关键字后面的参数是一个任意的子查询，系统对子查询进行运算以判断它是否返回行，如果至少返回一行，那么 EXISTS 的结果为 TRUE，此时外层查询语句将进行查询；如果子查询没有返回任何行，那么 EXISTS 返回的结果是 FALSE，此时外层语句将不进行查询。

【例 10.54】查询表 suppliers 表中是否存在 s_id=107 的供应商，如果存在则查询 fruits 表中的记录，Transact-SQL 语句如下：

```
SELECT * FROM fruits
WHERE EXISTS
(SELECT s_name FROM suppliers WHERE s_id = 107);
```

执行结果如图 10-59 所示。

图 10-59　使用 EXISTS 关键字查询

由结果可以看到，内层查询结果表明 suppliers 表中存在 s_id=107 的记录，因此 EXISTS 表达式返回 TRUE；外层查询语句接收到 TRUE 之后对 fruits 表进行查询，返回所有的记录。

EXISTS 关键字可以和条件表达式一起使用。

【例 10.55】查询 suppliers 表中是否存在 s_id=107 的供应商，如果存在则查询 fruits 表中的 f_price 大于 10.20 的记录，Transact-SQL 语句如下：

```
SELECT * FROM fruits
WHERE f_price>10.20 AND EXISTS
(SELECT s_name FROM suppliers WHERE s_id = 107);
```

执行结果如图 10-60 所示。

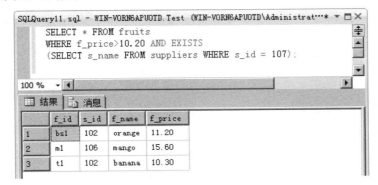

图 10-60　使用 EXISTS 关键字的复合条件查询

由结果可以看到，内层查询结果表明 suppliers 表中存在 s_id=107 的记录，因此 EXISTS 表达式返回 TRUE；外层查询语句接收到 TRUE 之后根据查询条件 f_price > 10.20 对 fruits 表进行查询，返回结果为 3 条 f_price 大于 10.20 的记录。

NOT EXISTS 与 EXISTS 使用方法相同，返回的结果相反。子查询如果至少返回一行，那么 NOT EXISTS 的结果为 FALSE，此时外层查询语句将不进行查询；如果子查询没有返回任何行，那么 NOT EXISTS 返回的结果是 TRUE，此时外层语句将进行查询。

【例 10.56】查询 suppliers 表中是否存在 s_id=107 的供应商，如果不存在则查询 fruits 表中的记录，Transact-SQL 语句如下：

```
SELECT * FROM fruits
WHERE NOT EXISTS
(SELECT s_name FROM suppliers WHERE s_id = 107);
```

上述语句的查询结果将为空值。查询语句 SELECT s_name FROM suppliers WHERE s_id = 107 对 suppliers 表查询返回了一条记录，NOT EXISTS 表达式返回 FALSE，外层表达式接收到 FALSE，将不再查询 fruits 表中的记录。

EXISTS 和 NOT EXISTS 的结果只取决于是否会返回行，而不取决于这些行的内容，所以这个子查询输入列表通常是无关紧要的。

10.6　多表连接查询

连接是关系数据库模型的主要特点。连接查询是关系数据库中最主要的查询，主要包括内连接、外连接等。通过连接运算符可以实现多个表查询。关系数据库管理系统中，表建立时各数据之间的关系不必确定，常把一个实体的所有信息存放在一个表中。当查询数据时，通过连接操作查询出存放在多个表中的不同实体的信息。当两个或多个表中存在有相同意义的字段时，便可以通过这些字段对不同的表进行连接查询。

内连接查询操作列出与连接条件匹配的数据行，它使用比较运算符比较被连接列的列值。SQL Server 中内连接有等值连接和不等连接。本节将介绍多表之间的内连接查询。

10.6.1　实例 30——相等连接

相等连接又称等值连接，在连接条件中使用等号(=)运算符比较被连接列的列值，其查询结果中列出被连接表中的所有列，包括其中的重复列。

fruits 表和 suppliers 表中都有相同含义的字段 s_id，两个表通过 s_id 字段建立联系。接下来从 fruits 表中查询 f_name、f_price 字段，从 suppliers 表中查询 s_id、s_name。

【例 10.57】在 fruits 表和 suppliers 表之间使用 INNER JOIN 语句进行内连接查询，Transact-SQL 语句如下：

```
SELECT suppliers.s_id, s_name,f_name, f_price
FROM fruits INNER JOIN suppliers
ON fruits.s_id = suppliers.s_id;
```

执行结果如图 10-61 所示。

图 10-61　使用 INNER JOIN 语句进行相等内连接查询

这里的查询语句中两个表之间的关系通过 INNER JOIN 指定，在使用这种语句时，连接的条件使用 ON 子句给出而不是 WHERE，ON 和 WHERE 后面指定的条件相同。

10.6.2 实例 31——不等连接

不等连接在连接条件中使用除等于运算符以外的其他运算符比较被连接列的列值。这些运算符包括> 、>=、 <=、 <、!> 、!<和 <> 。

【例 10.58】在 fruits 表和 suppliers 表之间使用 INNER JOIN 语句进行内连接查询，Transact-SQL 语句如下：

```
SELECT suppliers.s_id, s_name,f_name, f_price
FROM fruits INNER JOIN suppliers
ON fruits.s_id <> suppliers.s_id;
```

执行结果如图 10-62 所示。

图 10-62　使用 INNER JOIN 语句进行不相等内连接查询

10.6.3 实例 32——带选择条件的连接

带选择条件的连接查询是在连接查询的过程中，通过添加过滤条件，限制查询的结果，使查询的结果更加准确。

【例 10.59】在 fruits 表和 suppliers 表中，使用 INNER JOIN 语句查询 fruits 表中供应商编号为 101 的城市名称 s_city，Transact-SQL 语句如下：

```
USE Test
SELECT fruits.s_id, suppliers.s_city
FROM fruits INNER JOIN suppliers
ON fruits.s_id = suppliers.s_id AND fruits.s_id = 101;
```

执行结果如图 10-63 所示。

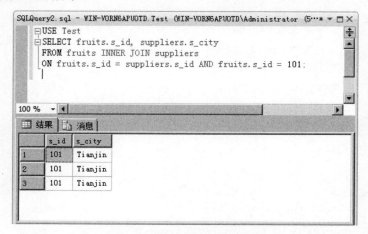

图 10-63 带选择条件的连接查询

结果显示，在连接查询时指定查询供应商为 101 的城市信息，添加了过滤条件之后返回的结果将会变少，因此返回结果只有 3 条记录。

10.6.4 自连接

如果在一个连接查询中，涉及的两个表都是同一个表，这种查询称为自连接查询。自连接是一种特殊的内连接，它是指相互连接的表在物理上为同一张表，但可以在逻辑上分为两张表。

【例 10.60】查询 f_id='a1'的水果供应商提供的其他水果种类，Transact-SQL 语句如下：

```
SELECT f1.f_id, f1.f_name
FROM fruits AS f1, fruits AS f2
WHERE f1.s_id = f2.s_id AND f2.f_id = 'a1';
```

执行结果如图 10-64 所示。

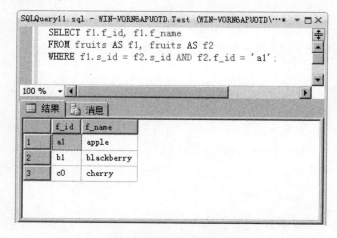

图 10-64 自连接查询

此处查询的两个表是相同的表，为了防止产生二义性，对表使用了别名，fruits 表第一次出现的别名为 f1，第二次出现的别名为 f2，使用 SELECT 语句返回列时明确指出返回以 f1 为前缀的列的全名，WHERE 连接两个表，并按照第二个表的 f_id 对数据进行过滤，返回所需的数据。

10.7 外 连 接

连接查询将查询多个表中相关联的行，内连接时，返回查询结果集中的仅是符合查询条件和连接条件的行，但有时需要包含没有关联的行中数据，即返回到查询结果集中的不仅包含符合连接条件的行，而且还包括左表(左外连接或左连接)、右表(右外连接或右连接)或两个连接表(全外连接)中的所有数据行。外连接分为左外连接和右外连接。

(1) LEFT JOIN(左连接)：返回包括左表中的所有记录和右表中连接字段相等的记录。

(2) RIGHT JOIN(右连接)：返回包括右表中的所有记录和左表中连接字段相等的记录。

本节将分别介绍这两种连接方式。在演示效果时，用户可以先将 student 表的一个 name 数值修改为 NULL，将 stu_detail 的一个 addr 数字修改为 NULL。

10.7.1 实例 33——左外连接

左连接的结果包括 LEFT OUTER JOIN 关键字左边连接表的所有行，而不仅仅是连接列所匹配的行。如果左表的某行在右表中没有匹配行，则在相关联的结果集行中右表的所有选择表字段均为空值。

【例 10.61】在 student 表和 stu_detail 表中，查询所有 ID 相同的学生号和居住城市，Transact-SQL 语句如下：

```
USE Test
SELECT student.s_id, stu_detail.addr
FROM student LEFT OUTER JOIN stu_detail
ON student.s_id = stu_detail.s_id;
```

执行结果如图 10-65 所示。

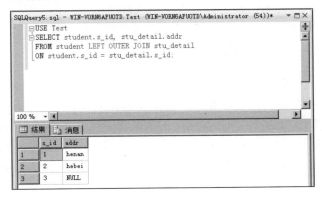

图 10-65 左外连接查询

结果显示了 3 条记录，ID 等于 3 的学生没有地址信息，所以该条记录只取出了 student 表中相应的值，而从 stu_detail 表中取出的值为空值(NULL)。

10.7.2 实例 34——右外连接

右连接是左连接的反向连接，将返回 RIGHT OUTER JOIN 关键字右边的表中的所有行。如果右表的某行在左表中没有匹配行，左表将返回空值。

【例 10.62】在 student 表和 stu_detail 表中，查询所有 ID 相同的学生名字和对应学号，包括没有填写名称的学生，Transact-SQL 语句如下：

```
USE Test
SELECT student.name, stu_detail.s_id
FROM student RIGHT OUTER JOIN stu_detail
ON student.s_id = stu_detail.s_id;
```

执行结果如图 10-66 所示。

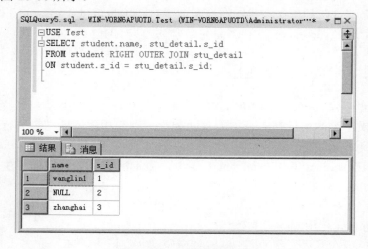

图 10-66　右外连接查询

结果显示了 3 条记录，ID 等于 2 的学生没有名字信息，所以该条记录只取出了 stu_detail 表中相应的值，而从 student 表中取出的值为空值(NULL)。

10.7.3 实例 35——全外连接

全外连接又称完全外连接，该连接查询方式返回两个连接中所有的记录数据。根据匹配条件，如果满足匹配条件时，则返回数据；如果不满足匹配条件时，同样返回数据，只不过在相应的列中填入 NULL 值，全外连接返回的结果集中包含了两个完全表的所有数据。全外连接使用关键字 FULL OUTER JOIN。

【例 10.63】在 student 表和 stu_detail 表中，使用全外连接查询，Transact-SQL 语句如下：

```
USE Test
SELECT student.name, stu_detail.addr
```

```
FROM student FULL OUTER JOIN stu_detail
ON student.s_id = stu_detail.s_id;
```

执行结果如图 10-67 所示。

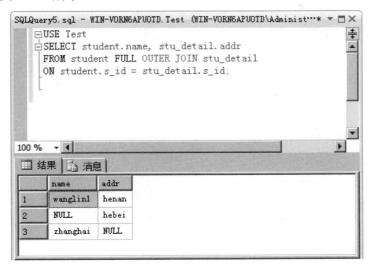

图 10-67 全外连接查询

结果显示了 3 条记录，这里第 2 条和第 3 条记录是不满足匹配条件的，因此其对应的字段分别填入 NULL 值。

10.8 使用排序函数

在 SQL Server 2012 中，可以对返回的查询结果排序，排序函数提供了一种按升序的方式组织输出的结果集。用户可以为每一行或每一个分组指定一个唯一的序号。SQL Server 2012 中有 4 个可以使用的排序函数，分别是 ROW_NUMBER()、RANK()、DENSE_RANK()和 NTILE()函数，本节将介绍这几个函数的用法。

10.8.1 实例 36——ROW_NUMBER()函数

ROW_NUMBER()函数为每条记录增添递增的顺序数值序号，即使存在相同的值时也递增序号。

【例 10.64】使用 ROW_NUMBER()函数查询的结果进行分组排序，Transact_SQL 语句如下：

```
SELECT ROW_NUMBER() OVER (ORDER BY s_id ASC)
AS ROWID,s_id,f_name
FROM fruits;
```

执行结果如图 10-68 所示。

图 10-68　使用 ROW_NUMBER()函数为查询结果排序

返回的结果中，每一条记录都有一个不同的数字序号。

10.8.2　实例 37——RANK()函数

如果两个或多个行与一个排名关联，则每个关联行将得到相同的排名。例如，如果两位学生具有相同的 s_score 值，则他们将并列第一。由于已有两行排名在前，所以具有下一个最高 s_score 的学生将排名第三。RANK()函数并不总返回连续整数。

【例 10.65】使用 RANK()函数对根据 s_id 字段查询的结果进行分组排序，Transact_SQL语句如下：

```
SELECT RANK() OVER (ORDER BY s_id ASC) AS RankID,s_id,f_name
FROM fruits;
```

执行结果如图 10-69 所示。

图 10-69　使用 RANK()函数对查询结果排序

返回的结果中有相同 s_id 值的记录的序号相同,第 4 条记录的序号为一个跳号,与前面 3 条记录的序号不连续,下面的情况相同。

> 排序函数只和 SELECT 和 ORDER BY 语句一起使用,不能直接在 WHERE 或者 GROUP BY 子句中使用。

10.8.3 实例 38——DENSE_RANK()函数

DENSE_RANK 函数返回结果集分区中行的排名,在排名中没有任何间断。行的排名等于所讨论行之前的所有排名数加 1。即相同的数据序号相同,接下来顺序递增。

【例 10.66】使用 DENSE_RANK()函数对根据 s_id 字段查询的结果进行分组排序,Transact_SQL 语句如下:

```
SELECT DENSE_RANK() OVER (ORDER BY s_id ASC) AS DENSEID,s_id,f_name
FROM fruits;
```

执行结果如图 10-70 所示。

图 10-70　使用 DENSE_RANK()函数对查询结果进行分组排序

返回的结果中,具有相同 s_id 的记录组有相同的排列序号值,序号值依次递增。

10.8.4 实例 39——NTILE()函数

NTILE(N)函数用来将查询结果中的记录分为 N 组。各个组有编号,编号从“1”开始。对于每一个行,NTILE 将返回此行所属的组的编号。

【例 10.67】使用 NTILE()函数对根据 s_id 字段查询的结果进行分组排序,Transact_SQL 语句如下:

```
SELECT NTILE(5) OVER (ORDER BY s_id ASC) AS NTILEID,s_id,f_name
```

```
FROM fruits;
```

执行结果如图 10-71 所示。

图 10-71 使用 NTILE()函数对查询结果排序

由结果可以看到，NTILE(5)将返回记录分为 5 组，每组一个序号，序号依次递增。

10.9 实例 40——动态查询

前面介绍的各种查询方法中使用的 SQL 语句都是固定的，这些语句中的查询条件相关的数据类型都是固定的，这种 SQL 语句称为静态 SQL 语句。静态 SQL 语句在许多情况下不能满足要求，也不能编写更为通用的程序。例如有一个学生成绩表，对于学生来说，只想查询自己的成绩；而对于老师来说，可能想要知道班级里面所有学生的成绩。这样一来，不同的用户查询的字段列是不相同的，因此必须在查询之前动态指定查询语句的内容。这种根据实际需要临时组装成的 SQL 语句，就是动态 SQL 语句。

动态语句可以由完整的 SQL 语句组成，也可以根据操作类型，分别指定 SELECT 或者 INSERT 等关键字，同时也可以指定查询对象和查询条件。

动态 SQL 语句是在运行时由程序创建的字符串，它们必须是有效的 SQL 语句。

【例 10.68】使用动态生成的 SQL 语句完成对 fruits 表的查询，Transact-SQL 语句如下：

```
DECLARE @id INT;
declare @sql varchar(8000)
SELECT @id=101;
SELECT @sql ='SELECT f_name, f_price
FROM fruits
WHERE s_id = ';
exec(@sql + @id );
```

执行结果如图 10-72 所示。

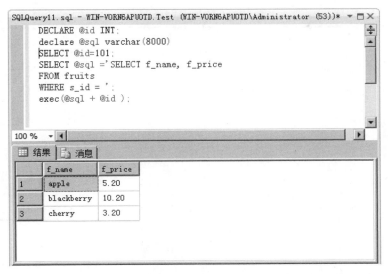

图 10-72　执行动态查询语句

由结果可以看到，这里的查询结果和前面的语句查询结果是相同的。前面各个例题介绍的所有查询操作都可以使用动态 SQL 语句完成。用户可以使用动态查询语句，执行前面介绍的其他查询操作。

10.10　高手甜点

甜点 1：排序时 NULL 值如何处理？

在处理查询结果中没有重复值时，如果指定的列中有多个 NULL 值，则作为相同的值对待，显示结果中只有一个空值。对于使用 ORDER BY 子句排序的结果集中，若存在 NULL 值，升序排序时有 NULL 值的记录将在最前显示，而降序显示时 NULL 值将在最后显示。

甜点 2：DISTINCT 可以应用于所有的列吗？

查询结果中，如果需要对列进行降序排序，可以使用 DESC，这个关键字只能对其前面的列降序排序，例如，要对多列都进行降序排序，必须要在每一列的列名后面加 DESC 关键字。而 DISTINCT 不同，DISTINCT 不能部分使用，换句话说，DISTINCT 关键字应用于所有列而不仅是它后面的第一个指定列，例如，查询 3 个字段 s_id、f_name、f_price，如果不同记录的这 3 个字段的组合值都不同，则所有记录都会被查询出来。

10.11　跟我学上机

分别创建下面的 employee 和 dept 数据表，表结构如表 10-4 和表 10-5 所示，在数据表中插入表 10-6 和表 10-7 所示的记录。

表 10-4　employee 表结构

字 段 名	字段说明	数据类型	主　键	外　键	非　空	唯　一
e_no	员工编号	INT	是	否	是	是
e_name	员工姓名	VARCHAR(50)	否	否	是	否
e_gender	员工性别	CHAR(2)	否	否	否	否
dept_no	部门编号	INT	否	否	是	否
e_job	职位	VARCHAR(50)	否	否	是	否
e_salary	薪水	INT	否	否	是	否
hireDate	入职日期	DATE	否	否	是	否

表 10-5　dept 表结构

字 段 名	字段说明	数据类型	主　键	外　键	非　空	唯　一
d_no	部门编号	INT	是	是	是	是
d_name	部门名称	VARCHAR(50)	否	否	是	否
d_location	部门地址	VARCHAR(100)	否	否	否	否

表 10-6　employee 表中的记录

e_no	e_name	e_gender	dept_no	e_job	e_salary	hireDate
1001	Smith	m	20	CLERK	800	2005-11-12
1002	Allen	f	30	SALESMAN	1600	2003-05-12
1003	Ward	f	30	SALESMAN	1250	2003-05-12
1004	Jones	m	20	MANAGER	2975	1998-05-18
1005	Martin	m	30	SALESMAN	1250	2001-06-12
1006	Blake	f	30	MANAGER	2850	19910-02-15
1007	Clark	m	10	MANAGER	2450	2002-09-12
1008	Scott	m	20	ANALYST	3000	2003-05-12
1009	King	f	10	PRESIDENT	5000	1995-01-01
1010	Turner	f	30	SALESMAN	1500	19910-10-12
1011	Adams	m	20	CLERK	1100	1999-10-05
1012	James	f	30	CLERK	950	2008-06-15

表 10-7   dept 表中的记录

d_no	d_name	d_location
10	ACCOUNTING	ShangHai
20	RESEARCH	BeiJing
30	SALES	ShenZhen
40	OPERATIONS	FuJian

在已经创建的 employee 表中进行如下操作。

(1) 计算所有女员工("F")的年龄。

(2) 使用 LIMIT 查询从第 3 条记录开始到第 6 条记录。

(3) 查询销售人员(SALESMAN)的最低工资。

(4) 查询名字以字母 N 或者 S 结尾的记录。

(5) 查询在 BeiJing 工作的员工的姓名和职务。

(6) 使用左连接方式查询 employee 和 dept 表。

(7) 查询所有 2001—2005 年入职的员工的信息，查询部门编号为 20 和 30 的员工信息并使用 UNION 合并两个查询结果。

(8) 使用 LIKE 查询员工姓名中包含字母 a 的记录。

第 11 章

存储过程和自定义函数

简单地说，存储过程就是一条或者多条 SQL 语句的集合，可视为批处理文件，但是其作用不仅限于批处理。本章主要介绍变量的使用、存储过程和存储函数的创建、调用、查看、修改以及删除操作等。

本章要点(已掌握的在方框中打钩)

☐ 了解存储过程的基本概念
☐ 掌握存储过程分类的方法
☐ 掌握创建存储过程的方法
☐ 掌握管理存储的方法
☐ 掌握扩展存储过程的方法
☐ 掌握自定义函数的方法

11.1　存储过程概述

　　系统存储过程是 SQL Server 2012 系统创建的存储过程，它的目的在于能够方便地从系统表中查询信息，或者完成与更新数据库表相关的管理任务或其他的系统管理任务。Transact-SQL 语句是 SQL Server 2012 数据库与应用程序之间的编程接口。在很多情况下，一些代码会被开发者重复地编写多次，如果每次都编写相同功能的代码，不但烦琐、容易出错，而且由于 SQL Server 2012 逐条地执行语句会降低系统的运行效率。

　　简而言之，存储过程就是 SQL Server 2012 中为了实现特定任务而将一些需要多次调用的固定操作语句编写成程序段，这些程序段存储在服务器上，由数据库服务器通过子程序来调用。

　　存储过程的优点有以下几个方面。

　　(1) 存储过程加快系统运行速度，存储过程只在创建时编译，以后每次执行时都不需要重新编译。

　　(2) 存储过程可以封装复杂的数据库操作，简化操作流程，例如对多个表的更新、删除等。

　　(3) 可实现模块化的程序设计，存储过程可以多次调用，提供统一的数据库访问接口，改进应用程序的可维护性。

　　(4) 存储过程可以增强代码的安全性，SQL Server 2012 中可以设定用户对指定存储过程的执行权限，使用户不能直接操作存储过程中引用的对象。

　　(5) 存储过程可以降低网络流量，存储过程代码直接存储于数据库中，在客户端与服务器的通信过程中，不会产生大量的 Transact-SQL 代码流量。

　　存储过程的缺点有以下几个方面。

　　(1) 数据库移植不方便，存储过程依赖于数据库管理系统，SQL Server 2012 存储过程中封装的操作代码不能直接移植到其他的数据库管理系统中。

　　(2) 不支持面向对象的设计，无法采用面向对象的方式将逻辑业务进行封装，甚至形成通用的可支持服用的业务逻辑框架。

　　(3) 代码可读性差，不易维护。

　　(4) 不支持集群。

11.2　存储过程分类

　　SQL Server 2012 中存储过程是使用 Transact-SQL 代码编写的代码段。在存储过程中可以声明变量、执行条件判断语句等其他编程功能。SQL Server 2012 中有多种类型的存储过程，可以分为如下 3 类，分别是：系统存储过程、自定义存储过程和扩展存储过程。本节将分别介绍这 3 种类型的存储过程的用法。

11.2.1　系统存储过程

系统存储过程是由 SQL Server 2012 系统自身提供的存储过程，可以作为命令执行各种操作。

存储过程主要用来从系统表中获取信息，使用系统存储过程完成数据库服务器的管理工作，为系统管理员提供帮助，为用户查看数据库对象提供方便。系统存储过程位于数据库服务器中，并且以 sp_开头，系统存储过程定义在系统定义数据库和用户定义数据库中，在调用时不必在存储过程前加数据库限定名。例如，前面介绍的 sp_rename 系统存储过程可以更改当前数据库中用户创建对象的名称；sp_helptext 存储过程可以显示规则、默认值或视图的文本信息。SQL Server 2012 服务器中许多的管理工作是通过执行系统存储过程来完成的，许多系统信息也可以通过执行系统存储过程而获得。

系统存储过程创建并存放于系统数据库 master 中，一些系统存储过程只能由系统管理员使用，而有些系统存储过程通过授权也可以被其他用户所使用。

11.2.2　自定义存储过程

自定义存储过程即用户使用 Transact-SQL 语句编写的、为了实现某一特定业务需求，在用户数据库中编写的 Transact-SQL 语句集合，用户存储过程可以接收输入参数、向客户端返回结果和信息、返回输出参数等。创建自定义存储过程时，存储过程名前面加上"##"表示创建了一个全局的临时存储过程；存储过程名前面加上"#"时，表示创建局部临时存储过程。局部临时存储过程只能在创建它的会话中使用，会话结束时，将被删除。这两种存储过程都存储在 tempdb 数据库中。

用户定义存储过程可以分为两类：Transact-SQL 和 CLR。

(1) Transact-SQL 存储过程是指保存的 Transact-SQL 语句集合，可以接收和返回用户提供的参数。存储过程也可能从数据库向客户端应用程序返回数据。

(2) CLR 存储过程是指引用 Microsoft .NET Framework 公共语言方法的存储过程，可以接收和返回用户提供的参数，它们在.NET Framework 程序集中是作为类的公共静态方法实现的。

11.2.3　扩展存储过程

扩展存储过程是以在 SQL Server 2012 环境外执行的动态连接库(DLL 文件)来实现的，可以加载到 SQL Server 2012 实例运行的地址空间中执行，扩展存储过程可以使用 SQL Server 2012 扩展存储过程 API 完成编程。扩展存储过程以前缀"xp_"来标识，对于用户来说，扩展存储过程和普通存储过程一样，可以用相同的方式来执行。

11.3　创建存储过程

SQL Server 2012 中可以使用 CREATE PROCEDURE 语句创建，也可以在【对象资源管理器】面板中创建存储过程。使用 EXEC 语句来调用存储过程。本节将介绍如何创建并调用存储过程。

11.3.1　实例 1——创建存储过程

1. 使用 CREATE PROCEDURE 语句创建存储过程

CREATE PROCEDURE 语句的语法格式如下：

```
CREATE PROCEDURE [schema_name.] procedure_name [ ; number ]
{ @parameter data_type }
[ VARYING ] [ = default ] [ OUT | OUTPUT ] [READONLY]
[ WITH <ENCRYPTION ]|[ RECOMPILE ]|[ EXECUTE AS Clause ]> ]
[ FOR REPLICATION ]
AS  <sql_statement>
```

各参数说明如下。

procedure_name：为新存储过程的名称，并且在架构中必须唯一。可在 procedure_name 前面使用一个数字符号(#)(#procedure_name)来创建局部临时过程，使用两个数字符号(##procedure_name)来创建全局临时过程。对于 CLR 存储过程，不能指定临时名称。

number：是可选整数，用于对同名的过程分组。使用一个 DROP PROCEDURE 语句可将这些分组过程一起删除。例如，称为 orders 的应用程序可能使用名为 orderproc;1、orderproc;2 等的过程。DROP PROCEDURE orderproc 语句将删除整个组。如果名称中包含分隔标识符，则数字不应包含在标识符中；只应在 procedure_name 前后使用适当的分隔符。

@ parameter：存储过程中的参数。在 CREATE PROCEDURE 语句中可以声明一个或多个参数。除非定义了参数的默认值或者将参数设置为等于另一个参数，否则用户必须在调用过程时为每个声明的参数提供值。存储过程最多可以有 2100 个参数。如果过程包含表值参数，并且该参数在调用中缺失，则传入空表默认值。

通过将 at 符号(@)用作第一个字符来指定参数名称。每个过程的参数仅用于该过程本身；其他过程中可以使用相同的参数名称。默认情况下，参数只能代替常量表达式，而不能用于代替表名、列名或其他数据库对象的名称。如果指定了 FOR REPLICATION，则无法声明参数。

date_type：指定参数的数据类型，所有数据类型都可以用作 Transact-SQL 存储过程的参数。可以使用用户定义表类型来声明表值参数作为 Transact-SQL 存储过程的参数。只能将表值参数指定为输入参数，这些参数必须带有 READONLY 关键字。cursor 数据类型只能用于 OUTPUT 参数。如果指定了 cursor 数据类型，则还必须指定 VARYING 和 OUTPUT 关键字。可以为 cursor 数据类型指定多个输出参数。对于 CLR 存储过程，不能指定 char、varchar、text、ntext、image、cursor、用户定义表类型和 table 作为参数。

Default：存储过程中参数的默认值。如果定义了 default 值，则无须指定此参数的值即可执行过程。默认值必须是常量或 NULL。如果过程使用带 LIKE 关键字的参数，则可包含下列通配符：%、_、[] 和[^]。

OUTPUT：指示参数是输出参数。此选项的值可以返回给调用 EXECUTE 的语句。使用 OUTPUT 参数将值返回给过程的调用方。除非是 CLR 过程，否则 text、ntext 和 image 参数不能用作 OUTPUT 参数。使用 OUTPUT 关键字的输出参数可以为游标占位符，CLR 过程除外。不能将用户定义表类型指定为存储过程的 OUTPUT 参数。

READONLY：指示不能在过程的主体中更新或修改参数。如果参数类型为用户定义的表类型，则必须指定 READONLY。

RECOMPILE：表明 SQL Server 2012 不会保存该存储过程的执行计划，该存储过程每执行一次都要重新编译。在使用非典型值或临时值而不希望覆盖保存在内存中的执行计划时，就可以使用 RECOMPILE 选项。

ENCRYPTION：表示 SQL Server 2012 加密后的 syscomments 表，该表的 text 字段是包含 CREATE PROCEDURE 语句的存储过程文本。使用 ENCRYPTION 关键字无法通过查看 syscomments 表来查看存储过程的内容。

FOR REPLICATION：用于指定不能在订阅服务器上执行为复制创建的存储过程。使用此选项创建的存储过程可用作存储过程筛选，且只能在复制过程中执行。本选项不能和 WITH RECOMPILE 选项一起使用。

AS：用于指定该存储过程要执行的操作。

sql_statement：是存储过程中要包含的任意数目和类型的 Transact-SQL 语句。但有一些限制。

【例 11.1】创建查看 Test 数据库中 fruits 表的存储过程，输入语句如下：

```
USE test;
GO
CREATE PROCEDURE SelProc
AS
SELECT * FROM fruits;
GO
```

上述代码创建了一个查看 fruits 表的存储过程，每次调用这个存储过程时都会执行 SELECT 语句来查看表的内容，这个存储过程和使用 SELECT 语句查看表内容获得的结果是一样的，当然存储过程也可以是很多语句的复杂的组合，就好像本小节刚开始给出的那个语句一样，其本身也可以调用其他的函数，来组成更加复杂的操作。

【例 11.2】创建名称为 CountProc 的存储过程，输入语句如下：

```
USE test;
GO
CREATE PROCEDURE CountProc
AS
SELECT COUNT(*) AS 总数 FROM fruits;
GO
```

输入完成之后，单击工具栏中的【执行】按钮，上述代码的作用是创建一个获取 fruits 表记录条数的存储过程，名称是 CountProc。

2. 创建存储过程的规则

为了创建有效的存储过程，需要满足一定的约束和规则，这些规则有以下几项。

(1) 可以引用在同一存储过程中创建的对象，只要引用时已经创建了该对象即可。

(2) 可以在存储过程内引用临时表。

(3) 如果在存储过程内创建本地临时表，则临时表仅在该存储过程中存在，退出存储过程后，临时表将消失。

(4) 如果执行的存储过程将调用另一个存储过程，则被调用的存储过程可以访问由第一个存储过程创建的所有对象，包括临时表。

(5) 存储过程中的参数最大数目为 2100。

(6) 存储过程的最大容量可达 128MB。

(7) 存储过程中的局部变量的最大数目仅受可用内存的限制。

(8) 存储过程中不能使用下列语句：

```
CREATE AGGREGATE
CREATE DEFAULT
CREATE/ALTER FUNCTION
CREATE PROCEDURE
CREATE SCHEMA
CREATE/ALTER TRIGGER
CREATE/ALTER VIEW
SET PARSEONLY
SET SHOWPLAN_ALL/SHOWPLAN/TEXT/SHOWPLAN/XML
SET database_name
```

3. 使用图形工具创建

使用 SSMS 创建存储过程的操作步骤如下。

step 01 打开 SSMS 窗口，连接到 Test 数据库。依次打开【数据库】➤ Test ➤【可编程性】节点。在【可编程性】节点下，右击【存储过程】节点，在弹出的快捷菜单中选择【新建存储过程】命令，如图 11-1 所示。

step 02 打开创建存储过程的代码模板，这里显示了 CREATE PROCEDURE 语句模板，可以修改要创建的存储过程的名称，然后在存储过程中的 BEGIN…END 代码块中添加需要的 SQL 语句，如图 11-2 所示。

step 03 添加 SQL 语句之后，单击工具栏中的【执行】按钮即可创建一个存储过程。

图 11-1 选择【新建存储过程】命令

图 11-2　使用模板创建存储过程

11.3.2　实例 2——存储过程调用

SQL Server 2012 中执行存储过程时，需要使用 EXECUTE 语句，如果存储过程是批处理中的第一条语句，那么不使用 EXECUTE 关键字也可以执行该存储过程，EXECUTE 语法格式如下：

```
[ { EXEC | EXECUTE } ]
  {
    [ @return_status = ]
    { module_name [ ;number ] | @module_name_var }
    [ [ @parameter = ] { value | @variable [ OUTPUT ] | [ DEFAULT ]  } ]
    [ ,…n]
    [ WITH RECOMPILE ]
  }
```

各参数说明如下。

@return_status：可选的整型变量，存储模块的返回状态。这个变量在用于 EXECUTE 语句前，必须在批处理、存储过程或函数中声明过。在用于调用标量值用户定义函数时，@return_status 变量可以为任意标量数据类型。

module_name：是要调用的存储过程的完全限定或者不完全限定名称。用户可以执行在另一数据库中创建的模块，只要运行模块的用户拥有此模块或具有在该数据库中执行该模块的适当权限即可。

number：可选整数，用于对同名的过程分组。该参数不能用于扩展存储过程。

@module_name_var：是局部定义的变量名，代表模块名称。

@parameter：存储过程中使用的参数，与在模块中定义的相同。参数名称前必须加上符号(@)。在与@parameter_name=value 格式一起使用时，参数名和常量不必按它们在模块中定义的顺序提供。但是，如果对任何参数使用了@parameter_name=value 格式，则对所有后续参数都必须使用此格式。默认情况下，参数可为空值。

value：传递给模块或传递命令的参数值。如果参数名称没有指定，参数值必须以在模块中定义的顺序提供。

@variable：是用来存储参数或返回参数的变量。

OUTPUT：指定模块或命令字符串返回一个参数。该模块或命令字符串中的匹配参数也必须已使用关键字 OUTPUT 创建。使用游标变量作为参数时使用该关键字。

DEFAULT：根据模块的定义，提供参数的默认值。当模块需要的参数值没有定义默认值并且缺少参数或指定了 DEFAULT 关键字时，会出现错误。

WITH RECOMPILE：执行模块后，强制编译、使用和放弃新计划。如果该模块存在现有查询计划，则该计划将保留在缓存中。如果所提供的参数为非典型参数或者数据有很大的改变，使用该选项。该选项不能用于扩展存储过程。建议尽量少使用该选项，因为它消耗较多系统资源。

【例 11.3】例如调用 SelProc 和 CountProc 两个存储过程，输入语句如下：

```
USE test;
GO
EXEC SelProc;
EXEC CountProc;
```

> **注意**　EXECUTE 语句的执行是不需要任何权限的，但是操作 EXECUTE 字符串内引用的对象是需要相应的权限的，例如，如果要使用 DELETE 语句执行删除操作，则调用 EXECUTE 语句执行存储过程的用户必须具有 DELETE 权限。

11.3.3　实例 3——创建带输入参数的存储过程

在设计数据库应用系统时，可能会需要根据用户的输入信息产生对应的查询结果，这时就需要把用户的输入信息作为参数传递给存储过程，即开发者需要创建带输入参数的存储过程。

在前面创建的存储过程中是没有输入参数的，这样的存储过程缺乏灵活性，如果用户只希望看到与自己相关的信息，那么查询时的条件就应该是可变的。

连接到服务器之后，在 SQL Server 2012 管理平台中单击工具栏中的【新建查询】按钮，打开查询设计器。

【例 11.4】创建存储过程 QueryById，根据用户输入参数返回特定的记录，输入语句如下：

```
USE test;
GO
CREATE PROCEDURE QueryById @sID INT
AS
SELECT * FROM fruits WHERE s_id=@sID;
GO
```

输入完成之后，单击工具栏中的【执行】按钮。该段代码创建一个名为 QueryById 的存储过程，使用一个整数类型的参数@sID 来执行存储过程。执行带输入参数的存储过程时，SQL Server 2012 提供了以下两种传递参数的方式。

(1) 直接给出参数的值，当有多个参数时，给出的参数的顺序与创建存储过程的语句中的参数的顺序一致，即参数传递的顺序就是定义的顺序。

(2) 使用"参数名=参数值"的形式给出参数值，这种传递参数的方式的好处是，参数可以按任意的顺序给出。

分别使用这两种方式执行存储过程 QueryById，输入语句如下：

```
USE test;
GO
EXECUTE QueryById 101;
EXECUTE QueryById @sID=101;
```

语句执行结果如图 11-3 所示。

图 11-3　调用带输入参数的存储过程

执行 QueryById 存储过程时需要指定参数，如果没有指定参数，系统会提示错误，如果希望不给出参数时存储过程也能正常运行，或者希望为用户提供一个默认的返回结果，可以通过设置参数的默认值来实现。

【例 11.5】创建带默认参数的存储过程，输入语句如下：

```
USE test;
GO
CREATE PROCEDURE QueryById2 @sID INT=101
AS
SELECT * FROM fruits WHERE s_id=@sID;
GO
```

输入完成之后，单击工具栏中的【执行】按钮。该段代码创建的存储过程 QueryById2 在调用时即使不指定参数值也可以返回一个默认的结果集。读者可以参照上面的执行过程，调用该存储过程。

除了使用 Transact-SQL 语句调用存储过程之外，还可以在图形化界面中执行存储过程，具体步骤如下。

step 01 右击要执行的存储过程，这里选择名称为 QueryById 的存储过程。在弹出的快捷菜单中选择【执行存储过程】命令，如图 11-4 所示。

step 02 打开执行过程对话框，在【值】列的文本框中输入参数值"101"，如图 11-5 所示。

图 11-4　选择【执行存储过程】命令

图 11-5　执行过程对话框

step 03 单击【确定】按钮执行带输入参数的存储过程，执行结果如图 11-6 所示。

图 11-6　存储过程执行结果

11.3.4　实例4——创建带输出参数的存储过程

在系统开发过程中，在执行一组数据库操作后，需要对操作的结果进行判断，并把判断的结果返回给用户，通过定义输出参数，可以从存储过程中返回一个或多个值，为了使用输出参数，必须在 CREATE PROCEDURE 语句和 EXECUTE 语句中指定 OUTPUT 关键字，如果忽略 OUTPUT 关键字，存储过程虽然能执行，但没有返回值。

【例 11.6】定义存储过程 QueryById3，根据用户输入的供应商 id，返回该供应商总共提供的水果种类，输入语句如下：

```
USE test;
GO
CREATE PROCEDURE QueryById3
@sID INT=101,
@fruitscount INT OUTPUT
AS
SELECT @fruitscount=COUNT(fruits.s_id)  FROM fruits WHERE s_id=@sID;
GO
```

上述代码将创建一个名称为 QueryById3 的存储过程，该存储过程中有两个参数，@sID 为输出参数，指定要查询的供应商的 id，默认值为 101；@fruitscount 为输出参数，用来返回该供应商提供的水果的数量。

下面来看，如何执行带输出参数的存储过程。既然有一个返回值，为了接收这一返回值，需要一个变量来存放返回参数的值，同时，在调用这个存储过程时，该变量必须加上 OUTPUT 关键字来声明。

【例 11.7】调用 QueryById3，并将返回结果保存到@fruitscount 变量中，输入语句如下：

```
USE test;
GO
DECLARE @fruitscount INT;
DECLARE @sID INT =101;
EXEC QueryById3 @sID, @fruitscount OUTPUT
SELECT '该供应商一共提供了' +LTRIM(STR(@fruitscount)) + ' 种水果'
GO
```

执行结果如图 11-7 所示。

图 11-7 执行带输出参数的存储过程

11.4　管理存储过程

在 SQL Server 2012 中，可以使用 OBJECT_DEFINITION 系统函数查看存储过程的内容，如果要修改存储过程，可使用 ALTER PROCEDURE 语句。本小节将介绍这些管理存储过程的内容，包括修改存储过程、查看存储过程、重命名存储过程和删除存储过程。

11.4.1　实例5——修改存储过程

使用 ALTER 语句可以修改存储过程或函数的特性，本小节将介绍如何使用 ALTER 语句修改存储过程和函数。使用 ALTER PROCEDURE 语句修改存储过程时，SQL Server 2012 会覆盖以前定义的存储过程。ALTER PROCEDURE 语句的基本语法格式如下：

```
ALTER PROCEDURE [schema_name.] procedure_name [ ; number ]
{ @parameter data_type }
[ VARYING ] [ = default ] [ OUT | OUTPUT ] [READONLY]
[ WITH <ENCRYPTION >][ RECOMPILE ][ EXECUTE AS Clause ]> ]
[ FOR REPLICATION ]
AS  <sql_statement>
```

除了 ALTER 关键字之外，这里其他的参数与 CREATE PROCEDURE 中的参数作用相同。下面介绍修改存储过程的操作步骤。

step 01 登录 SQL Server 2012 服务器之后，在 SSMS 中打开【对象资源管理器】面板，选择【数据库】节点下创建存储过程的数据库，展开【可编程性】➤【存储过程】节点，右击要修改的存储过程，在弹出的快捷菜单中选择【修改】命令，如图 11-8 所示。

图 11-8　选择【修改】命令

step 02 打开存储过程的修改窗口，用户即可再次修改存储语句，然后单击工具栏中的【保存】按钮即可，如图 11-9 所示。

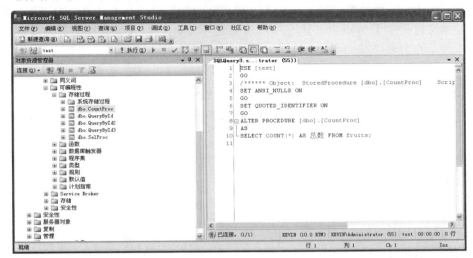

图 11-9　修改存储过程

【例 11.8】修改名称为 CountProc 的存储过程，将 SELECT 语句查询的结果按 s_id 进行分组，修改内容如下：

```
USE [test]
GO
/****** Object:    StoredProcedure    [dbo].[CountProc]        Script   Date:
12/06/2011 21:12:29 ******/
SET ANSI_NULLS ON
GO
SET QUOTED_IDENTIFIER ON
GO
ALTER PROCEDURE [dbo].[CountProc]
AS
SELECT s_id,COUNT(*) AS 总数 FROM fruits GROUP BY s_id;
```

修改完成之后，单击工具栏中的【执行】按钮，下面来执行修改之后的存储过程，读者可以使用 EXECUTE 语句执行新的 CountProc 存储过程。这里还可以修改存储过程的参数列表，增加输入参数、输出参数等。

> 注意　ALTER PROCEDURE 语句只能修改一个单一的存储过程，如果过程调用了其他存储过程，嵌套的存储过程不受影响。

11.4.2　实例 6——查看存储过程

创建完存储过程之后，需要查看修改后的存储过程的内容，查询存储过程有两种方法：一种是使用 SSMS 对象资源管理器查看；另一种是使用 Transact-SQL 语句查看。

1. 使用 SSMS 查看存储过程信息

step 01 登录 SQL Server 2012 服务器之后，在 SSMS 中打开【对象资源管理器】面板，选择【数据库】节点下创建存储过程的数据库，选择【可编程性】➤【存储过程】节点，右击要修改的存储过程，在弹出的快捷菜单中选择【属性】命令，如图 11-10 所示。

step 02 弹出存储过程属性对话框，用户即可查看存储过程的具体属性，如图 11-11 所示。

图 11-10 选择【属性】命令   图 11-11 存储过程属性对话框

2. 使用 Transact-SQL 语句查看存储过程

如果希望使用系统函数查看存储过程的定义信息，可以使用系统存储过程，OBJECT_DEFINITION、sp_help 或者 sp_helptext，这 3 个存储过程的使用方法是相同的，在过程名称后指定要查看信息的对象名称。

【例 11.9】使用分别使用 OBJECT_DEFINITION、sp_help 或者 sp_helptext 这三个系统存储过程查看 QueryById 存储过程的定义信息，输入语句如下：

```
USE test;
GO
SELECT OBJECT_DEFINITION(OBJECT_ID('QueryById'));
EXEC sp_help QueryById
EXEC sp_helptext QueryById
```

执行结果如图 11-12 所示。

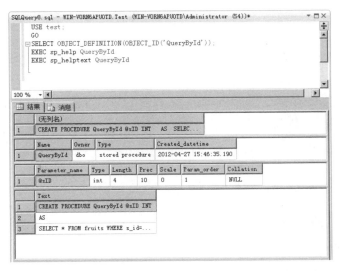

图 11-12　使用系统存储过程查看存储过程定义信息

11.4.3　实例 7——重命名存储过程

重命名存储过程可以修改存储过程的名称，这样可以将不符合命名规则的存储过程的名称根据统一的命名规则进行更改。

重命名存储过程可以在【对象资源管理器】面板中轻松地完成。具体操作步骤如下。

step 01　选择需要重命名的存储过程，右击并在弹出的快捷菜单中选择【重命名】命令，如图 11-13 所示。

step 02　在显示的文本框中输入要修改的新的存储过程的名称，按 Enter 键确认即可，如图 11-14 所示。

图 11-13　选择【重命名】命令

图 11-14　输入新的名称

输入新名称之后，在【对象资源管理器】面板中的空白地方单击，或者直接按 Enter 键确认，即可完成修改操作。读者也可以在选择一个存储过程之后，间隔一小段时间，再次单击该存储过程；或者选择存储过程之后，直接按 F2 键。这几种方法都可以完成存储过程名称的修改。

读者还可以使用系统存储过程 sp_rename 来重命名存储过程。其语法格式如下：

```
sp_rename oldObjectName,newObjectName
```

sp_rename 的用法已经在前面的章节中介绍过，读者可以参考有关章节。

11.4.4 实例 8——删除存储过程

不需要的存储过程可以删除，删除存储过程有两种方法：一种是通过图形化工具删除；另一种是使用 Transact-SQL 语句删除。

1. 在【对象资源管理器】面板中删除存储过程

删除存储过程可以在【对象资源管理器】面板中轻松地完成。具体操作步骤如下。

step 01 选择需要重命名的存储过程，右击并在弹出的快捷菜单中选择【删除】命令，如图 11-15 所示。

step 02 打开【删除对象】对话框，单击【确定】按钮，完成存储过程的删除，如图 11-16 所示。

图 11-15 选择【删除】命令

图 11-16 【删除对象】对话框

 提示 该方法一次只能删除一个存储过程。

2. 使用 Transact-SQL 语句删除存储过程

```
DROP { PROC | PROCEDURE } { [ schema_name. ] procedure } [ ,…n ]
```

各参数说明如下。

schema_name：存储过程所属架构的名称。不能指定服务器名称或数据库名称。

procedure：要删除的存储过程或存储过程组的名称。

上述语句可以从当前数据库中删除一个或多个存储过程或过程组。

【例 11.10】登录到 SQL Server 2012 服务器之后，打开 SQL Server 2012 管理平台，单击工具栏中的【新建查询】按钮，打开查询设计器，输入如下语句：

```
USE test;
GO
DROP PROCEDURE  dbo.SelProc
```

输入完成之后，单击工具栏中的【执行】按钮，即可删除名称为 SelProc 的存储过程，删除之后，读者可以刷新【存储过程】节点，查看删除结果。

11.5 实例 9——扩展存储过程

扩展存储过程使用户能够在编程语言(例如，C、C++)中创建自己的外部例程。扩展存储过程的显示方式和执行方式与常规存储过程一样。可以将参数传递给扩展存储过程，而且扩展存储过程也可以返回结果和状态。

扩展存储过程是 SQL Server 2012 实例可以动态加载和运行的 DLL。扩展存储过程是使用 SQL Server 2012 扩展存储过程 API 编写的，可直接在 SQL Server 2012 实例的地址空间中运行。

SQL Server 2012 中包含如下几个常规扩展存储过程。

(1) xp_enumgroups 提供 Windows 本地组列表或在指定 Windows 域中定义的全局组列表。

(2) xp_findnextmsg 接受输入的邮件 ID 并返回输出的邮件 ID，需要与 xp_processmail 配合使用。

(3) xp_grantlogin 授予 Windows 组或用户对 SQL Server 2012 的访问权限。

(4) xp_logevent 将用户定义消息记入 SQL Server 2012 日志文件和 Windows 事件查看器。

(5) xp_loginconfig 报告 SQL Server 2012 实例在 Windows 上运行时的登录安全配置。

(6) xp_logininfo 报告账户、账户类型、账户的特权级别、账户的映射登录名和账户访问 SQL Server 2012 的权限路径。

(7) xp_msver 返回有关 SQL Server 2012 的版本信息。

(8) xp_revokelogin 撤销 Windows 组或用户对 SQL Server 2012 的访问权限。

(9) xp_sprintf 设置一系列字符和值的格式并将其存储到字符串输出参数值。每个格式参数都用相应的参数替换。

(10) xp_sqlmaint 用包含 SQLMaint 开关的字符串调用 SQLMaint 实用工具，在一个或多个数据库上执行一系列维护操作。

(11) xp_sscanf 将数据从字符串读入每个格式参数所指定的参数位置。

(12) xp_availablemedia 查看系统上可用的磁盘驱动器的空间信息。

(13) xp_dirtree 查看某个目录下子目录的结构。

【例 11.11】执行 xp_msver 扩展存储过程，查看系统版本信息，在查询设计器输入语句如下：

```
EXEC xp_msver
```

执行结果如图 11-17 所示。

图 11-17 查询数据库系统信息

这里返回的信息包含数据库的产品信息、产品编号、运行平台、操作系统的版本号以及处理器类型信息等。

11.6 自定义函数

用户自定义函数可以像系统函数一样在查询或存储过程中调用，也可以像存储过程一样使用 EXECUTE 命令来执行。与编程语言中的函数类似，Microsoft SQL Server 2012 用户定义函数可以接受参数、执行操作(例如复杂计算)并将操作结果以值的形式返回。返回值可以是单个标量值或结果集。用户定义函数可以像系统函数一样在查询或存储过程等程序段中使用，也可以像存储过程一样通过 EXECUTE 命令来执行。用户自定义函数有以下几种类型。

1. 标量函数

标量函数返回一个确定类型的标量值，对于多语句标量函数，定义在 BEGIN...END 块中的函数体包含一系列返回单个值的 Transact-SQL 语句。返回类型可以是除 text、ntext、 image、cursor 和 timestamp 外的任何数据类型。

2. 表值函数

表值函数是返回数据类型为 table 的函数，内联表值函数没有由 BEGIN...END 语句括起来的函数体，返回的表值是单个 SELECT 语句查询的结果。内联表值型函数功能相当于一个参数化的视图。

对于多语句表值函数，在 BEGIN...END 语句块中定义的函数体包含一系列 Transact-SQL 语句，这些语句可生成行并将其插入到将返回的表中。

3. 多语句表值函数

多语句表值函数可以看作标量函数和表值函数的结果体。该函数的返回值是一个表，但它和标量值自定义函数一样，有一个位于 BEGIN...END 语句块中的函数体，返回值的表中的数据是由函数体中的语句插入的。由此可见，它可以进行多次查询，对数据进行多次筛选与合并，弥补了表值自定义函数的不足。

在 SQL Server 2012 中使用用户自定义函数有以下优点。

(1) 允许模块化程序设计。

只需创建一次函数并将其存储在数据库中，以后便可以在程序中调用任意次。用户定义函数可以独立于程序源代码进行修改。

(2) 执行速度更快。

与存储过程相似，Transact-SQL 用户定义函数通过缓存计划并在重复执行时重用它来降低 Transact-SQL 代码的编译开销。这意味着每次使用用户定义函数时均无须重新解析和重新优化，从而缩短了执行时间。

和用于计算任务、字符串操作和业务逻辑的 Transact-SQL 函数相比，CLR 函数具有显著的性能优势。Transact-SQL 函数更适用于数据访问密集型逻辑。

(3) 减少网络流量。

基于某种无法用单一标量的表达式表示的复杂约束来过滤数据的操作，可以表示为函数。然后，此函数便可以在 WHERE 子句中调用，以减少发送至客户端的数字或行数。

11.6.1　实例 10——创建标量函数

创建标量函数的语法格式如下。

```
CREATE FUNCTION [ schema_name. ] function_name
(
 [ { @parameter_name [ AS ] parameter_data_type [ = default ] [ READONLY ] }
 [ ,…n ] ]
)
RETURNS return_data_type
    [ WITH < ENCRYPTION > [ ,…n ] ]
    [ AS ]
    BEGIN
        function_body
```

```
        RETURN scalar_expression
    END
```

各参数说明如下。

function_name：用户定义函数的名称。

@ parameter_name：用户定义函数中的参数。可声明一个或多个参数。

> 提示　一个函数最多可以有 2 100 个参数。执行函数时，如果未定义参数的默认值，则用户必须提供每个已声明参数的值。

parameter_data_type：参数的数据类型。

[= default]：参数的默认值。

return_data_type：标量用户定义函数的返回值。

function_body：指定一系列定义函数值的 Transact-SQL 语句。function_body 仅用于标量函数和多语句表值函数。

RETURN scalar_expression：指定标量函数返回的标量值。

【例 11.12】创建标量函数 GetStuNameById，根据指定的学生 Id 值，返回该编号学生的姓名，输入语句如下：

```
CREATE FUNCTION GetStuNameById(@stuid INT)
RETURNS VARCHAR(30)
AS
BEGIN
DECLARE @stuName CHAR(30)
SELECT @stuName=(SELECT s_name FROM stu_info WHERE s_id = @stuid)
RETURN @stuName
END
```

执行结果如图 11-18 所示。

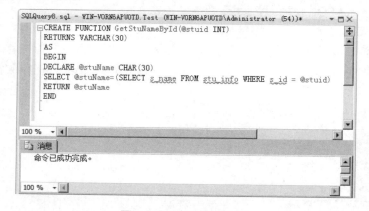

图 11-18　创建标量函数

代码输入完毕，单击工具栏中的【执行】按钮。该段代码定义的函数名称为 GetStuNameById，该函数带一个整数类型的输入变量，RETURNS VARCHAR(30)定义返回数据的类型，@stuName 为定义的用户返回数据的局部变量，通过查询语句对@stuName 变量赋值；最后 RETURN 语句返回学生姓名。

11.6.2 实例 11——创建表值函数

创建表值函数的语法格式如下：

```
CREATE FUNCTION [ schema_name. ] function_name
(
[ { @parameter_name [ AS ] parameter_data_type [ = default ] [ READONLY ] }
[ ,…n ] ]
)
RETURNS TABLE
   [ WITH < ENCRYPTION > [ ,…n ] ]
   [ AS ]
   RETURN [ ( ) select_stmt [ ) ]
```

select_stmt 定义内联表值函数返回值的单个 SELECT 语句。

【例 11.13】创建内联表值函数，返回 stu_info 表中的学生记录，输入语句如下：

```
CREATE FUNCTION getStuRecordBySex(@stuSex CHAR(2) )
RETURNS TABLE
AS
RETURN
(
  SELECT s_id, s_name,s_sex, (s_score-10) AS newScore
  FROM stu_info
  WHERE s_sex=@stuSex
)
```

执行结果如图 11-19 所示。

代码输入完毕，单击工具栏中的【执行】按钮。该段代码创建一个表值函数，该函数根据用户输入参数值，分别返回所有男同学或女同学的记录。SELECT 语句查询结果集组成了返回表值的内容。输入下面语句执行该函数：

```
SELECT * FROM getStuRecordbySex('男');
```

执行结果如图 11-20 所示。

图 11-19 创建表值内联函数

图 11-20 调用自定义表值函数

289

从返回结果可以看到，这里返回了所有男同学的成绩，在返回的表中还有一个名称为"newScore"的字段，该字段是与原表值 s_score 字段计算后生成的结果字段。

11.6.3 实例 12——删除函数

当自定义函数不再需要时，可以将其删除，SQL Server 2012 中，可以在【对象资源管理器】面板中删除自定义函数，也可以使用 Transact-SQL 语言中的 DROP 语句删除。

1. 使用【对象资源管理器】面板删除自定义函数

删除自定义函数可以在【对象资源管理器】面板中轻松地完成。具体操作步骤如下。

step 01 选择需要重命名的删除，右击并在弹出的快捷菜单中选择【删除】命令，如图 11-21 所示。

step 02 打开【删除对象】对话框，单击【确定】按钮，完成自定义函数的删除，如图 11-22 所示。

图 11-21 选择【删除】命令

图 11-22 【删除对象】对话框

该方法一次只能删除一个自定义函数。

2. 使用 DROP 语句删除

DROP 可从当前数据库中删除一个或多个用户定义函数，DROP 语句的语法格式如下：

```
DROP FUNCTION { [ schema_name. ] function_name } [ ,…n ]
```

各参数说明如下。

schema_name：用户定义函数所属的架构的名称。

function_name：要删除的用户定义函数的名称。可以选择是否指定架构名称。

【例 11.14】 删除前面定义的标量函数 GetStuNameById，输入语句如下：

```
DROP FUNCTION GetStuNameById
```

执行结果如图 11-23 所示。

图 11-23 使用 DROP 语句删除自定义函数

11.7 高手甜点

甜点 1：如何更改存储过程中的代码？

更改存储过程有两种方法：一种是删除并重新创建该过程；另一种是使用 ALTER PROCEDURE 语句修改。当删除并重新创建存储过程时，原存储过程的所有关联权限将丢失，而更改存储过程时，只是更改存储过程的内部定义，并不影响与该存储过程相关联的存储权限，并且不会影响相关的存储过程。

带输出参数的存储过程在执行时，一定要实现定义输出变量，输出变量的名称可以设定为符合标识符命名规范的任意字符，也可以和存储过程中定义的输出变量名称保持一致，变量的类型要和存储过程中变量的类型完全一致。

甜点 2：存储过程中可以调用其他的存储过程吗？

存储过程包含用户定义的 SQL 语句集合，可以使用 CALL 语句调用存储过程，当然在存储过程中也可以使用 CALL 语句调用其他存储过程，但是不能使用 DROP 语句删除其他存储过程。

11.8 跟我学上机

1. 编写一个输出 "Hello SQL Server 2012" 字符串的存储过程和函数。

2. 写一个包括输入参数、变量、变量赋值、SELECT 返回结果集的完整的一个存储过程。

3. 创建一个执行动态 SQL 的存储过程，该存储过程接收一个字符串变量，该变量中包含用户动态生成的查询语句。

4. 编写一个存储过程，@min_price 和@max_price 为 INT 类型输入参数，在存储过程中通过 SELECT 语句查询 fruits 表中，f_price 字段值位于指定区间的记录集。

第 12 章

触 发 器

本章将为读者介绍 SQL Server 中一种特殊的存储过程——触发器。触发器中可以执行复杂的数据库操作和完整性约束过程，最大的特点是其被调用执行 Transact-SQL 语句时是自动的。本章将向读者介绍触发器的概念、如何创建以及管理触发器。

本章要点(已掌握的在方框中打钩)
- [ ] 了解触发器的基本概念
- [ ] 掌握创建 DML 触发器的方法
- [ ] 掌握创建 DDL 触发器的方法
- [ ] 掌握管理触发器的方法

12.1 触发器概述

触发器是一种特殊类型的存储过程，与前面介绍过的存储过程不同。触发器主要是通过事件进行触发而被执行的，而存储过程可以通过存储过程名称而被直接调用。触发器是一个功能强大的工具，它使每个站点可以在有数据修改时自动强制执行其业务规则。触发器可以用于 SQL Server 约束、默认值和规则的完整性检查。

当向某一个表格中插入记录、修改记录或者删除记录时，SQL Server 就会自动执行触发器所定义的 SQL 语句，从而确保对数据的处理必须符合由这些 SQL 语句所定义的规则。在触发器中可以查询其他表格或者包括复杂的 SQL 语句。触发器和引起触发器执行的 SQL 语句被当作一次事务处理，如果这次事务未获得成功，SQL Server 会自动返回该事务执行前的状态。和 CHECK 约束相比较，触发器可以强制实现更加复杂的数据完整性，而且可以参考其他表的字段。

12.1.1 什么是触发器

触发器是一个在修改指定表值的数据时执行的存储过程，不同的是执行存储过程要使用 EXEC 语句来调用，而触发器的执行不需要使用 EXEC 语句来调用，通过创建触发器可以保证不同表中的逻辑相关数据的引用完整性或一致性。

它的主要优点如下。

(1) 触发器是自动的。当对表中的数据做了任何修改(比如手工输入或者应用程序采取的操作)之后立即被激活。

(2) 触发器可以通过数据库中的相关表进行层叠更改。

(3) 触发器可以强制限制。这些限制比用 CHECK 约束所定义的更复杂。与 CHECK 约束不同的是，触发器可以引用其他表中的列。

12.1.2 触发器的作用

触发器的主要作用就是其能够实现由主键和外键所不能保证的复杂的参照完整性和数据的一致性，它能够对数据库中的相关表进行级联修改，能提供比 CHECK 约束更复杂的数据完整性，并自定义错误信息。触发器的主要作用有以下几个方面。

(1) 强制数据库间的引用完整性。

(2) 级联修改数据库中所有相关的表，自动触发其他与之相关的操作。

(3) 跟踪变化，撤销或回滚违法操作，防止非法修改数据。

(4) 返回自定义的错误信息，约束无法返回信息，而触发器可以。

(5) 触发器可以调用更多的存储过程。

触发器与存储过程的区别如下。

触发器与存储过程的主要区别在于触发器的运行方式，存储过程需要用户、应用程序或者触发器来显式地调用并执行，而触发器是当特定事件(UPDATE、INSERT、UPDATE)出现时，自动执行。

12.1.3 触发器的分类

触发器可以有两种类型：数据操作语言触发器和数据定义语言触发器。

1. 数据操作语言(Data Manipulation Language，DML)触发器

DML 触发器是一些附加在特定表或视图上的操作代码，当数据库服务器中发生数据操作语言事件时执行这些操作。SQL Server 中 DML 触发器有三种：INSERT 触发器、UPDATE 触发器、DELETE 触发器。当遇到下面的情形时，考虑使用 DML 触发器。

通过数据库中的相关表实现级联更改。

防止恶意或者错误的 INSERT、UPDATE 和 DELETE 操作，并强制执行比 CHECK 约束定义的限制更为复杂的其他限制。

评估数据修改前后表的状态，并根据该差异采取措施。

SQL Server 2012 中，针对每个 DML 触发器定义了两个特殊的表：DELETED 表和 INSERTED 表，这两个逻辑表在内存中存放，由系统来创建和维护，用户不能对它们进行修改。触发器执行完成之后与该触发器相关的这两个表也会被删除。

DELETED 表存放由执行 DELETE 或者 UPDATE 语句而要从表中删除的所有行。在执行 DELETE 或 UPDATE 时，被删除的行从触发器的表中被移动到 DELETED 表，这两个表值会有公共的行。

INSERTED 表存放由执行 INSERT 或 UPDATE 语句而向表中插入的所有行，在执行 INSERT 或 UPDATE 事务中，新行同时添加到触发器的表和 INSERTED 表，INSERTED 表的内容是触发器的表中新行的副本，即 INSERTED 表中的行总是与作用表中的新行相同。

2. 数据定义语言(Data Definition Language，DDL)触发器

DLL 触发器是当服务器或者数据库中发生数据定义语言事件时被激活调用，使用 DDL 触发器可以防止对数据库架构进行的某些更改或记录数据库架构中的更改或事件。

12.2 创建 DML 触发器

DML 触发器是指当数据库服务器中发生数据库操作语言事件时要执行的操作，DML 事件包括对表或视图发出的 UPDATE、INSERT 或者 DELETE 语句。本节将介绍如何创建各种类型的 DML 触发器。

12.2.1 实例 1——INSERT 触发器

因为触发器是一种特殊类型的存储过程，所以创建触发器的语法格式与创建存储过程的语法格式相似，使用 Transact-SQL 语句创建触发器的基本语法格式如下：

```
CREATE TRIGGER trigger_name
ON {table | view}
[ WITH < ENCRYPTION >]
{
{
{FOR | AFTER | INSTEAD OF}{[DELETE][,][INSERT][,][UPDATE]}
AS
sql_statement[,…n]
}
}
```

各参数的说明如下。

trigger_name：用于指定触发器的名称。其名称在当前数据库中必须是唯一的。

table | view：用于指定在其上执行触发器的表或视图，有时称为触发器表或触发器视图。

WITH <ENCRYPTION>：用于加密 syscomments 表中包含 CREATE TRIGGER 语句文本的条目。使用此选项可以防止将触发器作为系统复制的一部分发布。

AFTER：用于指定触发器只有在触发 SQL 语句中指定的所有操作都已成功执行后才激发。所有的引用级联操作和约束检查也必须成功完成后，才能执行此触发器。如果仅指定 FOR 关键字，则 AFTER 是默认设置。注意该类型触发器仅能在表上创建，而不能在视图上定义该触发器。

INSTEAD OF：用于规定执行的是触发器而不是执行触发 SQL 语句，从而用触发器替代触发语句的操作。在表或视图上，每个 INSERT、UPDATE 或 DELETE 语句最多可以定义一个 INSTEAD OF 触发器。然而，可以在每个具有 INSTEAD OF 触发器的视图上定义视图。INSTEAD OF 触发器不能在 WITH CHECK OPTION 的可更新视图上定义。如果向指定的 WITH CHECK OPTION 选项的可更新视图添加 INSTEAD OF 触发器，系统将产生一个错误。用户必须用 ALTER VIEW 删除该选项后才能定义 INSTEAD OF 触发器。

{[DELETE][,][INSERT][,][UPDATE]}：用于指定在表或视图上执行哪些数据修改语句时将激活触发器的关键字。必须至少指定一个选项。在触发器定义中允许使用以任何的顺序组合这些关键字。如果指定的选项多于一个，需要用逗号分隔。

AS：触发器要执行的操作。

sql_statement：触发器的条件和操作。触发器条件指定其他准则，以确定 DELETE、INSERT 或 UPDATE 语句是否导致执行触发器操作。

当用户向表中插入新的记录行时，被标记为 FOR INSERT 的触发器的代码就会执行，如前所述，同时 SQL Server 会创建一个新行的副本，将副本插入到一个特殊表中。该表只在触发器的作用域内存在。下面来创建当用户执行 INSERT 操作时触发的触发器。

【例 12.1】在 stu_info 表上创建一个名称为 Insert_Student 的触发器，在用户向 stu_info 表中插入数据时触发，输入语句如下：

```
CREATE TRIGGER Insert_Student
ON stu_info
AFTER INSERT
AS
BEGIN
  IF OBJECT_ID(N'stu_Sum',N'U') IS NULL          --判断 stu_Sum 表是否存在
```

```
    CREATE TABLE stu_Sum(number INT DEFAULT 0); --创建存储学生人数的 stu_Sum 表
  DECLARE @stuNumber INT;
  SELECT @stuNumber = COUNT(*) FROM stu_info;
  IF NOT EXISTS (SELECT * FROM stu_Sum)              --判断表中是否有记录
    INSERT INTO stu_Sum VALUES(0);
  UPDATE stu_Sum SET number = @stuNumber;--把更新后总的学生人数插入到 stu_Sum 表中
END
GO
```

单击工具栏中的【执行】按钮，执行创建触发器操作。

语句执行过程分析如下。

```
IF OBJECT_ID(N'stu_Sum',N'U') IS NULL              --判断 stu_Sum 表是否存在
    CREATE TABLE stu_Sum(number INT DEFAULT 0); --创建存储学生人数的 stu_Sum 表
```

IF 语句判断是否存在名称为 "stu_Sum" 的表，如果不存在则创建该表。

```
DECLARE @stuNumber INT;
SELECT @stuNumber = COUNT(*) FROM stu_info;
```

这两行语句声明一个整数类型的变量@stuNumber，其中存储了 SELECT 语句查询 stu_info 表中所有学生的人数。

```
IF NOT EXISTS (SELECT * FROM stu_Sum)              --判断表中是否有记录
    INSERT INTO stu_Sum VALUES(0);
```

如果是第一次操作 stu_Sum 表，需要向该表中插入一条记录，否则下面的 UPDATE 语句将不能执行。

当创建完触发器之后，向 stu_info 表中插入记录，触发触发器的执行。执行下面的语句：

```
SELECT COUNT(*) stu_info表中总人数 FROM  stu_info;
INSERT INTO stu_info (s_id,s_name,s_score,s_sex) VALUES(20,'白雪',87,'女');
SELECT COUNT(*) stu_info表中总人数 FROM  stu_info;
SELECT number AS stu_Sum表中总人数 FROM stu_Sum;
```

执行结果如图 12-1 所示。

图 12-1　激活 Insert_Student 触发器

由触发器的触发过程可以看到，查询语句中的第 2 行执行了一条 INSERT 语句，向 stu_info 表中插入一条记录，结果显示插入前后 stu_info 表中总的记录数；第 4 行语句查看触发器执行之后 stu_Sum 表中的结果，可以看到，这里成功地将 stu_info 表中总的学生人数计算之后插入到 stu_Sum 表，实现了表的级联操作。

在某些情况下，根据数据库设计需要，可能会禁止用户对某些表的操作，可以在表上指定拒绝执行插入操作。例如前面创建的 stu_Sum 表，其中插入的数据是根据 stu_info 表中计算得到的，用户不能随便插入数据。

【例 12.2】创建触发器，当用户向 stu_Sum 表中插入数据时，禁止操作，输入语句如下：

```
CREATE TRIGGER Insert_forbidden
ON stu_Sum
AFTER INSERT
AS
BEGIN
  RAISERROR('不允许直接向该表插入记录，操作被禁止',1,1)
ROLLBACK TRANSACTION
END
```

输入下面的语句调用触发器：

```
INSERT INTO stu_Sum VALUES(5);
```

执行结果如图 12-2 所示。

图 12-2 调用 Insert_forbidden 触发器

12.2.2 实例 2——DELETE 触发器

用户执行 DELETE 操作时，就会激活 DELETE 触发器，从而控制用户能够从数据库中删除的数据记录。触发 DELETE 触发器之后，用户删除的记录行会被添加到 DELETED 表中，原来表中的相应记录被删除，所以可以在 DELETED 表中查看删除的记录。

【例 12.3】创建 DELETE 触发器，用户对 stu_info 表执行删除操作后触发，并返回删除的记录信息，输入语句如下：

```
CREATE TRIGGER Delete_Student
ON stu_info
```

```
AFTER DELETE
AS
BEGIN
  SELECT s_id AS 已删除学生编号,s_name,s_score,s_sex,s_age
FROM DELETED
END
GO
```

与创建 INSERT 触发器过程相同，这里 AFTER 后面指定 DELETE 关键字，表明这是一个用户执行 DELETE 删除操作触发的触发器。输入完成，单击工具栏中的【执行】按钮，创建该触发器。

创建完成，执行一条 DELETE 语句触发该触发器，输入语句如下：

```
DELETE FROM stu_info WHERE s_id=6;
```

执行结果如图 12-3 所示。

图 12-3   调用 Delete_Student 触发器

这里返回的结果记录是从 DELETED 表中的查询得到的。

12.2.3   实例 3——UPDATE 触发器

UPDATE 触发器是当用户在指定表上执行 UPDATE 语句时被调用。这种类型的触发器用来约束用户对现有数据的修改。

UPDATE 触发器可以执行两种操作：更新前的记录存储到 DELETED 表；更新后的记录存储到 INSERTED 表。

【例 12.4】创建 UPDATE 触发器，用户对 stu_info 表执行更新操作后触发，并返回更新的记录信息，输入语句如下：

```
CREATE TRIGGER Update_Student
ON stu_info
AFTER UPDATE
AS
BEGIN
DECLARE @stuCount INT;
```

```
SELECT @stuCount = COUNT(*) FROM stu_info;
UPDATE  stu_Sum SET number = @stuCount;

SELECT  s_id AS 更新前学生编号 ,s_name AS 更新前学生姓名 FROM DELETED
SELECT  s_id AS 更新后学生编号 ,s_name AS 更新后学生姓名  FROM INSERTED
END
GO
```

输入完成，单击工具栏中的【执行】按钮，创建该触发器。

创建完成，执行一条 UPDATE 语句触发该触发器，输入语句如下：

```
UPDATE stu_info SET s_name='张懿' WHERE s_id=1;
```

执行结果如图 12-4 所示。

图 12-4　调用 Update_Student 触发器

由执行过程可以看到，UPDATE 语句触发触发器之后，可以看到 DELETED 和 INSERTED 两个表中保存的数据分别为执行更新前后的数据。该触发器同时也更新了保存所有学生人数的 stu_Sum 表，该表中 number 字段的值也同时被更新。

12.2.4　实例 4——替代触发器

与前面介绍的 3 种 AFTER 触发器不同，SQL Server 服务器在执行触发 AFTER 触发器的 SQL 代码后，先建立临时的 INSERTED 和 DELETED 表，然后执行 SQL 代码中对数据的操作，最后才激活触发器中的代码。而对于替代(INSTEAD OF)触发器，SQL Server 服务器在执行触发 INSTEAD OF 触发器的代码时，先建立临时的 INSERTED 和 DELETED 表，然后直接触发 INSTEAD OF 触发器，而拒绝执行用户输入的 DML 操作语句。

基于多个基本表的视图必须使用 INSTEAD OF 触发器来对多个表中的数据进行插入、更新和删除操作。

【例 12.5】创建 INSTEAD OF 触发器，当用户插入 stu_info 表中的学生记录中的成绩大于 100 分时，拒绝插入，同时提示"插入成绩错误"的信息，输入语句如下：

```
CREATE TRIGGER InsteadOfInsert_Student
ON stu_info
INSTEAD OF INSERT
```

```
AS
BEGIN
DECLARE @stuScore INT;
SELECT @stuScore = (SELECT s_score FROM inserted)
If @stuScore > 100
    SELECT '插入成绩错误' AS 失败原因
END
GO
```

输入完成，单击工具栏中的【执行】按钮，创建该触发器。

创建完成，执行一条 INSERT 语句触发该触发器，输入语句如下：

```
INSERT INTO stu_info (s_id,s_name,s_score,s_sex)
VALUES(21,'周鸿',110,'男');
SELECT * FROM stu_info;
```

执行结果如图 12-5 所示。

图 12-5　调用 InsteadOfInsert_Student 触发器

由返回结果可以看到插入的记录的 s_score 字段值大于 100，将无法插入基本表，基本表中的记录没有新增记录。

12.2.5　实例 5——允许使用嵌套触发器

如果一个触发器在执行操作时调用了另外一个触发器，而这个触发器又接着调用了下一个触发器，那么就形成了嵌套触发器。嵌套触发器在安装时就被启用，但是可以使用系统存储过程 sp_configure 禁用和重新启用嵌套触发器。

触发器最多可以嵌套 32 层，如果嵌套的次数超过限制，那么该触发器将被终止，并回滚整个事务。使用嵌套触发器需要考虑以下注意事项。

(1) 默认情况下，嵌套触发器配置选项是开启的。

(2) 在同一个触发器事务中，一个嵌套触发器不能被触发两次。

(3) 由于触发器是一个事务，如通过在一系列嵌套触发器的任意层中发生错误，则整个事务都将取消，而且所有数据将回滚。

嵌套是用来保持整个数据库的完整性的重要功能，但有时可能需要禁用嵌套，如果禁用了嵌套，那么修改一个触发器的实现不会再触发该表上的任何触发器。在下述情况下，用户可能需要禁止使用嵌套。

(1) 嵌套触发要求复杂而有条理的设计，级联修改可能会修改用户不想涉及的数据。

(2) 在一系列嵌套触发器中的任意点的时间修改操作都会触发一些触发器，尽管这时数据库提供很强的保护，但如要以特定的顺序更新表，就会产生问题。

使用如下语句禁用嵌套：

```
EXEC sp_configure 'nested triggers',0
```

如要再次启用嵌套可以使用如下语句：

```
EXEC sp_configure 'nested triggers',1
```

如果不想对触发器进行嵌套，还可以通过【允许触发器激发其他触发器】的服务器配置选项来控制。但不管此设置是什么，都可以嵌套 INSTEAD OF 触发器。

设置触发器嵌套选项更改的具体操作步骤如下。

step 01 在【对象资源管理器】面板中，右击服务器名，并在弹出的快捷菜单中选择【属性】命令，如图 12-6 所示。

step 02 打开服务器属性对话框，在【选择页】列表中选择【高级】选项。设置【高级】选择页的【杂项】中的【允许触发器激发其他触发器】为 True 或 False，分别代表激发或不激发，设置完成后，单击【确定】按钮，如图 12-7 所示。

图 12-6　选择【属性】命令

图 12-7　设置触发器嵌套是否激发

12.2.6 实例6——递归触发器

触发器的递归是指一个触发器从其内部再一次激发该触发器，例如 UPDATE 操作激发的触发器内部还有一条对数据表的更新语句，那么这个更新语句就有可能再次激发这个触发器本身。当然，这种递归的触发器内部还会有判断语句，只有在一定情况下才会执行 Transact-SQL 语句。否则就成了无限调用的死循环了。

SQL Server 2012 中递归触发器包括两种：直接递归和间接递归。

(1) 直接递归：触发器被触发并执行一个操作，而该操作又使同一个触发器再次被触发。

(2) 间接递归：触发器被触发并执行一个操作，而该操作又使另一个表中的某个触发器被触发，第二个触发器使原始表得到更新，从而再次触发第一个触发器。

默认情况下，递归触发器选项是禁用的，但可以通过管理平台来设置启用递归触发器，操作步骤如下。

step 01 选择需要修改的数据库右击，在弹出的快捷菜单中选择【属性】命令，如图 12-8 所示。

step 02 打开数据库属性对话框，在【选择页】列表中选择【选项】选项，在选择页中的列表框中的【递归触发器已启用】后的下拉选择框中选择 True，单击【确定】按钮，完成修改，如图 12-9 所示。

图 12-8 选择【属性】命令

图 12-9 设置递归触发器已启用

 注意　递归触发器最多只能递归 16 层，如果递归中的第 16 个触发器激活了第 17 个触发器，则结果与发布 ROLLBACK 命令一样，所有数据将回滚。

12.3　创建 DDL 触发器

与 DML 触发器相同，DDL 触发器可以通过用户的操作而激活。由其名称数据定义语言触发器是当用户只需数据库对象创建修改和删除时触发。对于 DDL 触发器而言，其创建和管理过程与 DML 触发器类似。本节将介绍如何创建 DDL 触发器。

12.3.1　创建 DDL 触发器的语法

创建 DDL 触发器的语法格式如下：

```
CREATE TRIGGER trigger_name
ON {ALL SERVER | DATABASE}
[ WITH < ENCRYPTION >]
{
{FOR | AFTER | { event_type}}
AS  sql_statement
}
```

各参数说明如下。

DATABASE：表示将 DDL 触发器的作用域应用于当前数据库。

ALL SERVER：表示将 DDL 或登录触发器的作用域应用于当前服务器。

event_type：指定激发 DDL 触发器的 Transact-SQL 语言事件的名称。

12.3.2　实例 7——创建服务器作用域的 DDL 触发器

创建服务器作用域的 DDL 触发器，需要指定 ALL SERVER 参数。

【例 12.6】创建数据库作用域的 DDL 触发器，拒绝用户对数据库中表的删除和修改操作，输入语句如下：

```
USE company;
GO
CREATE TRIGGER DenyDelete_company
ON DATABASE
FOR DROP_TABLE,ALTER_TABLE
AS
BEGIN
PRINT '用户没有权限执行删除操作！'
ROLLBACK TRANSACTION
END
GO
```

上述语句中，ON 关键字后面的 DATABASE 指定触发器作用域；DROP_TABLE, ALTER_TABLE 指定 DDL 触发器的触发事件，即删除表和修改表，最后定义 BEGIN...END 语句块，输出提示信息。输入完成，单击工具栏中的【执行】按钮，创建该触发器。

创建完成，执行一条 DROP 语句触发该触发器，输入语句如下：

```
DROP TABLE company;
```

执行结果如图 12-10 所示。

图 12-10 激活数据库级别的 DDL 触发器

【例 12.7】创建服务器作用域的 DDL 触发器，拒绝用户对数据库中表的删除和修改操作，输入语句如下：

```
CREATE TRIGGER DenyCreate_AllServer
ON ALL SERVER
FOR CREATE_DATABASE,ALTER_DATABASE
AS
BEGIN
PRINT '用户没有权限创建或修改服务器上的数据库！'
ROLLBACK TRANSACTION
END
GO
```

输入完成，单击工具栏中的【执行】按钮，创建该触发器。

创建成功之后，依次展开【对象资源管理器】面板中的【服务器对象】➤【触发器】节点，可以看到创建的服务器作用域的触发器 DenyCreate_AllServer，如图 12-11 所示。

上述代码成功创建了一个将整个服务器作为作用域的触发器，当用户创建或修改数据库时触发触发器，禁止用户的操作，并显示提示信息。执行下面的语句来测试触发器的执行过程。

图 12-11 服务器【触发器】节点

```
CREATE DATABASE test_db;
```

执行结果如图 12-12 所示，可看到触发器已经激发。

图 12-12　激发服务器域的 DDL 触发器

12.4　管理触发器

介绍完触发器的创建和调用过程，下面来介绍如何管理触发器。管理触发器包含以下内容：查看、修改和删除触发器，启用和禁用触发器。本节将介绍这些内容。

12.4.1　实例 8——查看触发器

查看已经定义好的触发器可以有两种方法：使用【对象资源管理器】面板查看和使用系统存储过程查看。

1. 使用【对象资源管理器】面板查看触发器信息

step 01 首先登录到 SQL Server 2012 图形化管理平台，在【对象资源管理器】面板中展开需要查看的触发器所在的数据表节点。在存储过程列表中选择要查看的触发器，右击并在弹出的快捷菜单中选择【修改】命令，或者双击该触发器，如图 12-13 所示。

图 12-13　选择【修改】命令

step 02 在查询设计器中将显示该触发器的创建代码内容，如图 12-14 所示。

```
SQLQuery5.sql - WIN-VORN6APUOTD.company (WIN-VORN6APUOTD\Administrator (57))
USE [company]
GO
/****** Object:  StoredProcedure [sys].[xp_revokelogin]    Script Date: 2012
SET ANSI_NULLS ON
GO
SET QUOTED_IDENTIFIER ON
GO
ALTER procedure [sys].[xp_revokelogin]
    @loginame        sysname
AS
    set nocount on

    -- IF NAME NOT 'DOMAIN\USER', ADD DEFAULT DOMAIN --
    if (charindex('\', @loginame) = 0)
    begin
        select @loginame = default_domain() + '\' + @loginame
    end

    Declare @ret    int    -- return value of sp call
    execute @ret = sys.sp_revokelogin @loginame
    return (@ret)
```

图 12-14　查看触发器内容

2. 使用系统存储过程查看触发器

因为触发器是一种特殊的存储过程，所以也可以使用查看存储过程的方法来查看触发器的内容，例如使用 so_helptext、sp_help 以及 sp_depends 等系统存储过程来查看触发器的信息。

【例 12.8】使用 sp_helptext 查看 Insert_student 触发器的信息，输入语句如下：

```
sp_helptext Insert_student
```

执行结果如图 12-15 所示。

图 12-15　使用 sp_helptext 查看触发器定义信息

可以看到使用系统存储过程 sp_helptext 查看的触发器的定义信息与用户输入的代码是相同的。

12.4.2 实例9——修改触发器

当触发器不满足需求时，可以修改触发器的定义和属性，SQL Server 中可以通过两种方式修改：先删除原来的触发器，再重新创建与之名称相同的触发器；直接修改现有触发器的定义。修改触发器定义可以使用 ALTER TRIGGER 语句。ALTER TRIGGER 语句的基本语法格式如下：

```
ALTER TRIGGER trigger_name
ON {table | view}
[ WITH < ENCRYPTION >]
{
{
{FOR | AFTER | INSTEAD OF}{[DELETE][,][INSERT][,][UPDATE]}
AS  sql_statement[,…n]
}
}
```

除了关键字由 CREATE 换成 ALTER 之外，修改触发器的语句和创建触发器的语法格式完全相同。各参数的作用这里也不再赘述，读者可以参考 12.2.1 小节创建触发器内容。

【例 12.9】修改 Insert_student 触发器，将 INSERT 触发器修改为 DELETE 触发器，输入语句如下：

```
ALTER TRIGGER Insert_Student
ON stu_info
AFTER DELETE
AS
BEGIN
  IF OBJECT_ID(N'stu_Sum',N'U') IS NULL           --判断 stu_Sum 表是否存在
    CREATE TABLE stu_Sum(number INT DEFAULT 0);--创建存储学生人数的 stu_Sum 表
  DECLARE @stuNumber INT;
  SELECT @stuNumber = COUNT(*) FROM stu_info;
  IF NOT EXISTS (SELECT * FROM stu_Sum)
    INSERT INTO stu_Sum VALUES(0);
  UPDATE stu_Sum SET number = @stuNumber;--把更新后总的学生人数插入到 stu_Sum 表中
END
```

这里将 INSERT 关键字替换为 DELETE，其他内容不变，输入完成，单击工具栏中的【执行】按钮，执行对触发器的修改，这里读者也可以根据需要修改触发器中的操作语句内容。

读者也可以在使用图形化工具查看触发器信息时对触发器进行修改，具体查看方法参考12.3.1 小节。

12.4.3 实例10——删除触发器

当触发器不再使用时，可以将其删除，删除触发器不会影响其操作的数据表，而当某个

表被删除时，该表上的触发器也同时被删除。

删除触发器有两种方式：在【对象资源管理器】面板中删除；使用 DROP TRIGGER 语句删除。

1. 在【对象资源管理器】面板中删除

与前面介绍的删除数据库、数据表以及存储过程类似，在【对象资源管理器】面板中选择要删除的触发器，右击并在弹出的快捷菜单中选择【删除】命令或者按键盘上的 Delete 键进行删除，在弹出的【删除对象】对话框中单击【确定】按钮。

2. 使用 DROP TRIGGER 语句删除

DROP TRIGGER 语句可以删除一个或多个触发器，其语法格式如下：

```
DROP TRIGGER trigger_name [ ,…n ]
```

上述语句中 trigger_name 为要删除的触发器的名称。

【例 12.10】使用 DROP TRIGGER 语句删除 Insert_student 触发器，输入语句如下：

```
USE test;
GO
DROP TRIGGER Insert_student;
```

输入完成，单击工具栏中的【执行】按钮，删除该触发器。

【例 12.11】删除服务器作用域的触发器 DenyCreate_AllServer，输入语句如下：

```
DROP TRIGGER DenyCreate_AllServer ON ALL Server;
```

12.4.4 实例 11——启用和禁用触发器

触发器创建之后便启用了，如果暂时不需要使用某个触发器可以将其禁用。触发器被禁用后并没有删除，它仍然作为对象存储在当前数据库中。但是当用户执行触发操作 (INSERT、DELETE、UPDATE)时，触发器不会被调用。禁用触发器使用 ALTER TABLE 语句或者使用 DISABLE TRIGGER 语句。

1. 禁用触发器

【例 12.12】禁止使用 Update_Student 触发器，输入语句如下：

```
ALTER TABLE stu_info
DISABLE TRIGGER Update_Student
```

输入完成，单击工具栏中的【执行】按钮，禁止使用名称为 Update_Student 的触发器。
也可以使用下面的语句禁用 Update_Student 触发器。

```
DISABLE TRIGGER Update_Student ON stu_info
```

可以看到，这两种方法的思路是相同的，即指定要删除的触发器的名称和触发器所在的表。读者在删除时选择其中一种即可。

【例 12.13】禁止使用数据库作用域的触发器 DenyDelete_company，输入语句如下：

```
DISABLE  TRIGGER DenyDelete_company ON DATABASE;
```

ON 关键字后面指定触发器作用域。

2. 启用触发器

被禁用的触发器可以通过 ALTER TABLE 语句或 ENABLE TRIGGER 语句重新启用。

【例 12.14】启用 Update_Student 触发器，输入语句如下：

```
ALTER TABLE stu_info
ENABLE TRIGGER Update_Student
```

输入完成，单击工具栏中的【执行】按钮，启用名称为 Update_Student 的触发器。

也可以使用下面的语句启用 Update_Student 触发器。

```
ENABLE TRIGGER Update_Student ON stu_info
```

【例 12.15】启用数据库作用域的触发器 DenyDelete_company，输入语句如下：

```
ENABLE TRIGGER DenyDelete_company ON DATABASE;
```

12.5　高手甜点

甜点 1：使用触发器注意的问题是什么？

在使用触发器的时候需要注意，对相同的表相同的事件只能创建一个触发器，比如对表 account 创建了一个 AFTER INSERT 触发器，那么如果对表 account 再次创建一个 AFTER INSERT 触发器，SQL Server 将会报错，此时，只可以在表 account 上创建 AFTER INSERT 或者 INSTEAD OF UPDATE 类型的触发器。灵活地运用触发器将为操作省去很多麻烦。

甜点 2：不再使用的触发器如何处理？

触发器定义之后，每次执行触发事件，都会激发触发器并执行触发器中的语句。如果需求发生变化，而触发器没有进行相应的改变或者删除，则触发器仍然会执行旧的语句，从而影响到新的数据的完整性。因此，要将不再使用的触发器及时删除。

12.6　跟我学上机

1. 了解触发器的概念和分类。
2. 创建 INSERT 事件的触发器。
3. 创建 UPDATE 事件的触发器。
4. 创建 DELETE 事件触发器。
5. 查看触发器。
6. 删除触发器。

第 13 章

创建和使用索引

索引用于快速找出在某个列中有某一特定值的行。不使用索引，数据库必须从第 1 条记录开始读完整个表，直到找出相关的行。表越大，查询数据所花费的时间越多。如果表中查询的列有一个索引，数据库能快速到达一个位置去搜寻数据，而不必查看所有数据。本章将介绍与索引相关的内容，包括索引的含义和特点、索引的分类、索引的设计原则以及如何创建和删除索引。

本章要点(已掌握的在方框中打钩)

☐ 了解索引的含义和特点
☐ 熟悉索引的分类
☐ 掌握索引的设计原则
☐ 掌握创建索引的方法
☐ 掌握管理和维护索引的方法

13.1　索引的含义和特点

索引是一个单独的、存储在磁盘上的数据库结构，其包含对数据表里所有记录的引用指针。使用索引用于快速找出在某个或多个列中有某一特定值的行，对相关列使用索引是提高查询操作时间的最佳途径。索引包含由表或视图中的一列或多列生成的键。

例如，数据库中现在有 2 万条记录，现在要执行这样一个查询：SELECT * FROM table where num=10000。如果没有索引，必须遍历整个表，直到 num 等于 10000 的这一行被找到为止；如果在 num 列上创建索引，SQL Server 不需要任何扫描，直接在索引里面查找 10000，就可以得知这一行的位置。可见，索引的建立可以加快数据库的查询速度。

索引的优点主要有以下几条。

(1) 通过创建唯一索引，可以保证数据库表中每一行数据的唯一性。

(2) 可以大大加快数据的查询速度，这也是创建索引的最主要的原因。

(3) 可实现数据的参考完整性，加速表和表之间的连接。

(4) 在使用分组和排序子句进行数据查询时，也可以显著减少查询中分组和排序的时间。

增加索引也有许多不利的方面，主要表现在以下几个方面。

(1) 创建索引和维护索引要耗费时间，并且随着数据量的增加所耗费的时间也会增加。

(2) 索引需要占磁盘空间，除了数据表占数据空间之外，每一个索引还要占一定的物理空间，如果有大量的索引，索引文件可能比数据文件更快达到最大文件尺寸。

(3) 当对表中的数据进行增加、删除和修改时，索引也要动态地维护，这样就降低了数据的维护速度。

13.2　索引的分类

不同数据库中提供了不同的索引类型，SQL Server 中的索引有两种：聚集索引和非聚集索引。聚集索引和非聚集索引的区别是在物理数据的存储方式上。

聚集索引基于数据行的键值在表内排序和存储这些数据行。每个表只能有一个聚集索引，因为数据行本身只能按一个顺序存储。

创建聚集索引时应该考虑以下几个因素。

(1) 每个表只能有一个聚集索引。

(2) 表中的物理顺序和索引中行的物理顺序是相同的，创建任何非聚集索引之前要首先创建聚集索引，这是因为非聚集索引改变了表中行的物理顺序。

(3) 关键值的唯一性使用 UNIQUE 关键字或者由内部的唯一标识符明确维护。

(4) 在索引的创建过程中，SQL Server 临时使用当前数据库的磁盘空间，所以要保证有足够的空间创建聚集索引。

非聚集索引具有完全独立于数据行的结构，使用非聚集索引不用将物理数据页中的数据按列排序。非聚集索引包含索引键值和指向表数据存储位置的行定位器。

可以对表或索引视图创建多个非聚集索引。通常，设计非聚集索引是为改善经常使用的、没有建立聚集索引的查询的性能。

查询优化器在搜索数据值时，先搜索非聚集索引以找到数据值在表中的位置，然后直接从该位置检索数据。这使非聚集索引成为完全匹配查询的最佳选择，因为索引包含说明查询所搜索的数据值在表中的精确位置的项。

具有以下特点的查询可以考虑使用非聚集索引。

(1) 使用 JOIN 或 GROUP BY 子句。应为连接和分组操作中所涉及的列创建多个非聚集索引，为任何外键列创建一个聚集索引。

(2) 包含大量唯一值的字段。

(3) 不返回大型结果集的查询。创建筛选索引以覆盖从大型表中返回定义完善的行子集的查询。

(4) 包含经常包含在查询的搜索条件(例如返回完全匹配的 WHERE 子句)中的列。

除了聚集索引和非聚集索引之外，SQL Server 2012 中还提供了其他的索引类型。

(1) 唯一索引：唯一索引确保索引键不包含重复的值，因此，表或视图中的每一行在某种程度上是唯一的。聚集索引和非聚集索引都可以是唯一索引。这种唯一性与前面讲过的主键约束是相关联的，在某种程度上，主键约束等于唯一性的聚集索引。

(2) 包含列索引：一种非聚集索引，它扩展后不仅包含键列，还包含非键列。

(3) 索引视图：在视图上添加索引后能提高视图的查询效率。视图的索引将具体化视图，并将结果集永久存储在唯一的聚集索引中，而且其存储方法与带聚集索引的表的存储方法相同。创建聚集索引后，可以为视图添加非聚集索引。

(4) 全文索引：一种特殊类型的基于标记的功能性索引，由 Microsoft SQL Server 全文引擎生成和维护。用于帮助在字符串数据中搜索复杂的词。这种索引的结构与数据库引擎使用的聚集索引或非聚集索引的 B 树结构是不同的。

(5) 空间索引：空间索引是一种针对 geometry 数据类型的列上建立的索引，这样可以更高效地对列中的空间对象执行某些操作。空间索引可减少需要应用开销相对较大的空间操作的对象数。

(6) 筛选索引：一种经过优化的非聚集索引，尤其适用于涵盖从定义完善的数据子集中选择数据的查询。筛选索引使用筛选谓词对表中的部分行进行索引。与全表索引相比，设计良好的筛选索引可以提高查询性能、减少索引维护开销并可降低索引存储开销。

(7) XML 索引：XML 索引是与 XML 数据关联的索引形式，是 XML 二进制大对象(BLOB)的已拆分持久表示形式，XML 索引又可以分为主索引和辅助索引。

13.3 索引的设计原则

索引设计不合理或者缺少索引都会对数据库和应用程序的性能造成障碍。高效的索引对于获得良好的性能非常重要。设计索引时，应该考虑以下准则。

(1) 索引并非越多越好，一个表中如有大量的索引，不仅占用磁盘空间将增大，而且会影响 INSERT、DELETE、UPDATE 等语句的性能，因为当表中的数据更改的同时，索引也会进行调整和更新。

(2) 避免对经常更新的表进行过多的索引，并且索引中的列尽可能少。而对经常用于查询的字段应该创建索引，但要避免添加不必要的字段。

(3) 数据量小的表最好不要使用索引，由于数据较少，查询花费的时间可能比遍历索引的时间还要短，索引可能不会产生优化效果。

(4) 在条件表达式中经常用到的不同值较多的列上建立索引，在不同值少的列上不要建立索引。比如在学生表的"性别"字段上只有"男"与"女"两个不同值，因此就没有必要建立索引。如果建立索引不但不会提高查询效率，反而会严重降低更新速度。

(5) 当唯一性是某种数据本身的特征时，指定唯一索引。使用唯一索引能够确保定义的列的数据完整性，提高查询速度。

(6) 在频繁进行排序或分组(即进行 GROUP BY 或 ORDER BY 操作)的列上建立索引，如果待排序的列有多个，可以在这些列上建立组合索引。

13.4 创 建 索 引

在了解了 SQL Server 2012 中不同索引类型之后，下面开始介绍如何创建索引。SQL Server 2012 中提供两种创建索引的方法，在 SQL Server 管理平台中的【对象资源管理器】面板中通过图形化工具创建或者使用 Transact-SQL 语句创建。本节将介绍这两种创建方法的操作过程。

13.4.1 实例 1——使用【对象资源管理器】面板创建索引

使用【对象资源管理器】面板创建索引的具体操作步骤如下。

step 01 连接到数据库实例之后，在【对象资源管理器】面板中，展开【数据库】节点中要创建索引的数据表节点，例如这里选择 fruits 表，展开该节点下面的子节点，右击【索引】节点，在弹出的快捷菜单中选择【新建索引】➤【非聚焦索引】命令，如图 13-1 所示。

图 13-1　选择【非聚集索引】命令

step 02 打开【新建索引】对话框，在【常规】选择页中，可以配置索引的名称和是否是唯一索引等，如图 13-2 所示。

图 13-2　【新建索引】对话框

step 03 单击【添加】按钮，打开选择添加索引的列窗口，从中选择要添加索引的表中的列，这里选择在数据类型为 varchar 的 f_name 列上添加索引，如图 13-3 所示。

图 13-3　选择索引列

step 04 选择完之后，单击【确定】按钮，返回【新建索引】对话框，如图 13-4 所示。单击该对话框中的【确定】按钮，返回【对象资源管理器】面板。

step 05 返回【对象资源管理器】面板之后，读者可以在【索引】节点下面看到名称为 "NonClusteredIndex" 的新索引，说明该索引创建成功，如图 13-5 所示。

图 13-4 【新建索引】对话框

图 13-5 创建非聚集索引成功

13.4.2 实例 2——使用 Transact-SQL 语句创建索引

CREATE INDEX 命令既可以创建一个可改变表的物理顺序的聚集索引，也可以创建提高查询性能的非聚集索引，语法如下：

```
CREATE [UNIQUE] [CLUSTERED | NONCLUSTERED]
INDEX index_name ON {table | view}(column[ASC | DESC][,…n])
[ INCLUDE ( column_name [ ,…n ] ) ]
[with
(
  PAD_INDEX = { ON | OFF }
  | FILLFACTOR = fillfactor
  | SORT_IN_TEMPDB = { ON | OFF }
  | IGNORE_DUP_KEY = { ON | OFF }
```

```
| STATISTICS_NORECOMPUTE = { ON | OFF }
| DROP_EXISTING = { ON | OFF }
| ONLINE = { ON | OFF }
| ALLOW_ROW_LOCKS = { ON | OFF }
| ALLOW_PAGE_LOCKS = { ON | OFF }
| MAXDOP = max_degree_of_parallelism
) [....n]
```

各参数说明如下。

UNIQUE：表示在表或视图上创建唯一索引。唯一索引不允许两行具有相同的索引键值。视图的聚集索引必须唯一。

CLUSTERED：表示创建聚集索引。在创建任何非聚集索引之前创建聚集索引。创建聚集索引时会重新生成表中现有的非聚集索引。如果没有指定 CLUSTERED，则创建非聚集索引。

NONCLUSTERED：表示创建一个非聚集索引，非聚集索引数据行的物理排序独立于索引排序。每个表都最多可包含 999 个非聚集索引。NONCLUSTERED 是 CREATE INDEX 语句的默认值。

index_name：指定索引的名称。索引名称在表或视图中必须唯一，但在数据库中不必唯一。

ON {table| view}：指定此索引所属的表或视图。

column：指定索引所基于的一列或多列。指定两个或多个列名，可为指定列的组合值创建组合索引。{table| view}后的括号中，按排序优先级列出组合索引中要包括的列。一个组合索引键中最多可组合 16 列。组合索引键中的所有列必须在同一个表或视图中。

[ASC | DESC]：指定特定索引列的升序或降序排序方向。默认值为 ASC。

INCLUDE (column_name[,...n])：指定要添加到非聚集索引的叶级别的非键列。

PAD_INDEX：表示指定索引填充。默认值为 OFF。ON 值表示 fillfactor 指定的可用空间百分比应用于索引的中间级页。

FILLFACTOR = fillfactor：指定一个百分比，表示在索引创建或重新生成过程中数据库引擎应使每个索引页的叶级别达到的填充程度。fillfactor 必须为介于 1 至 100 之间的整数值。默认值为 0。SORT_IN_TEMPDB 指定是否在 tempdb 中存储临时排序结果。默认值为 OFF。ON 值表示在 tempdb 中存储用于生成索引的中间排序结果。OFF 表示中间排序结果与索引存储在同一数据库中。

IGNORE_DUP_KEY：指定对唯一聚集索引或唯一非聚集索引执行多行插入操作时出现重复键值的错误响应。默认值为 OFF。ON 表示发出一条警告信息，但只有违反了唯一索引的行才会失败。OFF 表示发出错误消息，并回滚整个 INSERT 事务。

STATISTICS_NORECOMPUTE：指定是否重新计算分发统计信息。默认值为 OFF。ON 表示不会自动重新计算过时的统计信息。OFF 表示启用统计信息自动更新功能。

DROP_EXISTING：指定应删除并重新生成已命名的先前存在的聚集或非聚集索引。默认值为 OFF。ON 表示删除并重新生成现有索引。指定的索引名称必须与当前的现有索引相同，但可以修改索引定义。例如，可以指定不同的列、排序顺序、分区方案或索引选项。OFF 表示如果指定的索引名已存在，则会显示一条错误。

ONLINE = { ON | OFF }：指定在索引操作期间基础表和关联的索引是否可用于查询和数据修改操作。默认值为 OFF。

ALLOW_ROW_LOCKS：指定是否允许行锁。默认值为 ON。ON 表示在访问索引时允许行锁。数据库引擎确定何时使用行锁。OFF 表示未使用行锁。

ALLOW_PAGE_LOCKS：指定是否允许页锁。默认值为 ON。ON 表示在访问索引时允许页锁。数据库引擎确定何时使用页锁。OFF 表示未使用页锁。

MAXDOP：指定在索引操作期间覆盖"最大并行度"配置选项。使用 MAXDOP 可以限制在执行并行计划的过程中使用的处理器数量。最大数量为 64 个处理器。

【例 13.1】在 authors 表中 auth_phone 列上创建一个名称为 Idx_phone 的唯一聚集索引，降序排列，填充因子为 30%，输入语句如下：

```
CREATE UNIQUE CLUSTERED INDEX Idx_phone
ON authors(auth_phone DESC)
WITH
FILLFACTOR=30;
```

【例 13.2】在 authors 表中 auth_name 和 auth_gender 列上创建一个名称为 Idx_nameAndgender 的唯一非聚集组合索引，升序排列，填充因子为 10%，输入语句如下：

```
CREATE UNIQUE NONCLUSTERED INDEX Idx_nameAndgender
ON authors(auth_name, auth_gender)
WITH
FILLFACTOR=10;
```

索引创建成功之后，可以在 authors 表节点下的【索引】节点中双击查看各个索引的属性信息，如图 13-6 所示，显示了创建的名称为 Idx_nameAndgender 的组合索引的属性。

图 13-6　Idx_nameAndgender 的组合索引的属性信息

13.5 管理和维护索引

索引创建之后可以根据需要对数据库中的索引进行管理，例如在数据表中进行增加、删除或者更新操作，但这些操作会使索引页出现碎块，为了提高系统的性能，必须对索引进行维护管理，本节介绍显示索引信息、索引的性能分析和维护以及删除索引等内容。

13.5.1 实例3——显示索引信息

1. 在【对象资源管理器】面板中查看索引信息

查看索引信息，可以在【对象资源管理器】面板中，打开指定数据库节点，选中相应表中的索引，右击要查看的【索引】节点，在弹出的快捷菜单中选择【属性】命令，打开索引属性对话框，如图 13-7 所示，这里选择查看刚才创建的名称为 Idx_phone 的索引，在该对话框中可以查看建立索引的相关信息，也可以修改索引的信息。

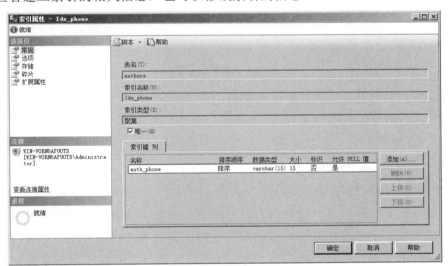

图 13-7　索引属性对话框

2. 用系统存储过程查看索引信息

系统存储过程 sp_helpindex 可以返回某个表或视图中的索引信息，语法格式如下：

```
sp_helpindex [ @objname = ] 'name'
```

[@objname =]'name'为用户定义的表或视图的限定或非限定名称。仅当指定限定的表或视图名称时，才需要使用引号。如果提供了完全限定名称，包括数据库名称，则该数据库名称必须是当前数据库的名称。

【例 13.3】使用存储过程查看 Test 数据库中 authors 表中定义的索引信息，输入语句如下：

```
USE test;
GO
exec sp_helpindex 'authors'
```

执行结果如图 13-8 所示。

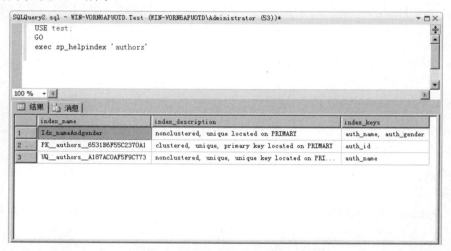

图 13-8　查看索引信息

由执行结果可以看到，这里显示了 authors 表中当前的索引信息。

(1) index_name 指定索引名称，这里创建了 3 个不同名称的索引。

(2) index_description 包含索引的描述信息，例如唯一性索引、聚集索引等。

(3) index_keys 包含了索引所在的表中的列。

3．查看索引的统计信息

索引信息还包括统计信息，这些信息可以用来分析索引性能，更好地维护索引。索引统计信息是查询优化器用来分析和评估查询、制定最优查询方式的基础数据，用户可以使用图形化工具来查看索引信息，也可以使用 DBCC SHOW_STATISTICS 命令来查看指定索引的信息。

打开 SQL Server 管理平台，在【对象资源管理器】面板中，展开 authors 表中的【统计信息】节点，右击要查看统计信息的索引(例如 Idx_phone)，在弹出的快捷菜单中选择【属性】命令，打开统计信息属性对话框，选择【选择页】列表中的【详细信息】选项，可以在右侧的选择页中看到当前索引的统计信息，如图 13-9 所示。

除了使用图形化工具查看外，用户还可以使用 DBCC SHOW_STATISTICS 命令来返回指定表或视图中特定对象的统计信息，这些对象可以是索引、列等。

图 13-9　Idx_phone 的索引统计信息

【例 13.4】使用 DBCC SHOW_STATISTICS 命令来查看 authors 表中 Idx_phone 索引的统计信息，输入语句如下：

```
DBCC SHOW_STATISTICS ('test.dbo.authors', Idx_phone)
```

执行结果如图 13-10 所示。

图 13-10　查看索引统计信息

返回的统计信息包含 3 个部分：统计标题信息、统计密度信息和统计直方信息。统计标题信息主要包括表中的行数、统计抽样行数、索引列的平均长度等。统计密度信息主要包括索引列前缀集选择性、平均长度等信息。统计直方图信息即为显示直方图时的信息。

13.5.2 实例4——重命名索引

1. 在【对象资源管理器】面板中重命名索引

在【对象资源管理器】面板中选择要重新命名的索引，选中之后右击索引名称，在弹出的快捷菜单中选择【重命名】命令，将出现一个文本框，或者在选中索引之后，再次右击索引进行重命名，在文本框中输入新的索引名称，输入完成之后按 Enter 键确认或者在【对象资源管理器】面板中的空白处单击即可。

2. 使用系统存储过程重命名索引

系统存储过程 sp_rename 可以用于更改索引的名称，其语法格式如下：

```
sp_rename 'object_name','new_name', 'object_type'
```

各参数说明如下。

'object_name'：用户对象或数据类型的当前限定或非限定名称。此对象可以是表、索引、列、别名数据类型或用户定义类型。

'new_name'：指定对象的新名称。

'object_type'：指定修改的对象类型。

表 13-1 列出了 sp_rename 可重命名的对象。

表 13-1　sp_rename 函数可重命名的对象

值	说　明
COLUMN	要重命名的列
DATABASE	用户定义数据库。重命名数据库时需要此对象类型
INDEX	用户定义索引
OBJECT	可用于重命名约束(CHECK、FOREIGN KEY、PRIMARY/UNIQUE KEY)、用户表和规则等对象
USERDATATYPE	通过执行 CREATE TYPE 或 sp_addtype 添加别名数据类型或 CLR 用户定义类型

【例 13.5】将 authors 表中的索引名称 idx_nameAndgender 更改为 multi_index，输入语句如下：

```
USE test;
GO
exec sp_rename 'authors.idx_nameAndgender', 'multi_index','index'
```

语句执行之后，读者可以刷新【索引】节点下的索引列表，可看到修改名称后的效果，如图 13-11 所示。

图 13-11　修改索引的名称效果

13.5.3　实例 5——删除索引

当不再需要某个索引时，可以将其删除，DROP INDEX 命令可以删除一个或者多个当前数据库中的索引，语法格式如下：

```
DROP INDEX ' [table | view ].index' [,…n]
```

或者

```
DROP INDEX 'index' ON '[ table | view ]'
```

上述语句中[table | view]用于指定索引列所在的表或视图；index 用于指定要删除的索引名称。

 注意　DROP INDEX 命令不能删除由 CREATE TABLE 或者 ALTER TABLE 命令创建的主键(PRIMARY KEY)或者唯一性(UNIQUE)约束索引，也不能删除系统表中的索引。

【例 13.6】删除表 authors 中的索引 multi_index，输入语句如下：

```
USE test;
GO
exec sp_helpindex 'authors'
DROP INDEX authors. multi_index
exec sp_helpindex 'authors'
```

执行结果如图 13-12 所示。

对比删除前后 authors 表中的索引信息，可以看到删除之后表中只剩下了一个索引。名称为 multi_index 的索引删除成功。

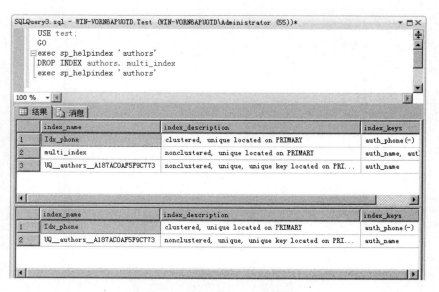

图 13-12　删除 authors 表中的索引

13.6　高手甜点

甜点 1：索引对数据库性能如此重要，应该如何使用它？

为数据库选择正确的索引是一项复杂任务。如果索引列较少，则需要的磁盘空间和维护开销都较少。如果在一个大表上创建了多种组合索引，索引文件的体积会膨胀很快。而另一方面，索引较多则将覆盖更多的查询。可能需要试验若干不同的设计，才能找到最有效的索引。可以添加、修改和删除索引而不影响数据库架构或应用程序设计。因此，应尝试多个不同的索引从而建立最优的索引。

甜点 2：为什么要使用短索引？

对字符串类型的字段进行索引，如果可能应该指定一个前缀长度。例如，有一个 CHAR(255)的列，如果在前 10 个或 30 个字符内，多数值是唯一的，则不需要对整个列进行索引。短索引不仅可以提高查询速度而且可以节省磁盘空间和 I/O 操作。

13.7　跟我学上机

创建 index_test 数据库，在 index_test 数据库中创建数据表 writers，writers 表结构如表 13-2 所示，按要求进行操作。

表 13-2 writers 表结构

字 段 名	数据类型	主 键	外 键	非 空	唯 一
w_id	INT	是	否	是	是
w_name	VARCHAR(255)	否	否	是	否
w_address	VARCHAR(255)	否	否	否	否
w_age	CHAR(2)	否	否	是	否
w_note	VARCHAR(255)	否	否	否	否

1. 在数据库 Test 中创建表 writers，创建表的同时在 w_id 字段上添加名称为 UniqIdx 的唯一索引。

2. 通过图形化的对象资源管理器，在 w_name 和 w_address 字段上建立名称为 NAIdx 的非聚集组合索引。

3. 将 NAIdx 索引重新命名为 IdxonNameAndAddress。

4. 查看 idxonNameAndAddress 索引的统计信息。

5. 删除名称为 idxonNameAndAddress 的索引。

第 14 章

游　标

查询语句可能返回多条记录，如果数据量非常大，需要使用游标来逐条读取查询结果集中的记录。应用程序可以根据需要滚动或浏览其中的数据。本章将介绍游标的概念、游标的分类、游标的基本操作等内容。

本章要点(已掌握的在方框中打钩)

☐ 了解游标的基本概念
☐ 掌握游标的基本操作方法
☐ 掌握运用游标的方法
☐ 掌握修改表约束的方法
☐ 掌握使用系统存储过程管理游标的方法

14.1 认 识 游 标

游标是 SQL Server 2012 的一种数据访问机制，它允许用户访问单独的数据行，用户可以对每一行进行单独处理，从而降低系统开销和潜在的阻隔情况，用户也可以使用这些数据生成 SQL 代码并立即执行或输出。

14.1.1 游标的概念

游标是一种处理数据的方法，主要用于存储过程、触发器和 Transact-SQL 脚本中，它们使结果集的内容可用于其他 Transact-SQL 语句。在查看或处理结果集中的数据时，游标可以提供在结果集中向前或向后浏览数据的功能。类似于 C 语言中的指针，它可以指向结果集中的任意位置。当要对结果集进行逐行单独处理时，必须声明一个指向该结果集的游标变量。

SQL Server 中的数据操作结果都是面向集合的，并没有一种描述表中单一记录的表达形式，除非使用 WHERE 子句限定查询结果，使用游标可以提供这种功能，并且游标的使用使操作过程更加灵活、高效。

14.1.2 游标的优点

SELECT 语句返回的是一个结果集，但有时应用程序并不总是能对整个结果集进行有效的处理，游标便提供了这样一种机制，它能从包括多条数据记录的结果集中每次提取一条记录，游标总是与一条 SQL 选择语句相关联，由结果集和指向特定记录的游标位置组成。使用游标具有以下优点。

(1) 允许程序对由 SELECT 查询语句返回的行集中的每一行执行相同或不同的操作，而不是对整个集合执行同一个操作。

(2) 提供对基于游标位置的表中的行进行删除和更新的能力。

(3) 游标作为数据库管理系统和应用程序设计之间的桥梁，将两种处理方式连接起来。

14.1.3 游标的分类

1. 支持游标的类型

Microsoft SQL Server 支持以下三种游标实现。

1) Transact-SQL 游标

基于 DECLARE CURSOR 语法，主要用于 Transact-SQL 脚本、存储过程和触发器。Transact-SQL 游标在服务器上实现并由从客户端发送到服务器的 Transact-SQL 语句管理。它们还可能包含在批处理、存储过程或触发器中。

2) 应用程序编程接口(API)服务器游标

支持 OLE DB 和 ODBC 中的 API 游标函数。API 服务器游标在服务器上实现。每次客户端应用程序调用 API 游标函数时，SQL Server Native Client OLE DB 访问接口或 ODBC 驱动程序会把请求传输到服务器，以便对 API 服务器游标进行操作。

3) 客户端游标

由 SQL Server Native Client ODBC 驱动程序和实现 ADO API 的 DL 在内部实现。客户端游标通过在客户端高速缓存所有结果集中的行来实现。每次客户端应用程序调用 API 游标函数时，SQL Server Native Client ODBC 驱动程序或 ADO DLL 会对客户端上高速缓存的结果集中的行执行游标操作。

由于 Transact-SQL 游标和 API 服务器游标都在服务器上实现，所以它们统称为服务器游标。

2. 游标类型

ODBC 和 ADO 定义了 Microsoft SQL Server 支持的四种游标类型。这样就可以为 Transact-SQL 游标指定四种游标类型。

SQL Server 支持的四种 API 服务器游标类型有只进游标、静态游标、由键集驱动的游标和动态游标。

1) 只进游标

只进游标不支持滚动，它只支持游标从头到尾顺序提取。行只在从数据库中提取出来后才能检索。对所有由当前用户发出或由其他用户提交、并影响结果集中的行的 INSERT、UPDATE 和 DELETE 语句，其效果在这些行从游标中提取时是可见的。

由于游标无法向后滚动，在提取行后对数据库中的行进行的大多数更改通过游标均不可见。当值用于确定所修改的结果集(例如更新聚集索引涵盖的列)中行的位置时，修改后的值通过游标可见。

2) 静态游标

SQL Server 静态游标始终是只读的。其完整结果集在打开游标时建立在 tempdb 中。静态游标总是按照打开游标时的原样显示结果集。

游标不反映在数据库中所做的任何影响结果集成员身份的更改，也不反映对组成结果集的行的列值所做的更改。静态游标不会显示打开游标以后在数据库中新插入的行，即使这些行符合游标 SELECT 语句的搜索条件。如果组成结果集的行被其他用户更新，则新的数据值不会显示在静态游标中。静态游标会显示打开游标以后从数据库中删除的行。静态游标中不反映 UPDATE、INSERT 或者 DELETE 操作(除非关闭游标然后重新打开)，甚至不反映使用打开游标的同一连接所做的修改。

3) 由键集驱动的游标

该游标中各行的成员身份和顺序是固定的。由键集驱动的游标由一组唯一标识符(键)控制，这组键称为键集。键是根据以唯一方式标识结果集中各行的一组列生成的。键集是打开游标时来自符合 SELECT 语句要求的所有行中的一组键值。由键集驱动的游标对应的键集是打开该游标时在 tempdb 中生成的。

4) 动态游标

动态游标与静态游标相对。当滚动游标时，动态游标反映结果集中所做的所有更改。结果集中的行数据值、顺序和成员在每次提取时都会改变。所有用户做的全部 UPDATE、INSERT 和 DELETE 语句均通过游标可见。如果使用 API 函数(如 SQLSetPos)或 Transact-SQL WHERE CURRENT OF 子句通过游标进行更新，它们将立即可见。在游标外部所做的更新直到提交时才可见，除非将游标的事务隔离级别设为"未提交读"。

14.2　游标的基本操作

介绍完游标的概念和分类等内容之后，下面将向各位读者介绍如何操作游标，对于游标的操作主要有以下内容：声明游标、打开游标、读取游标中的数据、关闭游标和释放游标。下面依次来介绍这些内容。

14.2.1　实例1——声明游标

游标主要包括游标结果集和游标位置两部分。游标结果集是由定义游标的 SELECT 语句返回的行集合；游标位置则是指向这个结果集中的某一行的指针。

使用游标之前，要声明游标，SQL Server 中声明使用 DECLARE CURSOR 语句，声明游标包括定义游标的滚动行为和用户生成游标所操作的结果集的查询，其语法格式如下：

```
DECLARE cursor_name CURSOR [ LOCAL | GLOBAL ]
    [ FORWARD_ONLY | SCROLL ]
    [ STATIC | KEYSET | DYNAMIC | FAST_FORWARD ]
    [ READ_ONLY | SCROLL_LOCKS | OPTIMISTIC ]
    [ TYPE_WARNING ]
    FOR select_statement
    [ FOR UPDATE [ OF column_name [ ,…n ] ] ]
```

各参数说明如下。

cursor_name：所定义的 Transact-SQL 服务器游标的名称。

LOCAL：指定对于在其中创建的批处理、存储过程或触发器来说，该游标的作用域是局部的。

GLOBAL：指定该游标的作用域对连接是全局性的。

FORWARD_ONLY：指定游标只能从第一行滚动到最后一行。FETCH NEXT 是唯一支持的提取选项。如果在指定 FORWARD_ONLY 时不指定 STATIC、KEYSET 和 DYNAMIC 关键字，则游标作为 DYNAMIC 游标进行操作。如果 FORWARD_ONLY 和 SCROLL 均未指定，则除非指定 STATIC、KEYSET 或 DYNAMIC 关键字，否则默认为 FORWARD_ONLY。STATIC、KEYSET 和 DYNAMIC 游标默认为 SCROLL。与 ODBC 和 ADO 这类数据库 API 不同，STATIC、KEYSET 和 DYNAMIC Transact-SQL 游标支持 FORWARD_ONLY。

STATIC：定义一个游标，以创建将由该游标使用的数据的临时复本。对游标的所有请求都从 tempdb 中的这一临时表中得到应答；因此，在对该游标进行提取操作时返回的数据中不反映对基表所做的修改，并且该游标不允许修改。

KEYSET：指定当游标打开时，游标中行的成员身份和顺序已经固定。对行进行唯一标识的键集内置在 tempdb 内一个称为 keyset 的表中。

对基表中的非键值所做的更改(由游标所有者更改或由其他用户提交)可以在用户滚动游标时看到。其他用户执行的插入是不可见的(不能通过 Transact-SQL 服务器游标执行插入)。如果删除行，则在尝试提取行时返回值为-2 的@@FETCH_STATUS。从游标以外更新键值类似于删除旧行然后再插入新行。具有新值的行是不可见的，并在尝试提取具有旧值的行时，将返回值为-2 的@@FETCH_STATUS。如果通过指定 WHERE CURRENT OF 子句利用游标来完成更新，则新值是可见的。

DYNAMIC：定义一个游标，以反映在滚动游标时对结果集内的各行所做的所有数据更改。行的数据值、顺序和成员身份在每次提取时都会更改。动态游标不支持 ABSOLUTE 提取选项。

FAST_FORWARD：指定启用了性能优化的 FORWARD_ONLY、READ_ONLY 游标。如果指定了 SCROLL 或 FOR_UPDATE，则不能再指定 FAST_FORWARD。

SCROLL_LOCKS：指定通过游标进行的定位更新或删除一定会成功。将行读入游标时 SQL Server 将锁定这些行，以确保随后可对它们进行修改。如果还指定了 FAST_FORWARD 或 STATIC，则不能指定 SCROLL_LOCKS。

OPTIMISTIC：指定如果行自读入游标以来已得到更新，则通过游标进行的定位更新或定位删除不成功。当将行读入游标时，SQL Server 不锁定行。它改用 timestamp 列值的比较结果来确定行读入游标后是否发生了修改，如果表不含 timestamp 列，它改用校验和值进行确定。如果已修改该行，则尝试进行的定位更新或删除将失败。如果还指定了 FAST_FORWARD，则不能指定 OPTIMISTIC。

TYPE_WARNING：指定将游标从所请求的类型隐式转换为另一种类型时向客户端发送警告消息。

select_statement：定义游标结果集的标准 SELECT 语句。

【例 14.1】声明名称为 cursor_fruit 的游标，输入语句如下：

```
USE test;
GO
DECLARE cursor_fruit CURSOR FOR
SELECT f_name, f_price FROM fruits ;
```

上面的代码中，定义光标的名称为 cursor_fruit，SELECT 语句表示从 fruits 表中查询出 f_name 和 f_price 字段的值。

14.2.2　实例 2——打开游标

在使用游标之前，必须打开游标，打开游标的语法格式如下：

```
OPEN  [GLOBAL] cursor_name | cursor_variable_name
```

各参数说明如下。

GLOBAL：指定 cursor_name 是指全局游标。

cursor_name：已声明的游标的名称。如果全局游标和局部游标都使用 cursor_name 作为名称，那么如果指定了 GLOBAL，则 cursor_name 指的是全局游标；否则 cursor_name 指的是局部游标。

cursor_variable_name：游标变量的名称，该变量引用一个游标。

【例 14.2】打开例 14.1 中声明的名称为 cursor_fruit 的游标，输入语句如下：

```
USE test;
GO
OPEN  cursor_fruit ;
```

输入完成后，单击工具栏中的【执行】按钮，打开游标成功。

14.2.3　实例 3——读取游标中的数据

打开游标之后，就可以读取游标中的数据了，FETCH 命令可以读取游标中的某一行数据。FETCH 语句语法格式如下：

```
FETCH
        [ [ NEXT | PRIOR | FIRST | LAST
                | ABSOLUTE { n | @nvar }
                | RELATIVE { n | @nvar }
            ]
            FROM
        ]
{ { [ GLOBAL ] cursor_name } | @cursor_variable_name }
[ INTO @variable_name [ ,...n ] ]
```

NEXT：紧跟当前行返回结果行，并且当前行递增为返回行。如果 FETCH NEXT 为对游标的第一次提取操作，则返回结果集中的第一行。NEXT 为默认的游标提取选项。

PRIOR：返回紧邻当前行前面的结果行，并且当前行递减为返回行。如果 FETCH PRIOR 为对游标的第一次提取操作，则没有行返回并且游标置于第一行之前。

FIRST：返回游标中的第一行并将其作为当前行。

LAST：返回游标中的最后一行并将其作为当前行。

ABSOLUTE { n | @nvar }：如果 n 或@nvar 为正，则返回从游标头开始向后的第 n 行，并将返回行变成新的当前行。如果 n 或@nvar 为负，则返回从游标末尾开始向前的第 n 行，并将返回行变成新的当前行。如果 n 或@nvar 为 0，则不返回行。n 必须是整数常量，并且@nvar 的数据类型必须为 smallint、tinyint 或 int。

RELATIVE { n | @nvar }：如果 n 或 @nvar 为正，则返回从当前行开始向后的第 n 行，并将返回行变成新的当前行。如果 n 或 @nvar 为负，则返回从当前行开始向前的第 n 行，并将返回行变成新的当前行。如果 n 或 @nvar 为 0，则返回当前行。在对游标进行第一次提取时，如果在将 n 或 @nvar 设置为负数或 0 的情况下指定 FETCH RELATIVE，则不返回行。n 必须是整数常量，@nvar 的数据类型必须为 smallint、tinyint 或 int。

GLOBAL：指定 cursor_name 是指全局游标。

cursor_name：要从中进行提取的打开的游标的名称。如果全局游标和局部游标都使用 cursor_name 作为它们的名称，那么指定 GLOBAL 时，cursor_name 指的是全局游标；未指定 GLOBAL 时，cursor_name 指的是局部游标。

@ cursor_variable_name：游标变量名，引用要从中进行提取操作的打开的游标。

INTO @variable_name[,...n]：允许将提取操作的列数据放到局部变量中。列表中的各个变量从左到右与游标结果集中的相应列相关联。各变量的数据类型必须与相应的结果集列的数据类型匹配，或是结果集列数据类型所支持的隐式转换。变量的数目必须与游标选择列表中的列数一致。

【例 14.3】使用名称为 cursor_fruit 的光标，检索 fruits 表中的记录，输入语句如下：

```
USE test;
GO
FETCH NEXT FROM cursor_fruit
WHILE @@FETCH_STATUS = 0
BEGIN
    FETCH NEXT FROM cursor_fruit
END
```

输入完成后，单击工具栏的【执行】按钮，执行结果如图 14-1 所示。

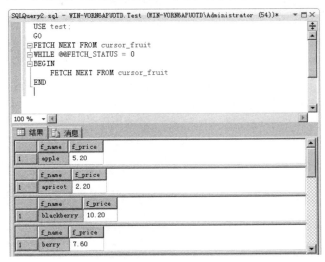

图 14-1　读取游标中的数据

14.2.4　实例 4——关闭游标

SQL Server 2012 在打开游标以后，服务器会专门为游标开辟一定的内存空间存放游标操作的数据结果集合，同时游标的使用也会根据具体情况对某些数据进行封锁。所以在不使用游标时，可以将其关闭，以释放游标所占用的服务器资源。关闭游标使用 CLOSE 语句，语法格式如下：

```
CLOSE [GLOBAL ] cursor_name | cursor_variable_name
```

各参数说明如下。

GLOBAL：指定 cursor_name 是指全局游标。

cursor_name：已声明的游标的名称。如果全局游标和局部游标都使用 cursor_name 作为名称，那么如果指定了 GLOBAL，则 cursor_name 指的是全局游标；否则 cursor_name 指的是局部游标。

cursor_variable_name：游标变量的名称，该变量引用一个游标。

【例 14.4】关闭名称为 cursor_fruit 的游标，输入语句如下：

```
CLOSE  cursor_fruit;
```

输入完成，单击工具栏中的【执行】按钮执行关闭游标操作。

14.2.5　实例 5——释放游标

游标操作的结果集空间虽然被释放了，但是游标结构本身也会占用一定的计算机资源，所以在使用完游标之后，为了收回被游标占用的资源，应该将游标释放。释放游标使用 DEALLOCATE 语句，其语法格式如下：

```
DEALLOCATE [GLOBAL] cursor_name | cursor_variable_name
```

cursor_name：已声明游标的名称。当同时存在以 cursor_name 作为名称的全局游标和局部游标时，如果指定 GLOBAL，则 cursor_name 指全局游标；如果未指定 GLOBAL，则指局部游标。

@cursor_variable_name：游标变量的名称。@cursor_variable_name 必须为 cursor 类型。

DEALLOCATE @cursor_variable_name：语句只删除对游标名称变量的引用。直到批处理、存储过程或触发器结束时变量离开作用域，才释放变量。

【例 14.5】使用 DEALLOCATE 语句释放名称为 cursor_fruit 的变量，输入语句如下：

```
USE test;
GO
DEALLOCATE cursor_fruit;
```

输入完成后，单击工具栏中的【执行】按钮释放游标操作。

14.3　游标的运用

14.2 节中介绍了游标的基本操作流程，用户可以创建、打开、关闭或者释放游标，本节将对游标的功能进行进一步的介绍，包括游标变量的使用，使用游标修改数据、删除数据以及在游标中对数据进行排序。

14.3.1　实例 6——使用游标变量

在前面的章节中介绍了如何声明并使用变量，声明变量需要使用 DECLARE 语句，为变量赋值可以使用 SET 或 SELECT 语句，对于游标变量的声明和赋值，其操作过程基本相同，在具体使用时，首先要创建一个游标，将其打开之后，将游标的值赋给游标变量，并通过 FETCH 语句从游标变量中读取值，最后关闭并释放游标。

【例 14.6】声明名称为@VarCursor 的游标变量，输入语句如下：

```
USE test;
GO
```

```
DECLARE @VarCursor Cursor                    --声明游标变量
DECLARE cursor_fruit CURSOR FOR              --创建游标
SELECT f_name, f_price FROM fruits;
OPEN cursor_fruit                            --打开游标
SET @VarCursor = cursor_fruit                --为游标变量赋值
FETCH NEXT FROM @VarCursor                    --从游标变量中读取值
WHILE @@FETCH_STATUS = 0                      --判断 FETCH 语句是否执行成功
BEGIN
    FETCH NEXT FROM @VarCursor                --读取游标变量中的数据
END
CLOSE @VarCursor                             --关闭游标
DEALLOCATE @VarCursor                        --释放游标
```

输入完成后，单击工具栏中的【执行】按钮，执行结果如图 14-2 所示。

图 14-2　使用游标变量

14.3.2　实例 7——用游标为变量赋值

在游标的操作过程中，可以使用 FETCH 语句将数值存入变量，这些保持表中列值的变量可以在后面的程序中使用。

【例 14.7】创建游标 cursor_variable，将 fruits 表中记录的 f_name、f_price 值赋给变量 @fruitName 和@fruitPrice，并打印输出，输入语句如下：

```
USE test;
GO
DECLARE @fruitName VARCHAR(20), @fruitPrice DECIMAL(8,2)
DECLARE cursor_variable CURSOR FOR
SELECT f_name, f_price FROM fruits
WHERE s_id=101;
OPEN cursor_variable
FETCH NEXT FROM cursor_variable
INTO @fruitName, @fruitPrice
```

```
PRINT '编号为的供应商提供的水果种类和价格为：'
PRINT '类型：' +'    价格：'
WHILE @@FETCH_STATUS = 0
BEGIN
    PRINT @fruitName +' '+ STR(@fruitPrice,8,2)
FETCH NEXT FROM cursor_variable
INTO @fruitName, @fruitPrice
END
CLOSE cursor_variable
DEALLOCATE cursor_variable
```

输入完成后，单击工具栏中的【执行】按钮，执行结果如图 14-3 所示。

图 14-3　使用游标为变量赋值

14.3.3　实例 8——用 ORDER BY 子句改变游标中行的顺序

游标是一个查询结果集，那么能不能对结果进行排序呢？答案是肯定的。与基本的 SELECT 语句中的排序方法相同，将 ORDER BY 子句添加到查询中可以对游标查询的结果排序。

　　　　　只有出现在游标中的 SELECT 语句中的列才能作为 ORDER BY 子句的排序列，而对于非游标的 SELECT 语句中，表中任何列都可以作为 ORDER BY 的排序列，即使该列没有出现在 SELECT 语句的查询结果列中。

【例 14.8】声明名称为 Cursor_order 的游标，对 fruits 表中的记录按照价格字段降序排列，输入语句如下：

```
USE test;
GO
DECLARE Cursor_order CURSOR FOR
```

```
SELECT f_id,f_name, f_price FROM fruits
ORDER BY f_price DESC
OPEN Cursor_order
FETCH NEXT FROM Cursor_order
WHILE @@FETCH_STATUS = 0
FETCH NEXT FROM Cursor_order
CLOSE Cursor_order
DEALLOCATE Cursor_order
```

输入完成后，单击工具栏中的【执行】按钮，执行结果如图 14-4 所示。

图 14-4　使用游标对结果集排序

由结果可以看到，这里返回的记录行中，其 f_price 字段是依次减小，降序显示。

14.3.4　实例 9——用游标修改数据

相信读者已经掌握了如何使用游标变量查询表中的记录，下面来介绍使用游标对表中的数据进行修改。

【例 14.9】声明整型变量@sID=101，然后声明一个对 fruits 表进行操作的游标，打开该游标，使用 FETCH...NEXT 方法来获取游标中的每一行的数据，如果获取到的记录的 s_id 字段值与@sID 值相同，将 s_id=@sID 的记录中的 f_price 字段修改为 11.1，最后关闭并释放游标，输入语句如下：

```
USE test;
GO
DECLARE @sID INT              --声明变量
DECLARE @ID INT =101
DECLARE cursor_fruit CURSOR FOR
```

```
SELECT s_id FROM fruits ;
OPEN cursor_fruit
FETCH NEXT FROM cursor_fruit INTO @sID
WHILE @@FETCH_STATUS = 0
BEGIN
    IF @sID = @ID
    BEGIN
        UPDATE fruits SET f_price =11.1 WHERE s_id=@ID
    END
FETCH NEXT FROM cursor_fruit INTO @sID
END
CLOSE cursor_fruit
DEALLOCATE cursor_fruit
SELECT * FROM fruits WHERE s_id = 101;
```

输入完成后，单击工具栏中的【执行】按钮，执行结果如图 14-5 所示。

图 14-5 使用游标修改数据

由最后一条 SELECT 查询语句返回的结果可以看到，使用游标修改操作执行成功，所有编号为 101 的供应商提供的水果的价格都已修改为 11.10。

14.3.5 实例 10——用游标删除数据

使用游标在删除数据时，既可以删除游标结果集中的数据，也可以删除基本表中的数据。

【例 14.10】使用游标删除 fruits 表中 s_id=102 的记录，输入语句如下：

```
USE test;
GO
DECLARE @sID INT                --声明变量
DECLARE @ID INT =102
DECLARE cursor_delete CURSOR FOR
```

```
SELECT s_id FROM fruits ;
OPEN cursor_delete
FETCH NEXT FROM cursor_delete INTO @sID
WHILE @@FETCH_STATUS = 0
BEGIN
    IF @sID = @ID
    BEGIN
        DELETE FROM fruits WHERE s_id=@ID
    END
FETCH NEXT FROM cursor_delete INTO @sID
END
CLOSE cursor_delete
DEALLOCATE cursor_delete
SELECT * FROM fruits WHERE s_id = 102;
```

输入完成后，单击工具栏中的【执行】按钮，执行结果如图 14-6 所示。

图 14-6　使用游标删除表中的记录

14.4　使用系统存储过程管理游标

使用系统存储过程 sp_cursor_list、sp_describe_cursor、sp_describe_cursor_columns 或者 sp_describe_cursor_tables 分别可以查看服务器游标的属性、游标结果集中列的属性或者被引用对象或基本表的属性，本节将分别介绍这些存储过程的使用方法。

14.4.1　实例 11——sp_cursor_list 存储过程

sp_cursor_list 报告当前为连接打开的服务器游标的属性，其语法格式如下：

```
sp_cursor_list [ @cursor_return = ] cursor_variable_name OUTPUT ,
[ @cursor_scope = ] cursor_scope
```

主要参数说明如下。

[@cursor_return =]cursor_variable_name OUTPUT：已声明的游标变量的名称。cursor_variable_name 的数据类型为 cursor，无默认值。游标是只读的可滚动动态游标。

[@cursor_scope =] cursor_scope：指定要报告的游标级别。cursor_scope 的数据类型为 int，无默认值，可以是下列值之一。

"1"：报告所有本地游标。

"2"：报告所有全局游标。

"3"：报告本地游标和全局游标。

【例 14.11】打开一个全局游标，并使用 sp_cursor_list 报告该游标的属性，输入语句如下：

```
USE test
GO
--声明游标
DECLARE testcur CURSOR  FOR
SELECT f_name
FROM test.dbo.fruits
WHERE f_name LIKE 'b%'
--打开游标
OPEN testcur

--声明游标变量
DECLARE @Report CURSOR

--执行 sp_cursor_list 存储过程，将结果保存到@Report 游标变量中
EXEC sp_cursor_list @cursor_return = @Report OUTPUT,@cursor_scope = 2

--输出游标变量中的每一行.
FETCH NEXT from @Report
WHILE ((@@FETCH_STATUS <> -1)
BEGIN
   FETCH NEXT from @Report
END

--关闭并释放游标变量
CLOSE @Report
DEALLOCATE @Report
GO

--关闭并释放原始游标
CLOSE testcur
DEALLOCATE testcur
GO
```

输入完成后，单击工具栏中的【执行】按钮，执行结果如图 14-7 所示。

图 14-7 使用 sp_cursor_list 报告游标属性

14.4.2 实例 12——sp_describe_cursor 存储过程

sp_describe_cursor 存储过程报告服务器游标的属性，其语法格式如下：

```
sp_describe_cursor [ @cursor_return = ] output_cursor_variable OUTPUT
    {
 [ , [ @cursor_source = ] N'local' , [ @cursor_identity = ]
N'local_cursor_name' ]
    | [ , [ @cursor_source = ] N'global' , [ @cursor_identity = ]
N'global_cursor_name' ]
    | [ , [ @cursor_source = ] N'variable' , [ @cursor_identity = ]
N'input_cursor_variable' ]
    }
```

[@cursor_return =] output_cursor_variable OUTPUT：用于接收游标输出的声明游标变量的名称。output_cursor_variable 的数据类型为 cursor，无默认值。调用 sp_describe_cursor 时，该参数不得与任何游标关联。返回的游标是可滚动的动态只读游标。

[@cursor_source =] { N'local' | N'global' | N'variable' }：指定是使用局部游标的名称、全局游标的名称还是游标变量的名称来指定要报告的游标。

[@cursor_identity =] N'local_cursor_name']：由具有 LOCAL 关键字或默认设置为 LOCAL 的 DECLARE CURSOR 语句创建的游标名称。

[@cursor_identity =] N'global_cursor_name']：由具有 GLOBAL 关键字或默认设置为 GLOBAL 的 DECLARE CURSOR 语句创建的游标名称。

[@cursor_identity =] N'input_cursor_variable']：与所打开游标相关联的游标变量的名称。

【例 14.12】打开一个全局游标，并使用 sp_describe_cursor 报告该游标的属性，输入语句如下：

```
USE test
GO
```

```
--声明游标
DECLARE testcur CURSOR  FOR
SELECT f_name
FROM test.dbo.fruits
--打开游标
OPEN testcur
--声明游标变量
DECLARE @Report CURSOR

--执行 sp_describe_ cursor 存储过程，将结果保存到@Report 游标变量中
EXEC sp_describe_cursor @cursor_return = @Report OUTPUT,
@cursor_source=N'global',@cursor_identity = N'testcur'

--输出游标变量中的每一行.
FETCH NEXT from @Report
WHILE (@@FETCH_STATUS <> -1)
BEGIN
   FETCH NEXT from @Report
END

--关闭并释放游标变量
CLOSE @Report
DEALLOCATE @Report
GO

--关闭并释放原始游标
CLOSE testcur
DEALLOCATE testcur
GO
```

输入完成后，单击工具栏中的【执行】按钮，执行结果如图 14-8 所示。

图 14-8　使用 sp_describe_cursor 报告服务器游标属性

14.4.3 实例 13——sp_describe_cursor_columns 存储过程

sp_describe_cursor_columns 存储过程报告服务器游标结果集中的列属性，其语法格式如下：

```
sp_describe_cursor_columns  [ @cursor_return = ] output_cursor_variable
OUTPUT
    {
[ , [ @cursor_source = ] N'local', [ @cursor_identity = ]
N'local_cursor_name' ]
  | [ , [ @cursor_source = ] N'global', [ @cursor_identity = ]
N'global_cursor_name' ]
  | [ , [ @cursor_source = ] N'variable', [ @cursor_identity = ]
N'input_cursor_variable' ]
    }
```

该存储过程的各个参数与 sp_describe_cursor 存储过程中的参数相同，不再赘述。

【例 14.13】打开一个全局游标，并使用 sp_describe_cursor_columns 报告游标所使用的列，输入语句如下：

```
USE test
GO
--声明游标
DECLARE testcur CURSOR  FOR
SELECT f_name
FROM test.dbo.fruits
--打开游标
OPEN testcur
--声明游标变量
DECLARE @Report CURSOR

--执行 sp_describe_cursor_columns 存储过程，将结果保存到@Report 游标变量中
EXEC master.dbo.sp_describe_cursor_columns
    @cursor_return = @Report OUTPUT
    ,@cursor_source = N'global'
    ,@cursor_identity = N'testcur';

--输出游标变量中的每一行.
FETCH NEXT from @Report
WHILE (@@FETCH_STATUS <> -1)
BEGIN
   FETCH NEXT from @Report
END
--关闭并释放游标变量
CLOSE @Report
DEALLOCATE @Report
GO

--关闭并释放原始游标
CLOSE testcur
```

```
DEALLOCATE testcur
GO
```

输入完成后，单击工具栏中的【执行】按钮，执行结果如图 14-9 所示。

图 14-9　使用 sp_describe_cursor_columns 报告服务器游标属性

14.4.4　实例 14——sp_describe_cursor_tables 存储过程

sp_describe_cursor_tables 存储过程报告服务器游标被引用对象或基表，其语法格式如下：

```
sp_describe_cursor_tables    [  @cursor_return  =  ]  output_cursor_variable
OUTPUT
    {
[   ,   [   @cursor_source   =   ]   N'local'   ,   [@cursor_identity   =   ]
N'local_cursor_name' ]
    | [ , [ @cursor_source = ] N'global' , [ @cursor_identity = ]
N'global_cursor_name' ]
    | [ , [ @cursor_source = ] N'variable' , [ @cursor_identity = ]
N'input_cursor_variable' ]
    }
```

【例 14.14】打开一个全局游标，并使用 sp_describe_cursor_tables 报告游标所引用的表，输入语句如下：

```
USE test
GO
--声明游标
DECLARE testcur CURSOR  FOR
SELECT f_name
FROM test.dbo.fruits
WHERE f_name LIKE 'b%'
--打开游标
```

```
OPEN testcur

--声明游标变量
DECLARE @Report CURSOR

--执行 sp_describe_cursor_tables 存储过程，将结果保存到@Report 游标变量中
EXEC sp_describe_cursor_tables
    @cursor_return = @Report OUTPUT,
    @cursor_source = N'global', @cursor_identity = N'testcur'

--输出游标变量中的每一行.
FETCH NEXT from @Report
WHILE (@@FETCH_STATUS <> -1)
BEGIN
    FETCH NEXT from @Report
END

--关闭并释放游标变量
CLOSE @Report
DEALLOCATE @Report
GO

--关闭并释放原始游标
CLOSE testcur
DEALLOCATE testcur
GO
```

输入完成后，单击工具栏中的【执行】按钮，执行结果如图 14-10 所示。

图 14-10　使用 sp_describe_cursor_tables 报告服务器游标属性

14.5　高　手　甜　点

甜点 1：游标变量可以为游标变量赋值吗？

当然可以，游标可以赋值为游标变量，也可以将一个游标变量赋值给另一个游标变量，例如 SET @cursorVar1 = @cursorVar2。

甜点 2：游标使用完后如何处理？

在使用完游标之后，一定要将其关闭和删除，关闭游标的作用是释放游标和数据库的连接；删除游标是将其从内存中删除，删除将释放系统资源。

14.6　跟我学上机

1. 游标的含义及分类。
2. 使用游标的基本操作步骤都有哪些？
3. 打开 stu_info 表，使用游标查看 stu_info 表中成绩小于 70 的记录。

第 4 篇

SQL Server 数据库高级管理

第 15 章

规则、默认和完整性约束

通过在列级别或表级别设置约束，可以确保数据符合某种数据完整性规则。数据库的完整性是指数据库中数据的正确性和相容性。数据库中可以使用多种完整性约束，完整性约束使得数据库可以主动地应对数据库中产生的问题，及时地在开发过程中发现并解决问题。本章将介绍与数据完整性相关的 3 个概念，分别是规则、默认和完整性约束。

本章要点(已掌握的在方框中打钩)

- [ ] 了解规则和默认的基本概念
- [ ] 掌握规则的基本操作方法
- [ ] 掌握默认的基本操作方法
- [ ] 掌握修改表约束的方法
- [x] 掌握查看表信息的方法
- [ ] 掌握创建完整性约束的方法

15.1　规则和默认概述

规则是对存储的数据表的列或用户定义数据类型中的值的约束，规则与其作用的表或用户定义数据类型是相互独立的，也就是说，对表或用户定义数据类型的任何操作与对其设置的规则不存在影响。

默认值指用户在插入数据时，如果没有给某列指定相应的数据值，SQL Server 系统会自动为该列填充一个值，默认值可以应用在列或用户定义的数据类型中，但是，它不会因数据列或用户定义的数据类型修改、删除等操作而受影响。

15.2　规则的基本操作

规则的基本操作包括创建、绑定、取消、查看和删除。本节将介绍这些内容。

15.2.1　实例 1——创建规则

创建规则使用 CREATE RULE 语句，其基本语法格式如下：

```
CREATE RULE rule_name
AS condition_expression
```

各参数说明如下。

rule_name：表示新规则的名称。规则名称必须符合标识符规则。

condition_expression：表示定义的规则的条件。规则可以是 WHERE 子句中任何有效的表达式，并且可以包括诸如算术运算符、关系运算符和谓词(如 IN、LIKE、BETWEEN)这样的元素。但是，规则不能引用列或其他数据库对象。

【例 15.1】为 stu_info 表定义一个规则，指定其成绩列的值必须大于 0、小于 100，输入语句如下：

```
USE test_db;
GO
CREATE RULE rule_score
AS
@score > 0 AND @score < 100
```

输入完成后，单击工具栏中的【执行】按钮，创建该规则。

15.2.2　实例 2——把自定义规则绑定到列

如前所述，规则是对列的约束或用户定义数据类型的约束，将规则绑定到列或用户定义类型的所有列中插入或更新数据时，新的数据必须符合规则的要求。绑定规则使用系统存储过程 sp_bindrule，其语法格式如下：

```
sp_bindrule 'rule' , 'object_name' [ , 'futureonly_flag' ]
```

各参数说明如下。

'rule'：表示由 CREATE RULE 语句创建的规则名称。

'object_name'：表示要绑定规则的表和列或别名数据类型。

'futureonly_flag'：表示仅当将规则绑定到别名数据类型时才能使用。

【例 15.2】将创建的 rule_score 规则绑定到 stu_info 表中的 s_score 列上，输入语句如下：

```
USE test_db;
GO
EXEC sp_bindrule 'rule_score', 'stu_info.s_score'
```

输入完成后，单击工具栏中的【执行】按钮，绑定结果如图 15-1 所示。

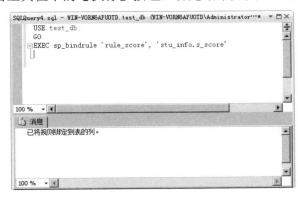

图 15-1 绑定规则

15.2.3 实例 3——验证规则作用

规则绑定到指定的数据列上之后，用户的操作必须满足规则的要求，如果用户执行了违反规则的操作，将被禁止执行。

【例 15.3】向 stu_info 表中插入一条记录，该条学生记录的成绩值为 110，输入语句如下：

```
INSERT INTO stu_info VALUES(21,'鹏飞',110,'男',18);
SELECT * FROM stu_info;
```

输入完成后，单击工具栏中的【执行】按钮，插入结果如图 15-2 所示。

图 15-2 验证规则

返回了插入失败的错误信息，使用 SELECT 语句查看，可以进一步验证，由于插入的记录中 s_score 列值是一个大于 100 的值，违反了规则约定的大于 0、小于 100，所以该条记录将不能插入数据表中。

15.2.4 实例 4——取消规则绑定

如果不再使用规则，可以将规则解除，使用系统存储过程 sp_unbindrule 可以实现规则的解除，其语法格式如下：

```
sp_unbindrule 'object_name' [ , 'futureonly_flag' ]
```

【例 15.4】解除 stu_info 表中 s_score 列上的规则绑定，输入语句如下：

```
EXEC sp_unbindrule 'stu_info.s_score'
```

输入完成后，单击工具栏中的【执行】按钮，取消绑定结果如图 15-3 所示。

图 15-3　取消规则绑定

15.2.5 实例 5——删除规则

当规则不再需要使用时，可以使用 DROP RULE 语句将其删除，DROP RULE 可以同时删除多个规则，具体语法格式如下：

```
DROP RULE rule_name
```

上述语句中，rule_name 为要删除的规则的名称。

【例 15.5】删除前面创建的名称为 rule_score 的规则，输入语句如下：

```
DROP RULE rule_score;
```

输入完成后，单击工具栏中的【执行】按钮，删除规则结果如图 15-4 所示。

　　　　删除规则时必须确保待删除的规则没有与任何数据表中的列绑定，正在使用的规则将不允许被删除。

图 15-4　删除规则

15.3　默认的基本操作

默认约束是表定义的一个组成部分，它定义了插入的新记录时，如果用户没有明确指定该列的值时数据库如何进行处理，可以将其定义为一个具体值(如 0、"男"、空值 NULL)或者是一个系统值(如 GETDATE())。

使用 DEFAULT 约束时，有以下几个方面需要注意。

(1) 默认值只在 INSERT 语句中使用——UPDATE 语句和 DELETE 语句将被忽略。

(2) 如果在 INSERT 语句中提供了任意值，那么就不使用默认值。

(3) 如果没有提供值，将总是使用默认值。

对于 DEFAULT 约束有以下可以执行的操作。

(1) 在表定义时作为表的一部分同时被创建。

(2) 可以添加到已创建的表中。

(3) 可以删除 DEFAULT 定义。

15.3.1　实例 6——创建默认

创建默认使用 CREATE DEFAULT 语句，其语法格式如下：

```
CREATE DEFAULT <default_name>
AS <constant_expression>
```

各参数说明如下。

default_name：默认值的名称。

constant_expression：包含常量值的表达式。

【例 15.6】在 stu_info 表中创建默认值，输入语句如下：

```
CREATE DEFAULT defaultSex AS '男'
```

上述语句创建了一个 defaultSex 默认值，其常量表达式是一个字符值，表示自动插入字符值"男"。

15.3.2 实例7——把自定义默认绑定到列

默认值必须绑定到数据列或用户定义的数据类型中，这样创建的默认值才可以应用到数据列。绑定默认值使用系统存储过程 sp_bindefault，其语法格式如下：

```
sp_bindefault 'default', 'object_name', [,'futureonly_flag']
```

各参数说明如下。

'default'：由 CREATE DEFAULT 创建的默认值的名称。

'object_name'：将默认值绑定到的表名、列名或别名数据类型。

【例 15.7】将 defaultSex 默认值绑定到 stu_info 表中的 s_sex 列，输入语句如下：

```
USE test_db;
GO
EXEC sp_bindefault 'defaultSex', 'stu_info.s_sex'
SELECT * FROM stu_info;
```

输入完成后，单击工具栏中的【执行】按钮，创建默认值结果如图 15-5 所示。

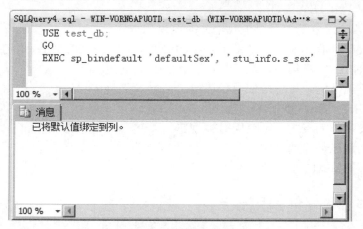

图 15-5　绑定默认值

15.3.3 实例8——验证默认作用

默认值是当用户插入数据时，如果没有为某列指定相应的数据值，SQL Server 会自动地为该列填充默认值。

【例 15.8】向 stu_info 表中插入一条记录，不指定性别字段，输入语句如下：

```
INSERT INTO stu_info (s_id,s_name,s_score,s_age)  VALUES(21,'王凯',90,19);
SELECT * FROM stu_info;
```

输入完成后，单击工具栏中的【执行】按钮，插入结果如图 15-6 所示。

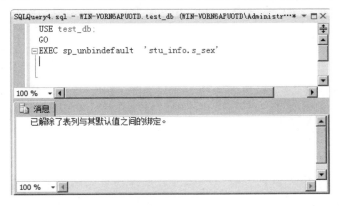

图 15-6　插入默认值

15.3.4　实例 9——取消默认绑定

如果想取消默认值的绑定，可以使用系统存储过程 sp_unbindefault 语句，将绑定取消，其语法格式如下：

```
sp_unbindefault 'object_name', [,'futureonly_flag']
```

【例 15.9】取消 stu_info 表中 s_sex 列的默认值绑定，输入语句如下：

```
USE test_db;
GO
EXEC sp_unbindefault  'stu_info.s_sex'
```

输入完成后，单击工具栏中的【执行】按钮，取消默认绑定结果如图 15-7 所示。

图 15-7　取消默认绑定

15.3.5　实例 10——删除默认值

当默认值不再需要使用时，可以使用 DROP DEFAULT 语句将其删除，DROP DEFAULT 可以同时删除多个默认值，具体语法格式如下：

```
DROP DEFAULT  default_name
```

上述语句中，default_name 为要删除的默认的名称。

【例 15.10】删除前面创建的名称为 defaultSex 的默认值，输入语句如下：

```
DROP DEFAULT  defaultSex;
```

输入完成后，单击工具栏中的【执行】按钮，删除默认结果如图 15-8 所示。

图 15-8　删除默认值

15.4　完整性约束

约束是 SQL Server 中提供的自动保持数据库完整性的一种方法，通过对数据库中数据设置某种约束条件来保证数据的完整性。SQL Server 2012 中根据数据内容，可以将数据完整性分为 3 类：实体完整性、参照完整性和用户自定义完整性。

1. 实体完整性

实体完整性，简单地说就是将表中的每一行看作一个实体。实体完整性要求表的标识符列或主键的完整性。实体完整性通过建立 PRIMARY KEY 约束、UNIQUE 约束，以及列的 IDENTITY 属性来实施实体完整性。

2. 参照完整性

参照完整性又叫引用完整性，参照完整性要求在数据库中多个数据表中的数据一致，引用完整性通过 FOREIGN KEY 和 CHECK 约束，以外键与主键之间或外键与唯一键之间的关系为基础。引用完整性确保键值在所有表中一致。这类一致性要求不引用不存在的值，如果一个键值发生更改，则整个数据库中，对该键值的所有引用要进行一致的更改。相关表之间的数据一致性要求如下。

(1) 子表中的每一个记录在对应的父表中必须有一个父记录。

(2) 在父表中修改记录时如果修改了主关键字的值，则在子表中相关记录的外部键值必须同样修改。

(3) 在父表中删除记录时，与该记录相关的子表中的记录必须全部删除。

3. 用户自定义完整性

用户自定义完整性是用户根据系统的实际需求而定义的不属于上述类型的特定规则的完整性定义。用来定义用户完整性的方法包括：规则、触发器、存储过程和前面介绍的创建表时可以使用的所有约束。

15.4.1 实例 11——主键约束

PRIMARY KEY 关键字可以用来设置主键约束，PRIMARY KEY 关键字可以指定一列或多列中的数据值具有唯一性，即不存在相同的数据值，并且指定为主键约束的列不允许有空值。主键能够唯一地标识表中的一条记录，可以结合外键来定义不同数据表之间的关系，并且可以加快数据库查询的速度。主键和记录之间的关系如同身份证和人之间的关系，它们之间是一一对应的。主键可以通过两种途径来创建：在表定义时作为表定义的一部分直接创建；在创建好的没有主键的数据表中添加 PRIMARY KEY。

1. 在定义表时直接创建主键

PRIMARY KEY 约束可以作用于列也可以作用于表。作用于列是对列进行约束，而作用于表则是对表进行约束。

在列上创建主键约束的语法格式如下：

```
column_name data_type PRIMARY KEY
```

【例 15.11】定义数据表 tb_emp2，其主键为 id，SQL 语句如下：

```
CREATE TABLE tb_emp2
(
id      INT PRIMARY KEY,
name    VARCHAR(25) NOT NULL,
deptId  CHAR(20) NOT NULL,
salary  FLOAT NOT NULL
);
```

执行上述语句后，即可新建 tb_emp2 表，打开设计图如图 15-9 所示。

图 15-9 tb_emp2 表的设计图

用户还可以在定义完所有列之后指定主键，并指定主键约束名称。

```
CONSTRAINT <主键名> PRIMARY KEY [CLUSTERED | NONCLUSTERED] [列名] [, …n]
```

【例 15.12】定义数据表 tb_emp3，其主键为 id，SQL 语句如下：

```
CREATE TABLE tb_emp3
(
id INT NOT NULL,
name  VARCHAR(25) NOT NULL,
deptId  CHAR(20) NOT NULL,
salary  FLOAT NOT NULL
CONSTRAINT 员工编号
PRIMARY KEY(id)
);
```

执行上述语句后，即可新建 tb_emp3 表，打开设计图如图 15-10 所示。

图 15-10   tb_emp3 表的设计图

上述两个例子执行后的结果是一样的，都会在 id 字段上设置主键约束，第二条 CREATE 语句同时还设置了约束的名称为"员工编号"。

2. 在未设置主键的表中添加主键

可能有的用户在创建完表之后，突然发现忘记定义主键了，此时可以不用重新创建该表，可以使用 ALTER 语句向该表中添加主键约束，添加主键的 ALTER 语句语法格式如下：

```
ALTER TABLE table_name
ADD
CONSTRAINT 约束名称
PRIMARY KEY [CLUSTERED | NONCLUSTERED] [列名] [, …n]
```

【例 15.13】定义数据表 tb_emp4，创建完成之后，在该表中的 id 字段上添加主键约束，输入语句如下：

```
CREATE TABLE tb_emp4
(
id INT NOT NULL,
name  VARCHAR(25) NOT NULL,
deptId  CHAR(20) NOT NULL,
salary  FLOAT NOT NULL
);
```

上述表创建时没有指定主键，创建完成之后，执行下面的添加主键的语句。

```
USE company;
GO
ALTER TABLE tb_emp4
ADD
CONSTRAINT 员工编号
PRIMARY KEY(id)
```

上述语句执行之后的结果与上述例题中的结果是一样的。

3. 定义多字段联合主键

不仅可以在单列上定义主键，还可以在多个列上定义联合主键。

如果对多列定义了 PRIMARY KEY 约束，则一列中的值可能会重复，但来自 PRIMARY KEY 约束定义中所有列的任何值组合必须唯一。

【例 15.14】定义数据表 tb_emp5，假设表中没有主键 id，为了唯一确定一个员工，可以把 name、deptId 联合起来作为主键，SQL 语句如下：

```
CREATE TABLE tb_emp5
  (
name VARCHAR(25),
deptId INT,
salary FLOAT,
CONSTRAINT 姓名部门约束
PRIMARY KEY(name,deptId)
);
```

语句执行后，便创建了一个名称为 tb_emp5 的数据表，打开设计图如图 15-11 所示。name 字段和 deptId 字段组合在一起成为 tb_emp5 的多字段联合主键。

图 15-11　tb_emp5 表的设计图

使用主键约束时要注意以下事项。

(1) 一个表只能包含一个 PRIMARY KEY 约束。

(2) 由 PRIMARY KEY 约束生成的索引不会使表中的非聚集索引超过 249 个，聚集索引超过 1 个。

(3) 如果没有为 PRIMARY KEY 约束指定 CLUSTERED 或 NONCLUSTERED，并且没有为 UNIQUE 约束指定聚集索引，则将对该 PRIMARY KEY 约束使用 CLUSTERED。

(4) 在 PRIMARY KEY 约束中定义的所有列都必须定义为 NOT NULL。如果没有指定为

NULL 性，则加入 PRIMARY KEY 约束的所有列的 NULL 性都将设置为 NOT NULL。

4. 删除主键

当表中不需要指定 PRIMARY KEY 约束时，可以通过 DROP 语句将其删除，具体语法格式如下：

```
ALTER TABLE table_name
DROP
CONSTRAINT 约束名
```

【例 15.15】删除 tb_emp5 表中定义的联合主键，输入语句如下：

```
ALTER TABLE tb_emp5
DROP
CONSTRAINT 姓名部门约束
```

执行完删除主键语句，读者可以在 SSMS【对象资源管理器】面板中查看 tb_emp5 表中的主键信息。

15.4.2　实例 12——外键约束

外键用来在两个表的数据之间建立链接，它可以是一列或者多列。一个表可以有一个或多个外键。外键对应的是参照完整性，一个表的外键可以为空值，若不为空值，则每一个外键值必须等于另一个表中主键的某个值。

首先外键是表中的一个字段，它可以不是本表的主键，但对应另外一个表的主键。外键主要作用是保证数据引用的完整性，定义外键后，不允许删除在另一个表中具有关联的行。例如，部门表 tb_dept 的主键是 id，在员工表 tb_emp5 中有一个键 deptId 与这个 id 关联。

主表(父表)：对于两个具有关联关系的表而言，相关联字段中主键所在的那个表即是主表。

从表(子表)：对于两个具有关联关系的表而言，相关联字段中外键所在的那个表即是从表。

1. 在定义表时创建外键约束

创建外键的语法规则如下：

```
[CONSTRAINT <外键名>] FOREIGN KEY 字段名1 [ ,字段名2, …]
REFERENCES <主表名> 主键列1 [ ,主键列2, …]
[ ON DELETE { NO ACTION | CASCADE | SET NULL | SET DEFAULT } ]
[ ON UPDATE { NO ACTION | CASCADE | SET NULL | SET DEFAULT } ]
[ NOT FOR REPLICATION ]
```

外键名为定义的外键约束的名称，一个表中不能有相同名称的外键；字段名表示从表的需要添加外键约束的字段列；主表名，即被从表外键所依赖的表的名称；主键列表示主表中定义的主键字段，或者字段组合。ON DELETE 和 ON UPDATE 指定在发生删除或更改的表中，如果行有引用关系且引用的行在父表中被删除或更新，则对这些行采取什么操作。默认值为 NO ACTION，表示数据库引擎将引发错误，并回滚对父表中相应行的更新操作。

【例 15.16】定义数据表 tb_emp6，并在 tb_emp6 表上创建外键约束。

创建一个部门表 tb_dept1，表结构如表 15-1 所示，SQL 语句如下：

表 15-1　tb_dept1 表结构

字段名称	数据类型	备　注
id	INT	部门编号
name	VARCHAR(22)	部门名称
location	VARCHAR(50)	部门位置

```
CREATE TABLE tb_dept1
(
id       INT PRIMARY KEY,
name     VARCHAR(22)  NOT NULL,
location VARCHAR(50)  NULL
);
```

语句执行后，便创建了一个名称为 tb_dept1 的数据表，打开设计图如图 15-12 所示。

图 15-12　tb_dept1 表的设计图

定义数据表 tb_emp6，让它的键 deptId 作为外键关联到 tb_dept1 的主键 id，SQL 语句如下：

```
CREATE TABLE tb_emp6
(
id       INT  PRIMARY KEY,
name     VARCHAR(25),
deptId   INT,
salary   FLOAT,
CONSTRAINT fk_员工部门编号 FOREIGN KEY(deptId) REFERENCES tb_dept1(id)
);
```

以上语句执行成功之后，便创建了一个名称为 tb_emp6 的数据表，打开设计图如图 15-13
所示。在表 tb_emp5 上添加了名称为 fk_emp_dept1 的外键约束，外键名称为 deptId，其依赖
于表 tb_dept1 的主键 id。

图 15-13　tb_emp6 表的设计图

读者可以在创建完外键约束之后，查看添加的外键约束，方法是选择要查看的数据表节点，例如这里选择 tb_dept1 表，右击该节点，在弹出的快捷菜单中选择【查看依赖关系】命令，打开对象依赖关系对话框，将显示与外键约束相关的信息，如图 15-14 所示。

图 15-14　对象依赖关系对话框

 提示　　外键一般不需要与相应的主键名称相同，但是，为了便于识别，当外键与相应主键在不同的数据表中时，通常用相同的名称，另外，外键不一定要与相应的主键在不同的数据表中，也可以是同一个数据表。

2. 在未设置外键的表中添加外键

如果创建数据表时没有创建外键约束，可以使用 ALTER 语句将 FOREIGN KEY 约束添加到该表中，添加主键的 ALTER 语句语法格式如下：

```
ALTER TABLE table_name
ADD
[CONSTRAINT <外键名>] FOREIGN KEY 字段名 1 [ ,字段名 2, …]
        FOREIGN KEY  [列名] [, …n]
REFERENCES <主表名> 主键列 1 [ ,主键列 2, …]
```

【**例 15.17**】如前面例子，如果创建时不设置外键约束，则创建表完成之后，可输入如下语句：

```
USE company;
GO
ALTER TABLE tb_emp6
ADD
```

```
CONSTRAINT fk_员工部门编号
FOREIGN KEY(deptId) REFERENCES tb_dept1(id)
```

上述语句执行之后的结果与例 15.16 中的结果是一样的。

3. 删除外键约束

当数据表中不需要使用外键约束时，可以将其删除，删除外键约束的方法和删除主键约束的方法相同，删除时指定约束名称。

【例 15.18】删除 tb_emp6 表中创建的"fk_员工部门编号"外键约束，输入语句如下：

```
ALTER TABLE tb_emp6
DROP CONSTRAINT fk_员工部门编号;
```

语句执行之后将删除 tb_emp6 的外键约束，读者可以再次查看该表与其他的对象依赖关系对话框，确认删除成功。

15.4.3 实例 13——唯一性约束

SQL Server 中，除了使用 PRIMARY KEY 可以提供唯一性约束之外，使用 UNIQUE 约束也可以指定数据的唯一性，UNIQUE 约束类型指定列数据值中不允许重复，UNIQUE 约束类型可以同时指定一列或多列，并且指定的列中允许为空，但只能出现一个空值。创建唯一性约束的语法格式如下：

```
CONSTRAINT 约束名称
UNIQUE  [CLUSTERED |  NONCLUSTERED]  [列名]  [, …n]
```

【例 15.19】定义数据表 tb_dept2，指定部门的名称唯一，SQL 语句如下：

```
CREATE TABLE tb_dept2
(
id       INT NOT NULL  PRIMARY KEY,
name     VARCHAR(22) NOT NULL UNIQUE,
location  VARCHAR(50)
);
```

(2) 在定义完所有列之后指定唯一约束，语法规则如下：

```
[CONSTRAINT <约束名>] UNIQUE(<字段名>)
```

【例 15.20】定义数据表 tb_dept3，指定部门的名称唯一，SQL 语句如下：

```
CREATE TABLE tb_dept3
(
id       INT NOT NULL PRIMARY KEY,
name     VARCHAR(22) NOT NULL,
location  VARCHAR(50),
CONSTRAINT 部门名称 UNIQUE(name)
);
```

UNIQUE 和 PRIMARY KEY 区别：一个表中可以有多个字段声明为 UNIQUE，但只能有一个 PRIMARY KEY 声明；声明为 PRIMAY KEY 的列不允许有空值，但是声明为 UNIQUE

的字段允许空值(NULL)的存在。

15.4.4　实例 14——CHECK 约束

CHECK 约束又叫检查约束，用于限制输入到列的值的范围，可以通过任何基于逻辑运算符返回 TRUE 或 FALSE 的逻辑(布尔)表达式创建 CHECK 约束。

【例 15.21】创建 tb_emp7 表中，定义员工的工资列值大于 1800、小于 3000，创建 CHECK 约束，输入语句如下：

```
CREATE TABLE tb_emp7
(
  id       INT  PRIMARY KEY,
  name     VARCHAR(25) NOT NULL,
  deptId   INT NOT NULL,
  salary   FLOAT  NOT NULL
  CHECK(salary > 1800 AND salary < 3000)
);
```

15.4.5　实例 15——DEFAULT 约束

DEFAULT 约束可以通过定义一个默认值或使用数据库对象绑定到数据表中的列，指定列的默认值，这样在用户输入记录时，如果某个列没有指定值，SQL Server 会自动将该默认值插入到对应的列。定义 DEFAULT 约束的语法格式如下：

列名称 数据类型 DEFAULT 默认值

DEFAULT 关键字后的"默认值"必须与列定义中的数据类型相同。

【例 15.22】定义数据表 tb_emp8，指定员工的部门编号默认为 1111，SQL 语句如下：

```
CREATE TABLE tb_emp8
(
id       INT  PRIMARY KEY,
name     VARCHAR(25) NOT NULL,
deptId   INT  DEFAULT 1111,
salary  FLOAT,
);
```

以上语句执行成功之后，表 tb_emp8 上的字段 deptId 拥有了一个默认的值 1111，新插入的记录如果没有指定部门编号，则默认值都为 1111。

15.4.6　实例 16——NOT NULL 约束

NOT NULL 约束又称非空约束，表示指定的列中不允许使用空值，插入时必须为该列提供具体的数据值，否则系统将提示错误。定义为主键的列，系统强制其为非空约束。定义 NOT NULL 约束的语法格式如下：

列名称 数据类型 NOT NULL

非空约束的使用非常频繁，大家已经非常熟悉了，这里就不再做过多介绍。

15.5 高手甜点

甜点 1：每一个表中都要有一个主键吗？

并不是每一个表中都需要主键，一般来说，如果多个表之间进行连接操作时，需要用到主键。因此并不需要为每个表中建立主键，而且有些情况最好不使用主键。

甜点 2：外键和主键名称必须相同吗？

外键不一定和主键名称相同，实际使用时为了便于识别，当外键与相应的主键在不同的数据表中时，通常用相同的名称，另外，外键和主键也可以是在同一个数据表中。

15.6 跟我学上机

1．创建数据库 Market，在 Market 中创建数据表 customers，customers 表结构如表 15-2 所示，按要求进行操作。

表 15-2　customers 表结构

字 段 名	数据类型	主 键	外 键	非 空	唯 一
c_id	INT	是	否	是	是
c_name	VARCHAR(50)	否	否	否	否
c_contact	VARCHAR(50)	否	否	否	否
c_city	VARCHAR(50)	否	否	否	否
c_birth	DATETIME	否	否	是	否

(1) 创建数据库 Market。

(2) 创建数据表 customers，在 c_id 字段上添加主键约束，在 c_birth 字段上添加非空约束。

2．在 Market 中创建数据表 orders，orders 表结构如表 15-3 所示，按要求进行操作。

表 15-3　orders 表结构

字 段 名	数据类型	主 键	外 键	非 空	唯 一
o_num	INT	是	否	是	是
o_date	DATE	否	否	否	否
c_id	VARCHAR(50)	否	是	否	否

(1) 创建数据表 orders，在 o_num 字段上添加主键约束，在 c_id 字段上添加外键约束，关联 customers 表中的主键 c_num。

(2) 删除 orders 表的主键约束和外键约束，然后删除表 customers。

第 16 章

事 务 和 锁

    SQL Server 中提供了多种数据完整性的保证机制，如约束、触发器、事务和锁管理等。事务管理主要是为了保证一批相关数据库中数据的操作能全部被完成，从而保持数据的完整性。锁机制主要是执行对多个活动事务的并发控制，它可以控制多个用户对同一数据进行的操作，使用锁机制，可以解决数据库的并发问题。本章将介绍事务与锁相关的内容，主要有事务的原理与管理常用语句、事务的类型和应用、锁的作用与类型、锁的应用等。

本章要点(已掌握的在方框中打钩)

☐ 了解事务的原理
☐ 掌握事务管理常用语句
☐ 熟悉事物的隔离级别
☑ 掌握事务的应用方法
☐ 了解锁的内涵和作用
☐ 掌握锁的应用方法

16.1 事 务 管 理

事务是 SQL Server 中的基本工作单元，它是用户定义的一个数据库操作序列，这些操作要么做要么全不做，是一个不可分割的工作单位。SQL Server 中事务可以分为自动提交事务、隐式事务、显式事务和分布式事务 4 种类型，如表 16-1 所示。

表 16-1　事务类型

类　型	含　义
自动提交事务	每条单独语句都是一个事务
隐式事务	前一个事务完成时新事务隐式启动，每个事务仍以 COMMIT 或 ROLLBACK 语句显示结束
显式事务	每个事务均以 BEGIN TRNSACTION 语句显示开始，以 COMMIT 或 ROLLBACK 语句显示结束
分布式事务	跨越多个服务器的事务

16.1.1　事务的原理

1．事务的含义

事务要有非常明确的起始点和结束点，SQL Server 中的每一条数据操作语句，例如 SELECT、INSERT、UPDATE 和 DELETE 都是隐式事务的一部分，即使只有一条语句，系统也会把这条语句当作一个事务，要么执行所有语句，要么什么都不执行。

事务开始之后，事务中所有的操作都会写到事务日志中。写到日志中的事务，一般有两种：一种是针对数据的操作，例如插入、修改和删除，这些操作的对象是大量的数据；另一种是针对任务的操作，例如创建索引。当取消这些事务操作时，系统自动执行这种操作的反操作，保证系统的一致性。系统自动生成一个检查点机制，这个检查点周期地检查事务日志。如果在事务日志中，事务全部完成，那么检查点事务日志中的事务提交到数据库中，并且在事务日志中做一个检查点提交标识。如果在事务日志中，事务没有完成，那么检查点对于事务日志中的事务不会提交到数据库中，并且会在事务日志中做一个检查点未提交的标识。事务的恢复及检查点保证了系统的完整性和可恢复性。

2．事务属性

事务是作为单个逻辑工作单元执行的一系列操作。一个逻辑工作单元必须有四个属性，即原子性(Atomic)、一致性(Consistent)、隔离性(Isolated)和持久性(Durable)，简称 ACID 属性，只有这样才能称为一个事务。

(1) 原子性：事务必须是原子工作单元，对于其数据修改，要么全都执行，要么全都不执行。

（2）一致性：事务在完成时，必须使所有的数据都保持一致状态。在相关数据库中，所有规则都必须应用于事务的修改，以保持所有数据的完整性。事务结束时，所有的内部数据结构都必须是正确的。

（3）隔离性：由并发事务所做的修改必须与任何其他并发事务所做的修改隔离。事务识别数据时数据所处的状态，要么是另一并发事务修改它之前的状态，要么是第二个事务修改它之后的状态，事务不会识别中间状态的数据。这称为可串行性，因为它能够重新装载起始数据，并且重播一系列事务，以使数据结束时的状态与原始事务执行的状态相同。

（4）持久性：事务完成之后，它对于系统的影响是永久性的。该修改即使出现系统故障也将一直保持。

3．建立事务应遵循的原则

事务中不能包含以下语句：ALTER DATABASE、DROP DATABASE、ALTER FULLTEXT CATALOG、DROP FULLTEXT CATALOG、ALTER FULLTEXT INDEX、DROP FULLTEXT INDEX、BACKUP、RECONFIGURE、CREATE DATABASE、RESTORE、CREATE FULLTEXT CATALOG、UPDATE STATISTICS、CREATE FULLTEXT INDEX。

当调用远程服务器上的存储过程时，不能使用 ROLLBACK TRANSACTION 语句，不可执行回滚操作。

SQL Server 不允许在事务内使用存储过程建立临时表。

16.1.2　事务管理的常用语句

SQL Server 中常用的事务管理语句包含以下几条。

（1）BEGIN TRANSACTION：建立一个事务。

（2）COMMIT TRANSACTION：提交事务。

（3）ROLLBACK TRANSACTION：事务失败时执行回滚操作。

（4）SAVE TRANSACTION：保存事务。

> 注意　BEGIN TRANSACTION 和 COMMIT TRANSACTION 同时使用，用来标识事务的开始和结束。

16.1.3　事务的隔离级别

事务具有隔离性，不同事务中所使用的时间必须要和其他事务进行隔离，在同一时间可以有很多个事务正在处理数据，但是每个数据在同一时刻只能有一个事务进行操作。如果将数据锁定，使用数据的事务就必须要排队等待，以防止多个事务互相影响。但是如果有几个事务因为锁定了自己的数据，同时又在等待其他事务释放数据，则造成死锁。

为了提高数据的并发使用效率，可以为事务在读取数据时设置隔离状态，SQL Server 2012 中事务的隔离状态由低到高可以分为五个级别。

（1）READ UNCOMMITTED 级别：该级别不隔离数据，即使事务正在使用数据，其他事务也能同时修改或删除该数据。在 READ UNCOMMITTED 级别运行的事务，不会发出共享锁来防止其他事务修改当前事务读取的数据。

(2) READ COMMITTED 级别：指定语句不能读取已由其他事务修改但尚未提交的数据，这样可以避免脏读。其他事务可以在当前事务的各个语句之间更改数据，从而产生不可重复读取和幻像数据。在 READ COMMITTED 事务中读取的数据随时都可能被修改，但已经修改过的数据事务会一直被锁定，直到事务结束为止。该选项是 SQL Server 的默认设置。

(3) REPEATABLE READ 级别：指定语句不能读取已由其他事务修改但尚未提交的行，并且指定，其他任何事务都不能在当前事务完成之前修改由当前事务读取的数据。该事务中的每个语句所读取的全部数据都设置了共享锁，并且该共享锁一直保持到事务完成为止。这样可以防止其他事务修改当前事务读取的任何行。

(4) SNAPSHOT 级别：指定事务中任何语句读取的数据都将是在事务开始时便存在的数据的事务上一致的版本。事务只能识别在其开始之前提交的数据修改。在当前事务中执行的语句将看不到在当前事务开始以后由其他事务所做的数据修改。其效果就好像事务中的语句获得了已提交数据的快照，因为该数据在事务开始时就存在。

除非正在恢复数据库，否则 SNAPSHOT 事务不会在读取数据时请求锁。读取数据的 SNAPSHOT 事务不会阻止其他事务写入数据。写入数据的事务也不会阻止 SNAPSHOT 事务读取数据。

(5) SERIALIZABLE 级别：将事务所要用到的时间全部锁定，不允许其他事务添加、修改和删除数据，使用该等级的事务并发性最低，要读取同一数据的事务必须排队等待。

可以使用 SET 语句更改事务的隔离级别，其语法格式如下：

```
SET TRANSACTION ISOLATION LEVEL
{
 READ UNCOMMITTED
| READ COMMITTED
| REPEATABLE READ
| SNAPSHOT
| SERIALIZABLE
}[ ; ]
```

16.1.4　实例 1——事务的应用

【例 16.1】限定 stu_info 表中最多只能插入 10 条学生记录，如果表中插入人数大于 10 人，则插入失败，操作过程如下。

首先，为了对比执行前后的结果，先查看 stu_info 表中当前的记录，查询语句如下：

```
Use test_db
GO
SELECT * FROM stu_info;
```

语句执行后结果如图 16-1 所示。

图 16-1　执行事务之前 stu_info 表中的记录

可以看到当前表中有 7 条记录，接下来输入下面的语句：

```
USE test_db;
GO
BEGIN TRANSACTION
INSERT INTO stu_info VALUES(22,'路飞',80,'男',18);
INSERT INTO stu_info VALUES(23,'张露',85,'女',18);
INSERT INTO stu_info VALUES(24,'魏波',70,'男',19);
INSERT INTO stu_info VALUES(25,'李婷',74,'女',18);
DECLARE @studentCount INT
SELECT @studentCount=(SELECT COUNT(*) FROM stu_info)
IF @studentCount > 10
    BEGIN
        ROLLBACK TRANSACTION
        PRINT '插入人数太多，插入失败！'
    END
ELSE
    BEGIN
        COMMIT TRANSACTION
        PRINT '插入成功！'
    END
```

上述代码中使用 BEGIN TRANSACTION 定义事务的开始，向 stu_info 表中插入 4 条记录，插入完成之后，判断 stu_info 表中总的记录数，如果学生人数大于 10，则插入失败，并使用 ROLLBACK TRANSACTION 撤销所有的操作；如果学生人数小于等于 10，则提交事务，将所有的新的学生记录插入 stu_info 表中。

输入完成后单击工具栏中的【执行】按钮，运行结果如图 16-2 所示。

可以看到因为 stu_info 表中原来已经有 7 条记录，插入 4 条记录之后，总的学生人数为 11 人，大于这里定义的人数上限，所以插入操作失败，事务回滚了所有的操作。

图 16-2　使用事务

执行完事务之后，再次查询 stu_info 表中内容，验证事务执行结果，运行结果如图 16-3 所示。

图 16-3　执行事务之后 stu_info 表中的记录

可以看到执行事务前后表中内容没有变化，这是因为事务撤销了对表的插入操作，可以修改插入的记录数小于 4 条，这样就能成功地插入数据。读者可以亲自操作一下，深刻体会事务的运行过程。

16.2　锁

SQL Server 支持多用户共享同一数据库，但是，当多个用户对同一个数据库进行修改时，会产生并发问题，使用锁可以解决用户存取数据的此类问题，从而保证数据库的完整性和一致性。对于一般的用户，通过系统的自动锁管理机制基本可以满足使用要求，但如果对数据安全性、数据库完整性和一致性有特殊要求，则需要亲自控制数据库的锁和解锁，这就需要了解 SQL Server 的锁机制，掌握锁的使用方法。

16.2.1　锁的内涵与作用

数据库中数据的并发操作经常发生，而对数据的并发操作会带来下面一些问题：脏读、幻读、非重复性读取、丢失更新。

1. 脏读

当一个事务读取的记录是另一个事务的一部分时，如果第一个事务正常完成，就没有什么问题，如果此时另一个事务未完成，就发生了脏读。例如，员工表中编号为 1001 的员工工资为 1740，如果事务 1 将工资修改为 1900，但还没有提交确认；此时事务 2 读取员工的工资为 1900；事务 1 中的操作由于某种原因执行了 ROLLBACK 回滚，取消了对员工工资的修改，但事务 2 已经把编号为 1001 的员工的数据读走了，此时就发生了脏读。

2. 幻读

当某一数据行执行 INSERT 或 DELETE 操作，而该数据行恰好属于某个事务正在读取的范围时，就会发生幻读现象。例如，现在要对员工涨工资，将所有工资为低于 1700 的工资都涨到新的 1900，事务 1 使用 UPDATE 语句进行更新操作，事务 2 同时读取这一批数据，但是在其中插入了几条工资小于 1900 的记录，此时事务 1 如果查看数据表中的数据，会发现自己 UPDATE 之后还有工资小于 1900 的记录！幻读事件是在某个凑巧的环境下发生的，简而言之，它是在运行 UPDATE 语句的同时有人执行了 INSERT 操作。因为插入了一个新记录行，所以没有被锁定，并且能正常运行。

3. 非重复性读取

如果一个事务不止一次地读取相同的记录，但在两次读取中间有另一个事务刚好修改了数据，则两次读取的数据将出现差异，此时就发生了非重复性读取。例如，事务 1 和事务 2 都读取一条工资为 2310 的数据行，如果事务 1 将记录中的工资修改为 2500 并提交，而事务 2 使用的员工的工资仍为 2310。

4. 丢失更新

一个事务更新了数据库之后，另一个事务再次对数据库更新，此时系统只能保留最后一个数据的修改。

例如，对一个员工表进行修改，事务 1 将员工表中编号为 1001 的员工工资修改为 1900，而之后事务 2 又把该员工的工资更改为 3000，那么最后员工的工资为 3000，导致事务 1 的修改丢失。

使用锁将可以实现并发控制，能够保证多个用户同时操作同一数据库中的数据而不发生上述数据不一致的现象。

16.2.2　可锁定资源与锁的类型

1．可锁定资源

使用 SQL Server 2012 中的锁机制可以锁定不同类型的资源，即具有多粒度锁，为了使锁的成本降至最低，SQL Server 会自动将资源锁定在合适的层次，锁的层次越高，它的粒度就越粗。锁定在较高的层次，例如表，就限制了其他事务对表中任意部分进行访问，但需要的资源较少，因为需要维护的锁较少；锁在较小的层次，例如行，可以增加并发但需要较大的开销，因为锁定了许多行，需要控制更多的锁。对于 SQL Server 来说，可以根据粒度大小分为 6 种可锁定的资源，这些资源由粗到细分别有以下几种。

(1) 数据库：锁定整个数据库，这是一种最高层次的锁，使用数据库锁将禁止任何事务或者用户对当前数据库的访问。

(2) 表：锁定整个数据表，包括实际的数据行和与该表相关联的所有索引中的键。其他任何事务在同一时刻都不能访问表中的任何数据。表锁定的特点是占用较少的系统资源，但是数据资源占用量较大。

(3) 区段页：一组连续的 8 个数据页，例如数据页或索引页。区段锁可以锁定控制区段内的 8 个数据或索引页以及在这 8 页中的所有数据行。

(4) 页：锁定该页中的所有数据或索引键。在事务处理过程中，不管事务处理数据量的大小，每一次都锁定一页，在这个页上的数据不能被其他事务占用。使用页层次锁时，即使一个事务只处理一个页上的一行数据，该页上的其他数据行也不能被其他事务使用。

(5) 键：索引中的特定键或一系列键上的锁，相同索引页中的其他键不受影响。

(6) 行：SQL Server 2012 中可以锁定的最小对象空间，行锁可以在事务处理数据过程中锁定单行或多行数据，行级锁占用资源较少，因而在事务处理过程中，其他事务可以继续处理同一个表或同一个页的其他数据，极大地降低了其他事务等待处理所需要的时间，提高了系统的并发性。

2．锁的类型

SQL Server 2012 中提供了多种锁模式，在这些类型的锁中，有些类型之间可以兼容，有些类型的锁之间是不可以兼容的。锁模式决定了并发事务访问资源的方式。下面将介绍几种常用锁类型。

(1) 更新锁：更新锁一般用于可更新的资源，可以防止多个会话在读取、锁定以及可能进行的资源更新时死锁情况的出现，当一个事务查询数据以便进行修改时，可以对数据项施加更新锁，如果事务修改资源，则更新锁会转化成排他锁，否则会转换成共享锁。一次只有一个事务可以获得资源上的更新锁，它允许其他事务对资源的共享访问，但阻止排他式的访问。

(2) 排他锁：用于数据修改操作，例如 INSERT、UPDATE 或 DELETE。确保不会同时对同一资源进行多重更新。

(3) 共享锁：用于读取数据操作，允许多个事务读取相同的数据，但不允许其他事务修改当前数据，如 SELECT 语句。当多个事务读取一个资源时，资源上存在共享锁，任何其他事务都不能修改数据，除非将事务隔离级别设置为可重复读或者更高的级别，或者在事务生存周期内用锁定提示对共享锁进行保留，那么一旦数据完成读取，资源上的共享锁立即得以释放。

(4) 键范围锁：键范围锁可防止幻读。通过保护行之间键的范围，它还可以防止对事务访问的记录集进行幻像插入或删除。

(5) 架构锁：执行表的数据定义操作时使用架构修改锁，在架构修改锁起作用的期间，会防止对表的并发访问，这意味着在释放架构修改锁之前，该锁之外的所有操作都将被阻止。

16.2.3 死锁

在两个或多个任务中，如果每个任务锁定了其他任务试图锁定的资源，此时会造成这些任务永久阻塞，从而出现死锁。此时系统处于死锁状态。

1. 死锁的原因

在多用户环境下，死锁的发生是由于两个事务都锁定了不同的资源的同时又都在申请对方锁定的资源，即一组进程中的各个进程均占有不会释放的资源，但因互相申请其他进程占用的不会释放的资源而处于一种永久等待的状态。形成死锁有 4 个必要条件。

(1) 请求与保持条件：获取资源的进程可以同时申请新的资源。

(2) 非剥夺条件：已经分配的资源不能从该进程中剥夺。

(3) 循环等待条件：多个进程构成环路，并且其中每个进程都在等待相邻进程正占用的资源。

(4) 互斥条件：资源只能被一个进程使用。

2. 可能会造成死锁的资源

每个用户会话可能有一个或多个代表它运行的任务，其中每个任务可能获取或等待获取各种资源。以下类型的资源可能会造成阻塞，并最终导致死锁。

(1) 锁。等待获取资源(如对象、页、行、元数据和应用程序)的锁可能导致死锁。例如，事务 T1 在行 r1 上有共享锁(S 锁)并等待获取行 r2 的排他锁(X 锁)。事务 T2 在行 r2 上有共享锁(S 锁)并等待获取行 r1 的排他锁(X 锁)。这将导致一个锁循环，其中，T1 和 T2 都在等待对方释放已锁定的资源。

(2) 工作线程。排队等待可用工作线程的任务可能导致死锁。如果排队等待的任务拥有阻塞所有工作线程的资源，则将导致死锁。例如，会话 S1 启动事务并获取行 r1 的共享锁(S 锁)后，进入睡眠状态。在所有可用工作线程上运行的活动会话正尝试获取行 r1 的排他锁(X 锁)。因为会话 S1 无法获取工作线程，所以无法提交事务并释放行 r1 的锁，这将导致死锁。

(3) 内存。当并发请求等待获得内存，而当前的可用内存无法满足其需要时，可能发生死锁。例如，两个并发查询(Q1 和 Q2)作为用户定义函数执行，分别获取 10MB 和 20MB 的内存。如果每个查询需要 30MB 而可用总内存为 20MB，则 Q1 和 Q2 必须等待对方释放内存，这将导致死锁。

(4) 并行查询执行的相关资源。通常与交换端口关联的处理协调器、发生器或使用者线程至少包含一个不属于并行查询的进程时，可能会相互阻塞，从而导致死锁。此外，当并行查询启动执行时，SQL Server 将根据当前的工作负荷确定并行度或工作线程数。如果系统工作负荷发生意外更改，例如，当新查询开始在服务器中运行或系统用完工作线程时，则可能发生死锁。

3. 减少死锁的策略

复杂的系统中不可能百分之百地避免死锁，从实际出发为了减少死锁，可以采用以下策略。

(1) 在所有事务中以相同的次序使用资源。

(2) 使事务尽可能简短并且在一个批处理中。

(3) 为死锁超时参数设置一个合理范围，如 3～30 分钟；超时，则自动放弃本次操作，避免进程挂起。

(4) 避免在事务内和用户进行交互，减少资源的锁定时间。

(5) 使用较低的隔离级别。相比较高的隔离级别能够有效减少持有共享锁的时间，减少锁之间的竞争。

(6) 使用 Bound Connections。Bound Connections 允许两个或多个事务连接共享事务和锁，而且任何一个事务连接都要申请锁如同另一个事务要申请锁一样，因此可以运行这些事务共享数据而不会有加锁冲突。

(7) 使用基于行版本控制的隔离级别。持快照事务隔离和指定 READ_COMMITTED 隔离级别的事务使用行版本控制，可以将读与写操作之间发生的死锁概率降至最低。SET ALLOW_SNAPSHOT_ISOLATION ON 事务可以指定 SNAPSHOT 事务隔离级别；SET READ_COMMITTED_SNAPSHOT ON 指定 READ_COMMITTED 隔离级别的事务将使用行版本控制而不是锁定。在默认情况下，SELECT 语句会对请求的资源加 S(共享)锁，而开启了此选项后，SELECT 不会对请求的资源加 S 锁。

16.2.4 实例 2——锁的应用

锁的应用情况比较多，本小节中，将对锁可能出现的几种情况进行具体的分析，使读者更加深刻地理解事务的使用。

1. 锁定行

【例 16.2】锁定 stu_info 表中 s_id=2 的学生记录，输入语句如下：

```
USE test_db;
GO
SET TRANSACTION ISOLATION LEVEL READ UNCOMMITTED
SELECT * FROM stu_info ROWLOCK WHERE s_id=2;
```

输入完成后，单击工具栏中的【执行】按钮，执行结果如图 16-4 所示。

2. 锁定数据表

【例 16.3】锁定 stu_info 表中的记录，输入语句如下：

```
USE test_db;
GO
SELECT s_age FROM stu_info  TABLELOCKX  WHERE s_age=18;
```

输入完成后，单击工具栏中的【执行】按钮，结果如图 16-5 所示。

图 16-4　锁定行

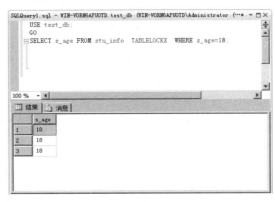

图 16-5　对数据表加锁

对表加锁后，其他用户将不能对该表进行访问。

3．排他锁

【例 16.4】创建名称为 transaction1 和 transaction2 的事务，在 transaction1 事务上面添加排他锁，transaction1 执行 10 秒钟之后才能执行 transaction2 事务，输入语句如下：

```
USE test_db;
GO
BEGIN TRAN transaction1
UPDATE stu_info SET s_score=88 WHERE s_name='许三' ;
WAITFOR DELAY '00:00:10';
COMMIT TRAN

BEGIN TRAN transaction2
SELECT * FROM stu_info WHERE s_name='许三';
COMMIT TRAN
```

输入完成后，单击工具栏中的【执行】按钮，执行结果如图 16-6 所示。

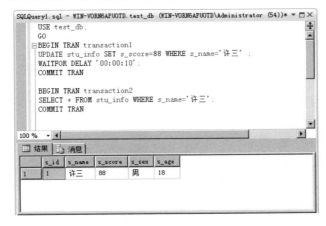

图 16-6　排他锁

transaction2 事务中的 SELECT 语句必须等待 transaction1 执行完毕 10 秒之后才能执行。

4．共享锁

【例 16.5】创建名称为 transaction1 和 transaction2 的事务，在 transaction1 事务上面添加共享锁，允许两个事务同时执行查询操作，如果第二个事务要执行更新操作，必须等待 10 秒钟，输入语句如下：

```
USE test_db;
GO
BEGIN TRAN transaction1
SELECT s_score,s_sex,s_age FROM stu_info WITH(HOLDLOCK) WHERE s_name='许三';
WAITFOR DELAY '00:00:10';
COMMIT TRAN

BEGIN TRAN transaction2
SELECT * FROM stu_info  WHERE s_name='许三';
COMMIT TRAN
```

输入完成后，单击工具栏中的【执行】按钮，执行结果如图 16-7 所示。

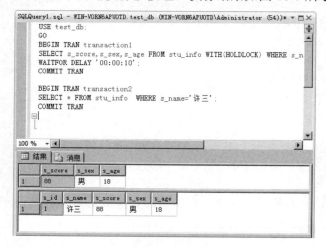

图 16-7　共享锁

5．死锁

死锁的造成是因为多个任务都锁定了自己的资源，而又在等待其他事务释放资源，因此造成资源的竞用而产生死锁。

例如，事务 A 与事务 B 是两个并发执行的事务，事务 A 锁定了表 A 的所有数据，同时请求使用表 B 里的数据，而事务 B 锁定了表 B 中的所有数据，同时请求使用表 A 中的数据。两个事务都在等待对方释放资源，而造成了一个死循环，即死锁。除非某一个外部程序来结束其中一个事务，否则这两个事务就会无限期地等待下去。

当发生死锁时，SQL Server 将选择一个死锁牺牲，对死锁牺牲的事务进行回滚，另一个事务将继续正常运行。默认情况下，SQL Server 将会选择回滚代价最低的事务牺牲掉。

随着应用系统复杂性的提高，不可能百分之百地避免死锁，可采取一些相应的规则，来有效地减少死锁，可采用的规则有以下几种。

1) 按同一顺序访问对象

如果所有并发事务按同一顺序访问对象，则发生死锁的可能性会降低。例如，如果两个并发事务先获取 suppliers 表上的锁，然后获取 fruits 表上的锁，则在其中一个事务完成之前，另一个事务将在 suppliers 表上被阻塞。当第一个事务提交或回滚之后，第二个事务将继续执行，这样就不会发生死锁。将存储过程用于所有数据修改可以使对象的访问顺序标准化。

2) 避免事务中的用户交互

避免编写包含用户交互的事务，因为没有用户干预的批处理的运行速度远快于用户必须手动响应查询时的速度(如回复输入应用程序请求的参数的提示)。例如，如果事务正在等待用户输入，而用户去吃午餐甚至回家过周末了，则用户就耽误了事务的完成。这将降低系统的吞吐量，因为事务持有的任何锁只有在事务提交或回滚后才会释放。即使不出现死锁的情况，在占用资源的事务完成之前，访问同一资源的其他事务也会被阻塞。

3) 保持事务简短并处于一个批处理中

在同一数据库中并发执行多个需要长时间运行的事务时通常会发生死锁。事务的运行时间越长，它持有排他锁或更新锁的时间也就越长，因此会阻塞其他活动并可能导致死锁。

保持事务处于一个批处理中可以最小化事务中的网络通信往返量，减少完成事务和释放锁可能遭遇的延迟。

4) 使用较低的隔离级别

确定事务是否能在较低的隔离级别上运行。实现已提交读允许事务读取另一个事务已读取(未修改)的数据，而不必等待第一个事务完成。使用较低的隔离级别(例如已提交读)比使用较高的隔离级别(例如可序列化)持有共享锁的时间更短，这样就减少了锁争用。

5) 使用基于行版本控制的隔离级别

如果将 READ_COMMITTED_SNAPSHOT 数据库选项设置为 ON，则在已提交读隔离级别下运行的事务在读操作期间将使用行版本控制而不是共享锁。

快照隔离也使用行版本控制，该级别在读操作期间不使用共享锁。必须将 ALLOW_SNAPSHOT_ISOLATION 数据库选项设置为 ON，事务才能在快照隔离下运行。

实现这些隔离级别可使得在读、写操作之间发生死锁的可能性降至最低。

6) 使用绑定连接

使用绑定连接，同一应用程序打开的两个或多个连接可以相互合作。可以像主连接获取的锁那样持有次级连接获取的任何锁，反之亦然。这样它们就不会互相阻塞。

16.3 高手甜点

甜点 1：事务和锁在应用上的区别是什么？

事务将一段 Transact-SQL 语句作为一个单元来处理，这些操作要么全部成功，要么全部失败。事务包含四个特性：原子性、一致性、隔离性和持久性。事务的执行方式分为自动提交事务、显式事务、隐式事务和分布式事务。事务以"BEGIN TRAN"语句开始，并以"COMMIT TRAN"或"ROLLBACK TRAN"语句结束。锁是另一个和事务紧密联系的概念，对于多用户系统，使用锁来保护指定的资源。在事务中使用锁，可以防止其他用户修改另外一个事务中还没有完成的事务中的数据。SQL Server 中有多种类型的锁，允许事务锁定不同的资源。

甜点 2：事务和锁有什么关系？

SQL Server 2012 中可以使用多种机制来确保数据的完整性，例如约束、触发器以及本章介绍的事务和锁等。事务和锁的关系非常紧密。事务包含一系列的操作，这些操作要么全部成功，要么全部失败，通过事务机制管理多个事务，保证事务的一致性，事务中使用锁保护指定的资源，防止其他用户修改另外一个还没有完成的事务中的数据。

16.4　跟我学上机

1. 简述事务的原理。
2. 做一个事务应用的例子。
3. 做一个包含死锁的例子。

第 17 章

SQL Server 2012 的
安全机制

随着电子信息技术的发展，数据库系统在工作和生活中的应用也越来越广泛，而且在某些领域(如电子商务、ERP 系统)中，数据库中保存着非常重要的商业数据和客户资料。数据库安全方面的管理在数据库管理系统中有着非常重要的地位。作为数据库系统管理员，需要了解 SQL Server 2012 的安全性控制策略，以保障数据库中数据的安全。本章将详细介绍 SQL Server 2012 的安全机制、验证方式、登录名管理、管理用户账户、角色和权限配置等内容。

本章要点(已掌握的在方框中打钩)

☐ 了解 SQL Server 安全性的概念
☐ 掌握安全验证的方法
☐ 掌握创建登录账户的方法
☐ 掌握修改登录账户的方法
☐ 掌握删除登录账户的方法
☐ 掌握角色管理的方法
☐ 掌握权限管理的方法

17.1 SQL Server 安全性概述

随着互联网应用的范围越来越广，数据库的安全性也变得越来越重要，数据库中存储着重要的客户或资产信息等，这些无形的资产是公司的宝贵信息，必须对其进行严格的保护。SQL Server 的安全性就是用于保护服务器和存储在服务器中的数据，SQL Server 2012 中的安全性可以决定哪些用户可以登录到服务器，登录到服务器的用户可以对哪些数据库对象执行操作或管理任务等。

17.1.1 SQL Server 2012 的安全机制

SQL Server 2012 整个安全体系结构从顺序上可以分为认证和授权两个部分，其安全机制可以分为 5 个层级。

(1) 客户机安全机制。

(2) 网络传输的安全机制。

(3) 实例级别安全机制。

(4) 数据库级别安全机制。

(5) 对象级别安全机制。

这些层级由高到低，所有的层级之间相互联系，用户只有通过了高一层级的安全验证，才能继续访问数据库中下一层级的内容。

1. 客户机安全机制

数据库管理系统需要运行在某一特定的操作系统平台下，客户机操作系统的安全性直接影响到 SQL Server 2012 的安全性。在用户使用客户计算机通过网络访问 SQL Server 2012 服务器时，用户首先要获得客户计算机操作系统的使用权限。操作系统安全性是操作系统管理员或网络管理员的任务。由于 SQL Server 2012 采用了集成 Windows NT 网络安全性机制，所以提高了操作系统的安全性，但与此同时也加大了管理数据库系统安全的难度。

2. 网络传输的安全机制

SQL Server 2012 对关键数据进行了加密，即使攻击者通过防火墙和服务器上的操作系统到达了数据库，还要对数据进行解析。SQL Server 2012 有两种对数据加密的方式：数据加密和备份加密。

1) 数据加密

数据加密执行所有的数据库级别的加密操作，消除了应用程序开发人员创建定制的代码来加密和解密数据的过程。数据在写到磁盘时进行加密，从磁盘读的时候解密。使用 SQL Server 来管理加密和解密，可以保护数据库中的业务数据而不必对现有应用程序做任何更改。

2) 备份加密

对备份进行加密可以防止数据泄露和被篡改。

3. 实例级别安全机制

SQL Server 2012 采用了标准 SQL Server 登录和集成 Windows 登录两种。无论使用哪种登录方式，用户在登录时必须提供登录密码和账号，管理和设计合理的登录方式是 SQL Server 数据库管理员的重要任务，也是 SQL Server 安全体系中重要的组成部分。SQL Server 服务器中预先设定了许多固定服务器的角色，用来为具有服务器管理员资格的用户分配使用权利，固定服务器角色的成员可以用于服务器级的管理权限。

4. 数据库级别安全机制

在建立用户的登录账号信息时，SQL Server 提示用户选择默认的数据库，并分配给用户权限，以后每次用户登录服务器后，都会自动转到默认数据库，对任何用户来说，如果在设置登录账号时没有指定默认数据库，则用户的权限将限制在 master 数据库以内。

SQL Server 2012 允许用户在数据库上建立新的角色，然后授予该角色多个权限，最后再通过角色将权限赋予 SQL Server 2012 的用户，使其他用户获取具体数据库的操作权限。

5. 对象级别安全机制

对象安全性检查是数据库管理系统的最后一个安全等级。创建数据库对象时，SQL Server 2012 将自动把该数据库对象的用户权限赋予该对象的所有者，对象的拥有者可以实现该对象的安全控制。数据库对象访问权限定义了用户对数据库中数据对象的引用、数据操作语句的许可权限，这通过定义对象和语句的许可权限来实现。

SQL Server 2012 安全模式下的层次对于用户权限的划分并不是孤立的，相邻的层次之间通过账号建立关联，用户访问数据库的时候需要经过 3 个阶段的处理。

第一阶段：用户登录到 SQL Server 的实例进行身份鉴别，被确认合法才能登录到 SQL Server 实例。

第二阶段：用户在每个要访问的数据库里必须有一个账号，SQL Server 实例将登录映射到数据库用户账号上，在这个数据库的账号上定义数据库的管理和数据对象访问的安全策略。

第三阶段：检查用户是否具有访问数据库对象、执行操作的权限，经过语句许可权限的验证，才能够实现对数据的操作。

17.1.2 基本安全术语

理解基本安全术语对 SQL Server 安全性能起到非常重要的作用，下面分别介绍关于安全性的一些基本术语。

1. 数据库所有者

数据库所有者(DBO)是数据库的创建者，每个数据库只有一个数据库所有者。DBO 有数据库中的所有特权，可以提供给其他用户访问权限。

2. 数据库对象

数据库对象包含表、索引、视图、触发器、规则和存储过程，创建数据库对象的用户是数据库对象所有者，数据库对象可以授予其他用户使用其拥有对象的权利。

3. 域

域是一组计算机的集合，它们可以共享一个通用安全性数据库。

4. 数据库组

数据库组是一组数据库用户的集合。这些用户接受相同的数据库用户许可。使用组可以简化大量数据库用户的管理，组提供了让大量用户授权和取消许可的一种简便方法。

5. 系统管理员

系统管理员是负责管理 SQL Server 全面性能和综合应用的管理员，简称 sa。系统管理员的工作包括安装 SQL Server 2012，配置服务器，管理和监视磁盘空间、内存和连接的使用，创建设备和数据库，确认用户和授权许可，从 SQL Server 数据库导入/导出数据，备份和恢复数据库，实现和维护复制调度任务，监视和调配 SQL Server 性能，诊断系统问题等。

6. 许可

使用许可可以增强 SQL Server 数据库的安全性，SQL Server 许可系统指定哪些用户被授予使用哪些数据库对象的操作，指定许可的能力由每个用户的状态(系统管理员、数据库所有者或者数据库对象所有者)决定。

7. 用户名

SQL Server 服务器分配给登录 ID 的名字，用户使用用户名连接到 SQL Server 2012。

8. 主体

主体是可以请求对 SQL Server 资源访问权限的实体，包括用户、组或进程。主体有以下特征：每个主体都有自己的安全标识号(SID)，每个主题有一个作用域，作用域基于定义主体的级别，主体可以是主体的集合(Windows 组)或者不可分割的主体(Windows 登录名)。

Windows 级别的主体包括：Windows 域登录名和 Windows 本地登录名；SQL Server 级的主体包括 SQL Server 登录名；数据库级的主体包括数据库用户、数据库角色、应用程序角色、数据库用户。

9. 角色

角色中包含了 SQL Server 2012 预定义的一些特殊权限，可以将角色分别授予不同的主体。使用角色可以提供有效而复杂的安全模型，以及管理可保护对象的访问权限。SQL Server 2012 中包含 4 类不同的角色，分别是：固定服务器角色、固定数据库角色、用户自定义数据库角色和应用程序角色。

17.2　安全验证方式

验证方式也就是用户登录，这是 SQL Server 实施安全性的第一步，用户只有登录到服务器之后才能对 SQL Server 数据库系统进行管理。如果把数据库作为大楼的一个又一个房间的话，那么用户登录数据库就是首先进入这栋大楼。

SQL Server 提供了两种验证模式：Windows 身份验证模式和混合模式。

17.2.1 Windows 身份验证模式

SQL Server 数据库系统一般情况下都运行在 Windows 服务器上，作为一个网络操作系统 Windows 本身仅提供账户的管理和验证功能。Windows 验证模式利用了操作系统用户安全性和账号管理机制，允许 SQL Server 使用 Windows 的用户名和口令，在这种模式下，SQL Server 把登录验证的任务交给了 Windows 操作系统，用户只要通过 Windows 的验证，就可以连接到 SQL Server 服务器。

使用 Windows 身份验证模式可以获得最佳工作效率，在这种模式下，域用户不需要独立的 SQL Server 账户和密码就可以访问数据库。如果用户更新了自己的域密码，也不必更改 SQL Server 2012 的密码，但是该模式下用户要遵从 Windows 安全模式的规则。默认情况下 SQL Server 2012 使用 Windows 身份验证模式，即本地账户来登录。

17.2.2 混合模式

混合模式 SQL Server 和 Windows(混合)身份验证模式。使用混合模式登录时，可以同时使用 Windows 身份验证和 SQL Server 身份验证。如果用户使用 TCP/IP Sockets 进行登录验证，则使用 SQL Server 身份验证；如果用户使用命名管道，则使用 Windows 身份验证。

SQL Server 身份验证模式中，运行用户使用 SQL Server 安全性连接到 SQL Server，在该认证模式下，用户连接到 SQL Server 时必须提供登录账户和密码，这些信息保存在数据库中的 syslogins 系统表中，与 Windows 的登录账号无关。如果登录的账号未在服务器中注册，则身份验证失败。

登录数据库服务器时，可以选择任意一种方式登录到 SQL Server。

17.2.3 实例 1——设置验证模式

SQL Server 2012 两种登录模式可以根据不同用户的实际情况来进行选择。在 SQL Server 2012 的安装过程中就需要执行服务器的身份验证登录模式。登录到 SQL Server 2012 之后，就可以设置服务器身份验证。具体操作步骤如下。

图 17-1 选择【属性】命令

step 01 打开 SSMS，在【对象资源管理器】面板中右击服务器名称，在弹出的快捷菜单中选择【属性】命令，如图 17-1 所示。

step 02 打开【服务器属性】对话框，选择【选择页】中的【安全性】选项，在右侧的选择页中系统提供了设置身份验证的模式：【Windows 身份验证模式】和【SQL Server

和 Windows 身份验证模式】，选择其中的一种模式，单击【确定】按钮，重新启动
SQL Server 服务(MSSQLSERVER)，完成身份验证模式的设置，如图 17-2 所示。

图 17-2　服务器属性对话框

17.3　创建登录账户

创建登录账户可以使用图形化管理工具或者 Transact-SQL 语句两种方式。Transact-SQL
既可将 Windows 登录名映射到 SQL Server 系统中，也可以创建 SQL Server 登录账户。创建
登录账户的 Transact-SQL 语句的语法格式如下：

```
CREATE LOGIN loginName { WITH <option_list1> | FROM <sources> }

<option_list1> ::=
    PASSWORD = { 'password' | hashed_password HASHED } [ MUST_CHANGE ]
    [ , <option_list2> [ ,… ] ]

<option_list2> ::=
    SID = sid
    | DEFAULT_DATABASE = database
    | DEFAULT_LANGUAGE = language
    | CHECK_EXPIRATION = { ON | OFF}
    | CHECK_POLICY = { ON | OFF}
    | CREDENTIAL = credential_name

<sources> ::=
    WINDOWS [ WITH <windows_options> [ ,… ] ]
    | CERTIFICATE certname
    | ASYMMETRIC KEY asym_key_name
```

```
<windows_options> ::=
    DEFAULT_DATABASE = database
    | DEFAULT_LANGUAGE = language
```

各参数说明如下。

loginName：指定创建的登录名。有四种类型的登录名：SQL Server 登录名、Windows 登录名、证书映射登录名和非对称密钥映射登录名。如果从 Windows 域账户映射 loginName，则 loginName 必须用方括号([ ])括起来。

PASSWORD = 'password'：仅适用于 SQL Server 登录名。指定正在创建的登录名的密码，应使用强密码。

PASSWORD = hashed_password：仅适用于 HASHED 关键字。指定要创建的登录名的密码的哈希值。

HASHED：仅适用于 SQL Server 登录名。指定在 PASSWORD 参数后输入的密码已经过哈希运算。如果未选择此选项，则在将作为密码输入的字符串存储到数据库之前，对其进行哈希运算。

MUST_CHANGE：仅适用于 SQL Server 登录名。如果包括此选项，则 SQL Server 将在首次使用新登录名时提示用户输入新密码。

SID = sid：仅适用于 SQL Server 登录名。指定新 SQL Server 登录名的 GUID。如果未选择此选项，则 SQL Server 自动指派 GUID。

DEFAULT_DATABASE = database：指定将指派给登录名的默认数据库。如果未包括此选项，则默认数据库将设置为 master。

DEFAULT_LANGUAGE = language：指定将指派给登录名的默认语言。如果未包括此选项，则默认语言将设置为服务器的当前默认语言。即使将来服务器的默认语言发生更改，登录名的默认语言也仍保持不变。

CHECK_EXPIRATION = { ON | OFF }：仅适用于 SQL Server 登录名。指定是否对此登录账户强制实施密码过期策略。默认值为 OFF。

CHECK_POLICY = { ON | OFF }：仅适用于 SQL Server 登录名。指定应对此登录名强制实施运行 SQL Server 的计算机的 Windows 密码策略。默认值为 ON。

CREDENTIAL = credential_name：将映射到新 SQL Server 登录名的凭据的名称。该凭据必须已存在于服务器中。当前此选项只将凭据链接到登录名。在未来的 SQL Server 版本中可能会扩展此选项的功能。

WINDOWS：指定将登录名映射到 Windows 登录名。

CERTIFICATE certname：指定将与此登录名关联的证书名称。此证书必须已存在于 master 数据库中。

ASYMMETRIC KEY asym_key_name：指定将与此登录名关联的非对称密钥的名称。此密钥必须已存在于 master 数据库中。

17.3.1　实例 2——创建 Windows 登录账户

Windows 身份验证模式是默认的验证方式，可以直接使用 Windows 的账户登录。SQL

Server 2012 中的 Windows 登录账户可以映射到单个用户、管理员创建的 Windows 组以及 Windows 内部组(例如 Administrators)。

通常情况下创建的登录应该映射到单个用户或自己创建的 Windows 组。创建 Windows 登录账户的第一步是创建操作系统的用户账户。具体操作步骤如下。

step 01 单击【开始】按钮，在弹出的菜单中选择【控制面板】命令，打开【控制面板】窗口，双击【管理工具】选项，如图 17-3 所示。

图 17-3　【控制面板】窗口

step 02 打开【管理工具】窗口，双击【计算机管理】选项，如图 17-4 所示。

图 17-4　【管理工具】窗口

step 03 打开【计算机管理】窗口，选择【系统工具】➤【本地用户和组】选项，选择
【用户】节点，右击并在弹出的快捷菜单中选择【新用户】命令，如图 17-5 所示。

图 17-5 【计算机管理】窗口

step 04 弹出【新用户】对话框，输入用户名为"DataBaseAdmin"，描述为"数据库管
理员"，设置登录密码之后，选中【密码永不过期】复选框，单击【创建】按钮，
完成新用户的创建，如图 17-6 所示。

step 05 新用户创建完成之后，下面就可以创建映射到这些账户的 Windows 登录。登录
到 SQL Server 2012 之后，在【对象资源管理器】面板中展开服务器下面的【安全
性】节点，右击【登录名】节点，在弹出的快捷菜单中选择【新建登录名】命令，
如图 17-7 所示。

图 17-6 【新用户】对话框

图 17-7 选择【新建登录名】命令

step 06 打开【登录名-新建】对话框，在【选择页】列表中选择【常规】选项，在右侧
的选择页中单击【搜索】按钮，如图 17-8 所示。

step 07 弹出【选择用户或组】对话框，依次单击对话框中的【高级】和【立即查找】
按钮，从用户列表中选择刚才创建的名称为 DataBaseAdmin 的用户，如图 17-9 所示。

step 08 选择用户完毕，单击【确定】按钮，在【选择用户或组】对话框中列出了刚才
选择的用户，如图 17-10 所示。

图 17-8 【登录名-新建】对话框

图 17-9 【选择用户或组】对话框(1)　　　　图 17-10 【选择用户或组】对话框(2)

step 09 单击【确定】按钮，返回【登录名-新建】对话框，在该对话框中选中【Windows
身份验证】单选按钮，同时在下面的【默认数据库】下拉列表框中选择 master 数据
库，如图 17-11 所示。

step 10 单击【确定】按钮，完成 Windows 身份验证账户的创建。为了验证创建结果，

创建完成之后，重新启动计算机，使用新创建的操作系统用户 DataBaseAdmin 登录本地计算机，就可以使用 Windows 身份验证方式连接服务器了。

图 17-11　新建 Windows 登录用户

用户也可以在创建完新的操作系统用户之后，使用 Transact-SQL 语句，添加 Windows 登录账户。

【例 17.1】添加 Windows 登录名账户，输入语句如下：

```
CREATE LOGIN [KEVIN\DataBaseAdmin] FROM WINDOWS
WITH DEFAULT_DATABASE=test;
```

17.3.2　实例 3——创建 SQL Server 登录账户

Windows 登录账号使用非常方便，只要能获得 Windows 操作系统的登录权限，就可以与 SQL Server 建立连接，如果正在为其创建登录的用户无法建立连接，则必须为其创建 SQL Server 登录账户，具体操作步骤如下。

step 01　打开 SSMS，在【对象资源管理器】面板中展开服务器下面的【安全性】节点。右击【登录名】节点，在弹出的快捷菜单中选择【新建登录名】命令，打开【登录名-新建】对话框，在【选择页】列表中选择【常规】选项，在右侧的选择页中选中【SQL Server 身份验证】单选按钮，然后输入用户名和密码，取消选中【强制实施密码策略】复选框，并选择新账户的默认数据库，如图 17-12 所示。

step 02　在【选择页】列表中选择【用户映射】选项，在右侧的选择页中启用默认数据库 Test，系统会自动创建与登录名同名的数据库用户并进行映射，这里可以选择该登录账户的数据库角色，为登录账户设置权限，默认选择 public，表示拥有最小权限，如图 17-13 所示。

图 17-12　创建 SQL Server 登录账户

step 03　单击【确定】按钮，完成 SQL Server 登录账户的创建。

创建完成之后，用户可以断开服务器连接，重新打开 SSMS，使用登录名 DataBaseAdmin2 进行连接，具体操作步骤如下。

step 01　使用 Windows 登录账户登录到服务器之后，右击【服务器】节点，在弹出的快捷菜单中选择【重新启动】命令，如图 17-14 所示。

图 17-13　【用户映射】选择页

图 17-14　选择【重新启动】命令

step 02 在弹出的重启确认对话框中单击【是】按钮，如图 17-15 所示。

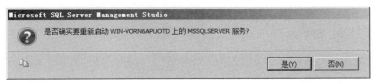

图 17-15　重启服务器提示对话框

step 03 系统开始自动重启，并显示重启的进度条，如图 17-16 所示。

图 17-16　重启进度

注意　　上述步骤并不是必需的，如果在安装 SQL Server 2012 时指定登录模式为【混合模式】，则不需要重新启动服务器，直接使用新创建的 SQL Server 账户即可登录；否则需要修改服务器的登录方式，然后重新启动服务器。

step 04 单击【对象资源管理器】面板左上角的【连接】按钮，在打开的下拉菜单中选择【数据库引擎】命令，弹出【连接到服务器】对话框，从【身份验证】下拉列表框中选择【SQL Server 身份验证】选项，在【登录名】下拉列表框中输入用户名 "DataBaseAdmin2"，【密码】文本框中输入对应的密码，如图 17-17 所示。

step 05 单击【连接】按钮，登录服务器。登录成功之后可以查看相应的数据库对象，如图 17-18 所示。

图 17-17　【连接到服务器】对话框

图 17-18　使用 SQL Server 账户登录

注意　　使用新建的 SQL Server 账户登录之后，虽然能看到其他的数据库，但是只能访问指定的 Test 数据库，如果访问其他的数据库，因为无权访问，系统将提示错误信息。另外，因为系统并没有给该登录账户配置任何权限，所以当前登录只能进入 Test 数据库，不能执行其他操作。

同样，用户也可以使用 Transact-SQL 语句创建 SQL Server 登录账户。重新使用 Windows 身份验证登录 SQL Server 服务器，运行下面的 Transact-SQL 语句。

【例 17.2】添加 SQL Server 登录名账户，输入语句如下：

```
CREATE LOGIN DBAdmin
WITH PASSWORD= 'dbpwd', DEFAULT_DATABASE=test
```

输入完成后，单击工具栏中的【执行】按钮，执行完成之后会创建一个名称为 DBAdmin 的 SQL Server 账户，密码为 dbpwd，默认数据库为 Test。

17.4　实例 4——修改登录账户

登录账户创建完成之后，可以根据需要修改登录账户的名称、密码、密码策略、默认数据库以及禁用或启用该登录账户等。

修改登录账户信息使用 ALTER LOGIN 语句，其语法格式如下：

```
ALTER LOGIN login_name
    {
    <status_option>
    | WITH <set_option> [ ,… ]
    | <cryptographic_credential_option>
    }

<status_option> ::=
      ENABLE | DISABLE

<set_option> ::=
    PASSWORD = 'password' | hashed_password HASHED
    [
     OLD_PASSWORD = 'oldpassword' | MUST_CHANGE | UNLOCK
    ]
    | DEFAULT_DATABASE = database
    | DEFAULT_LANGUAGE = language
    | NAME =login_name
    | CHECK_POLICY = { ON | OFF }
    | CHECK_EXPIRATION = { ON | OFF }
    | CREDENTIAL = credential_name
    | NO CREDENTIAL

<cryptographic_credentials_option> ::=
      ADD CREDENTIAL credential_name
       | DROP CREDENTIAL credential_name
```

主要参数说明如下。

login_name：指定正在更改的 SQL Server 登录的名称。

ENABLE | DISABLE：启用或禁用此登录。

其他各个参数的作用与 CREATE LOGIN 语句中相同，这里就不再赘述。

【例 17.3】使用 ALTER LOGIN 语句将登录名 DBAdmin 修改为 NewAdmin，输入语句如下：

```
ALTER LOGIN DBAdmin WITH NAME=NewAdmin
GO
```

输入完成后，单击工具栏中的【执行】按钮。

> **注意** SQL Server 系统中登录名的标识符是 SID，登录名是一个逻辑上使用的名称，修改登录名之后，由于 SID 不变，因此与该登录名有关的密码、权限等不会发生任何变化。

用户也可以通过图形化的管理工具修改登录账户。操作步骤如下。

step 01 打开【对象资源管理器】面板，依次展开【服务器】节点下的【安全性】➤【登录名】节点，该节点下列出了当前服务器中所有的登录账户。

step 02 选择要修改的用户，例如这里刚修改过的 DataBaseAdmin2。右击该用户节点，在弹出的快捷菜单中选择【重命名】命令，在显示的虚文本框中输入新的名称即可，如图 17-19 所示。

step 03 如果要修改账户的其他属性信息，如默认数据库、权限等，可以右击账户节点后，在弹出的快捷菜单中选择【属性】命令，可以在弹出的登录属性对话框中进行修改，如图 17-20 所示。

图 17-19 选择【重命名】命令

图 17-20 登录属性对话框

17.5 实例 5——删除登录账户

用户管理的另一项重要内容就是删除不再使用的登录账户。及时删除不再使用的账户，可以保证数据库的安全。用户可以在【对象资源管理器】面板中删除登录账户，操作步骤如下。

step 01 打开【对象资源管理器】面板，依次展开【服务器】节点下的【安全性】➤【登录名】节点，该节点下列出了当前服务器中所有的登录账户。

step 02 选择要修改的用户，例如这里选择 DataBaseAdmin2。右击该用户节点，在弹出的快捷菜单中选择【删除】命令，弹出【删除对象】对话框，如图 17-21 所示。

图 17-21 【删除对象】对话框

step 03 单击【确定】按钮，完成登录账户的删除操作。

用户也可以使用 DROP LOGIN 语句删除。DROP LOGIN 语句的语法格式如下：

```
DROP LOGIN login_name
```

上述语句中，login_name 是登录账户的登录名。

【例 17.4】使用 DROP LOGIN 语句删除名称为 DataBaseAdmin2 的登录账户，输入语句如下：

```
DROP LOGIN DataBaseAdmin2
```

输入完成后单击工具栏中的【执行】按钮，完成删除操作。

删除之后，用户可以刷新【登录名】节点，可以看到该节点下面少了两个登录账户。

17.6 角 色 管 理

使用登录账户可以连接到服务器，但是如果不为登录账户分配权限，则依然无法对数据库中的数据进行访问和管理。角色相当于 Windows 操作系统中的用户组，可以集中管理数据库或服务器的权限。按照角色的作用范围，可以将其分为四类：固定服务器角色、数据库角色、自定义数据库角色和应用程序角色。本节将详细介绍这些内容。

17.6.1 固定服务器角色

服务器角色可以授予服务器管理的能力，服务器级角色的权限作用域为服务器范围。用户可以向服务器级角色中添加 SQL Server 登录名、Windows 账户和 Windows 组。固定服务器角色的每个成员都可以向其所属角色添加其他登录名。

SQL Server 2012 中提供了 9 个固定服务器角色，在【对象资源管理器】面板中，依次展开【安全性】➤【服务器角色】节点，即可以看到所有的固定服务器角色，如图 17-22 所示。

图 17-22　固定服务器角色列表

表 17-1 列出了各个服务器角色的功能。

表 17-1　固定服务器角色功能

服务器级角色名称	说　明
sysadmin	sysadmin 固定服务器角色的成员可以在服务器上执行任何活动。默认情况下，Windows BUILTIN\Administrators 组(本地管理员组)的所有成员都是 sysadmin 固定服务器角色的成员
serveradmin	serveradmin 固定服务器角色的成员可以更改服务器范围的配置选项和关闭服务器
securityadmin	securityadmin 固定服务器角色的成员可以管理登录名及其属性。它们可以 GRANT(授予)、DENY(拒绝)和 REVOKE(撤销)服务器级别的权限。它们还可以 GRANT(授予)、DENY(拒绝)和 REVOKE(撤销)数据库级别的权限。此外，它们还可以重置 SQL Server 登录名的密码
public	每个 SQL Server 登录名都属于 public 服务器角色。如果未向某个服务器主体授予或拒绝对某个安全对象的特定权限，该用户将继承授予该对象的 public 角色的权限
processadmin	processadmin 固定服务器角色的成员可以终止在 SQL Server 实例中运行的进程
setupadmin	setupadmin 固定服务器角色的成员可以添加和删除链接服务器
bulkadmin	bulkadmin 固定服务器角色的成员可以运行 BULK INSERT 语句
diskadmin	diskadmin 固定服务器角色用于管理磁盘文件
dbcreator	dbcreator 固定服务器角色的成员可以创建、更改、删除和还原任何数据库

17.6.2 数据库角色

数据库角色是针对某个具体数据库的权限分配，数据库用户可以作为数据库角色的成员，继承数据库角色的权限，数据库管理人员也可以通过管理角色的权限来管理数据库用户的权限。SQL Server 2012 中系统默认添加了 10 个固定的数据库角色，如表 17-2 所示。

表 17-2 固定数据库角色

数据库级角色名称	说　明
db_owner	db_owner 固定数据库角色的成员可以执行数据库的所有配置和维护活动，还可以删除数据库
db_securityadmin	db_securityadmin 固定数据库角色的成员可以修改角色成员身份和管理权限。向此角色中添加主体可能会导致意外的权限升级
db_accessadmin	db_accessadmin 固定数据库角色的成员可以为 Windows 登录名、Windows 组和 SQL Server 登录名添加或删除数据库访问权限
db_backupoperator	db_backupoperator 固定数据库角色的成员可以备份数据库
db_ddladmin	db_ddladmin 固定数据库角色的成员可以在数据库中运行任何数据定义语言(DDL)命令
db_datawriter	db_datawriter 固定数据库角色的成员可以在所有用户表中添加、删除或更改数据
db_datareader	db_datareader 固定数据库角色的成员可以从所有用户表中读取所有数据
db_denydatawriter	db_denydatawriter 固定数据库角色的成员不能添加、修改或删除数据库内用户表中的任何数据
db_denydatareader	db_denydatareader 固定数据库角色的成员不能读取数据库内用户表中的任何数据
public	每个数据库用户都属于 public 数据库角色。如果未向某个用户授予或拒绝对安全对象的特定权限时，该用户将继承授予该对象的 public 角色的权限

17.6.3 实例 6——自定义数据库角色

实际的数据库管理过程中，某些用户可能只对数据库进行插入、更新和删除的权限，但是固定数据库角色中不能提供这样的角色，因此，需要创建一个自定义的数据库角色。下面将介绍自定义数据库角色的创建过程。

step 01 打开 SSMS，在【对象资源管理器】面板中，依次展开【数据库】➤ test_db ➤ 【安全性】➤【角色】节点，右击【角色】节点下的【数据库角色】节点，在弹出的快捷菜单中选择【新建数据库角色】命令，如图 17-23 所示。

step 02 打开【数据库角色-新建】对话框。设置【角色名称】为"Monitor"，【所有者】为"dbo"，单击【添加】按钮，如图 17-24 所示。

图 17-23　选择【新建数据库角色】命令

图 17-24　【数据库角色-新建】对话框(1)

step 03　打开【选择数据库用户或角色】对话框，单击【浏览】按钮，找到并添加用户 DateBaseAdmin2，单击【确定】按钮，如图 17-25 所示。

step 04　添加用户完成，返回【数据库角色-新建】对话框，如图 17-26 所示。

图 17-25　【选择数据库用户或角色】对话框

图 17-26　【数据库角色-新建】对话框(2)

step 05 选择【数据库角色-新建】对话框中左侧【选择页】列表中的【安全对象】选择，在【安全对象】选择页中单击【搜索】按钮，如图 17-27 所示。

图 17-27 【安全对象】选择页

step 06 打开【添加对象】对话框，选中【特定对象】单选按钮，如图 17-28 所示。

step 07 单击【确定】按钮，打开【选择对象】对话框，单击【对象类型】按钮，如图 17-29 所示。

图 17-28 【添加对象】对话框　　　　　图 17-29 【选择对象】对话框(1)

step 08 打开【选择对象类型】对话框，选中【表】复选框，如图 17-30 所示。

step 09 完成选择后，单击【确定】按钮返回，然后再单击【选择对象】对话框中的【浏览】按钮，如图 17-31 所示。

step 10 打开【查找对象】对话框，选择【匹配的对象】列表框中的 stu_info 前面的复选框，如图 17-32 所示。

step 11 单击【确定】按钮，返回【选择对象】对话框，如图 17-33 所示。

图 17-30 【选择对象类型】对话框

图 17-31 【选择对象】对话框(2)

图 17-32 选择 stu_info 数据表

图 17-33 【选择对象】对话框(3)

step 12 单击【确定】按钮,返回【数据库角色-新建】对话框,如图 17-34 所示。

图 17-34 【数据库角色-新建】对话框(3)

step 13 如果希望限定用户只能对某些列进行操作,可以单击【数据库角色-新建】对话框中的【列权限】按钮,为该数据库角色配置更细致的权限,如图 17-35 所示。

图 17-35 列权限设置

step 14 权限分配完毕，单击【确定】按钮，完成角色的创建。

使用 SQL Server 账户 NewAdmin 连接到服务器之后，执行下面两条查询语句：

```
SELECT s_name, s_age, s_sex,s_score FROM stu_info;
--SELECT s_id, s_name, s_age, s_sex,s_score FROM stu_info;
```

第一条语句可以正确执行，而第二条语句执行过程出错，这是因为数据库角色 NewAdmin 没有对 stu_info 表中 s_id 列的操作权限。而第一条语句中的查询列都是权限范围内的列，所以可以正常执行。

17.6.4 实例7——应用程序角色

应用程序角色能够用其自身、类似用户的权限来运行，它是一个数据库主体。应用程序主体只允许通过特定应用程序连接的用户访问特定数据。

与服务器角色和数据库角色不同，SQL Server 2012 中应用程序角色默认情况下不包含任何成员，并且应用程序角色必须激活之后才能发挥作用。当激活某个应用程序角色之后，连接将失去用户权限，转而获得应用程序权限。

添加应用程序角色可以使用 CREATE APPLICATION ROLE 语句，其语法格式如下：

```
CREATE APPLICATION ROLE application_role_name
WITH PASSWORD = 'password' [ , DEFAULT_SCHEMA = schema_name ]
```

各参数说明如下。

application_role_name：指定应用程序角色的名称。该名称一定不能被用于引用数据库中任何主体。

PASSWORD = 'password'：指定数据库用户将用于激活应用程序角色的密码。应始终使用强密码。

DEFAULT_SCHEMA = schema_name：指定服务器在解析该角色的对象名时将搜索的第一个架构。如果未定义 DEFAULT_SCHEMA，则应用程序角色将使用 DBO 作为其默认架构。schema_name 可以是数据库中不存在的架构。

【例 17.5】使用 Windows 身份验证登录 SQL Server 2012，创建名称为 App_User 的应用程序角色，输入语句如下：

```
CREATE APPLICATION ROLE App_User
WITH PASSWORD = '123pwd'
```

输入完成后单击工具栏中的【执行】按钮，插入结果如图 17-36 所示。

前面提到过，默认情况下应用程序角色是没有被激活的，所以使用之前必须将其激活，系统存储过程 sp_setapprole 可以完成应用程序角色的激活过程。

【例 17.6】使用 SQL Server 登录账户 DBAdmin 登录服务器，激活应用程序角色 App_User，输入语句如下：

```
sp_setapprole 'App_User', @PASSWORD='123pwd'
USE test_db;
GO
SELECT * FROM stu_info
```

输入完成后，单击工具栏中的【执行】按钮，插入结果如图 17-37 所示。

图 17-36　创建应用程序角色　　　　图 17-37　激活应用程序角色

使用 DateBaseAdmin2 登录服务器之后，如果直接执行 SELECT 语句，将会出错，系统提示如下错误：

```
消息 229，级别 14，状态 5，第 1 行
拒绝了对对象'stu_info'（数据库'test'，架构'dbo'）的 SELECT 权限。
```

这是因为 DateBaseAdmin2 在创建时，没有指定对数据库的 SELECT 权限；而当激活应用程序角色 App_User 之后，服务器现在将 DBAdmin 当作 App_User 角色，而这个角色拥有对 Test 数据库中 stu_info 表的 SELECT 权限，因此，执行 SELECT 语句可以看到正确的结果。

17.6.5 实例8——将登录指派到角色

登录名类似公司里面进入公司需要的员工编号，而角色则类似一个人在公司中的职位，公司会根据每个人的特点和能力，将不同的人安排到所需的岗位上，例如会计、车间工人、经理、文员等，这些不同的职位角色有不同的权限。本小节将介绍如何为登录账户指派不同的角色。具体操作步骤如下。

图 17-38　选择【属性】命令

> **step 01** 打开 SSMS 窗口，在【对象资源管理器】面板中，依次展开【服务器】节点下的【安全性】➤【登录名】节点。右击名称为 DateBaseAdmin2 的登录账户，在弹出的快捷菜单中选择【属性】命令，如图 17-38 所示。

> **step 02** 打开登录属性对话框。选择左侧【选择页】列表中的【服务器角色】选项，在右侧选择页的【服务器角色】列表框中，通过选中列表框中的复选框来授予 DateBaseAdmin2 用户不同的服务器角色，例如 sysadmin，如图 17-39 所示。

图 17-39　登录属性对话框

step 03 如果要执行数据库角色，可以打开【用户映射】选择页，在数据库角色列表中，通过启用复选框来授予 DateBaseAdmin2 不同的数据库角色，如图 17-40 所示。

图 17-40　【用户映射】选择页

step 04 单击【确定】按钮返回 SSMS 主界面。

17.6.6　将角色指派到多个登录用户

前面介绍的方法可以为某一个登录账户指派角色，如果要批量为多个登录账户指定角色，使用前面的方法，明显非常烦琐，此时可以将角色同时指派给多个登录账户，具体操作步骤如下。

step 01 打开 SSMS 窗口，在【对象资源管理器】面板中，依次展开服务器节点下的【安全性】➤【服务器角色】节点。右击系统角色 sysadmin，在弹出的快捷菜单中选择【属性】命令，如图 17-41 所示。

step 02 打开服务器角色属性对话框。单击【添加】按钮，如图 17-42 所示。

step 03 打开【选择服务器登录名或角色】对话框，选择要添加的登录账户，可以单击【浏览】按钮，如图 17-43 所示。

图 17-41　选择【属性】命令

图 17-42　服务器角色属性对话框

图 17-43　【选择服务器登录名或角色】对话框

step 04 打开【查找对象】对话框，选中登录名前的复选框，然后单击【确定】按钮，如图 17-44 所示。

step 05 返回到【选择服务器登录名或角色】对话框，单击【确定】按钮，如图 17-45 所示。

也可以输入部分名称，再单击【检查名称】按钮来自动补齐。

图 17-44 【查找对象】对话框

图 17-45 【选择服务器登录名或角色】对话框

step 06 返回服务器角色属性对话框，如图 17-46 所示。用户在这里还可以删除不需要的登录名。

图 17-46 服务器角色属性对话框

step 07 完成服务器角色指派的配置后，单击【确定】按钮，此时已经成功地将 3 个登录账户指派为 sysadmin 角色。

17.7 权 限 管 理

用户只要获得了针对某种对象指定的权限后，才能对该类对象执行相应的操作，SQL Server 2012 中，不同的对象有不同的权限，权限管理包括下面的内容：授予权限、拒绝权限和撤销权限。

SQL Server 2012 中，根据是否为系统预定义，可以把权限划分为预定义权限和自定义权限；按照权限与特定对象的关系，可以把权限分为针对所有对象的权限和针对特殊对象的权限。

1. 预定义权限和自定义权限

SQL Server 2012 安装完成之后即可以拥有预定义权限，不必通过授予即可取得。固定服务器角色和固定数据库角色就属于预定义权限。

自定义权限是指需要经过授权或者继承才可以得到的权限，大多数安全主体都需要经过授权才能获得指定对象的使用权限。

2. 所有对象权限和针对特殊对象的权限

所有对象权限可以针对 SQL Server 2012 中所有的数据库对象，CONTROL 权限可以作用于所有对象。

特殊对象的权限是指某些只能在指定对象上执行的权限，例如，SELECT 可以作用于表或者视图，但是不可以作用于存储过程，而 EXEC 权限只能作用于存储过程，而不能作用于表或者视图。

针对表和视图，数据库用户在操作这些对象之前必须拥有相应的操作权限。可以授予数据库用户的针对表和视图的权限有 INSERT、UPDATE、DELETE、SELECT 和 REFERENCES 共 5 种。

17.7.1 实例 9——授予权限

为了允许用户执行某些操作，需要授予相应的权限，使用 GRANT 语句可以进行授权活动。授予权限命令的基本语法格式如下：

```
GRANT { ALL [ PRIVILEGES ] }
    | permission [ ( column [ ,…n ] ) ] [ , …n ]
    [ ON [ class :: ] securable ] TO principal [ , …n ]
    [ WITH GRANT OPTION ] [ AS principal ]
```

各参数说明如下。

ALL：授予 ALL 权限相当于授予以下权限。

- 如果安全对象为数据库，则"ALL"表示 BACKUP DATABASE、BACKUP LOG、CREATE DATABASE、CREATE DEFAULT、CREATE FUNCTION、CREATE PROCEDURE、CREATE RULE、CREATE TABLE 和 CREATE VIEW。
- 如果安全对象为标量函数，则"ALL"表示 EXECUTE 和 REFERENCES。
- 如果安全对象为表值函数，则"ALL"表示 DELETE、INSERT、REFERENCES、SELECT 和 UPDATE。
- 如果安全对象是存储过程，则"ALL"表示 EXECUTE。
- 如果安全对象为表，则"ALL"表示 DELETE、INSERT、REFERENCES、SELECT 和 UPDATE。
- 如果安全对象为视图，则"ALL"表示 DELETE、INSERT、REFERENCES、SELECT

和 UPDATE。

PRIVILEGES：包含此参数是为了符合 ISO 标准。

permission：权限的名称，例如 SELECT、UPDATE、EXEC 等。

column：指定表中将授予其权限的列的名称。需要使用括号"()"。

class：指定将授予其权限的安全对象的类。需要范围限定符"::"。

securable：指定将授予其权限的安全对象。

TO principal：主体的名称。可为其授予安全对象权限的主体随安全对象而异。有关有效的组合，请参阅下面列出的子主题。

GRANT OPTION：指示被授权者在获得指定权限的同时还可以将指定权限授予其他主体。

AS principal：指定一个主体，执行该查询的主体从该主体获得授予该权限的权力。

【例 17.7】向 Monitor 角色授予对 Test 数据库中 stu_info 表的 SELECT、INSERT、UPDATE 和 DELETE 权限，输入语句如下：

```
USE Test;
GRANT SELECT,INSERT, UPDATE, DELETE
ON stu_info
TO Monitor
GO
```

17.7.2 实例 10——拒绝权限

拒绝权限可以在授予用户指定的操作权限之后，根据需要暂时停止用户对指定数据库对象的访问或操作，拒绝对象权限的基本语法格式如下：

```
DENY { ALL [ PRIVILEGES ] }
    | permission [ ( column [ ,…n ] ) ] [ ,…n ]
    [ ON [ class :: ] securable ] TO principal [ ,…n ]
    [ CASCADE] [ AS principal ]
```

DENY 语句与 GRANT 语句中的参数含义完全相同，这里不再赘述。

【例 17.8】拒绝 guest 用户对 Test 数据库中 stu_info 表的 INSERT 和 DELETE 权限，输入语句如下：

```
USE Test
GO
DENY INSERT, DELETE
ON stu_info
TO guest
GO
```

17.7.3 实例 11——撤销权限

撤销权限可以删除某个用户已经授予的权限。撤销权限使用 REVOKE 语句，其基本语法格式如下：

```
REVOKE [ GRANT OPTION FOR ]
   {
     [ ALL [ PRIVILEGES ] ]
     |
           permission [ ( column [ ,…n ] ) ] [ ,…n ]
   }
   [ ON [ class :: ] securable ]
   { TO | FROM } principal [ ,…n ]
   [ CASCADE] [ AS principal ]
```

上述语句中，CASCADE 表示当前正在撤销的权限也将从其他被该主体授权的主体中撤销。使用 CASCADE 参数时，还必须同时指定 GRANT OPTION FOR 参数。REVOKE 语句与 GRANT 语句中的其他参数作用相同。

【例 17.9】撤销 Monitor 角色对 Test 数据库中 stu_info 表的 DELETE 权限，输入语句如下：

```
USE Test
GO
REVOKE DELETE
ON OBJECT::stu_info
FROM Monitor CASCADE
```

17.8　高手甜点

甜点 1：何为应用程序角色的有效时间？

应用程序激活后，其有效时间只存在于连接会话中，当断开当前服务器连接时会自动关闭应用程序角色。

甜点 2：如何利用访问权限减少管理开销？

为了减少管理的开销，在对象级安全管理上应该在大多数场合赋予数据库用户以广泛的权限，然后再针对实际情况在某些敏感的数据上实施具体的访问权限限制。

17.9　跟我学上机

1. 了解 SQL Server 用户名和登录名有什么区别，什么是角色，什么是权限，角色和权限之间有什么关系。

2. 分别使用 Transact-SQL 语句或图形化管理工具，创建名称为 manager 的 SQL Server 登录账户，并将其指派到 securityadmin 角色。

3. 创建自定义数据库角色 dbrole，允许其对 Test 数据库中 fruits 表和 suppliers 表进行查询、更新和删除的操作。

第 18 章

数据库的备份与恢复

　　尽管采取了一些管理措施来保证数据库的安全，但是不确定的意外情况总是有可能造成数据的损失，例如意外的停电、管理员不小心的操作失误都可能会造成数据的丢失。保证数据安全的最重要的一个措施是确保对数据进行定期备份。如果数据库中的数据丢失或者出现错误，可以使用备份的数据进行还原，这样就尽可能地降低了意外原因导致的损失。SQL Server 提供了一整套功能强大的数据库备份和恢复工具。本章将介绍数据备份、数据还原以及创建维护计划任务的相关知识。

本章要点(已掌握的在方框中打钩)

☐ 了解备份与恢复的基本概念
☐ 掌握备份设备的方法
☐ 掌握使用 Transact-SQL 语言备份数据库的方法
☐ 掌握在 SQL Server Management Studio 中还原数据库的方法
☐ 掌握用 Transact-SQL 语言还原数据库的方法
☐ 掌握建立自动备份的维护计划的方法

18.1　备份与恢复介绍

　　备份就是对数据库结构和数据对象的复制，以便在数据库遭到破坏时能够及时修复数据库，数据备份是数据库管理员非常重要的工作。系统意外崩溃或者硬件的损坏都有可能导致数据的丢失，例如，软件或硬件系统的瘫痪、人为操作失误、数据磁盘损坏或者其他意外事故等。因此 SQL Server 管理员应该定期地备份数据库，使得在意外情况发生时，尽可能地减少损失。

　　数据库备份后，一旦系统发生崩溃或者执行了错误的数据库操作，就可以从备份文件中恢复数据库。数据库恢复是指将数据库备份加载到系统中的过程。系统在恢复数据库的过程中，自动执行安全性检查、重建数据库结构以及完成填写数据库内容。

18.1.1　备份类型

　　SQL Server 2012 中有 4 种不同的备份类型，分别是：完整数据库备份，差异备份，文件或文件组备份，事务日志备份。

1．完整数据库备份

　　完整数据库备份将备份整个数据库，包括所有的对象、系统表、数据以及部分事务日志，开始备份时 SQL Server 将复制数据库中的一切。完整备份可以还原数据库在备份操作完成时的完整数据库状态。由于是对整个数据库的备份，因此这种备份类型速度较慢，并且将占用大量磁盘空间。在对数据库进行备份时，所有未完成的事务或发生在备份过程中的事务都会被忽略。这种备份方法可以快速备份小体积数据库。

2．差异备份

　　差异备份基于差异备份所包含数据的前一次最新完整备份。差异备份仅捕获自该次完整备份后发生更改的数据。因为只备份改变的内容，所以这种类型的备份速度比较快，可以频繁地执行，差异备份中也备份了部分事务日志。

3．文件或文件组备份

　　文件或文件组备份方法可以对数据库中的部分文件或文件组进行备份。当一个数据库很大时，数据库的完整备份会花很多时间，这时，可以采用文件和文件组备份。在使用文件和文件组备份时，还必须备份事务日志，所有不能在启用【在检查点截断日志】选项的情况下使用这种备份技术。文件组是一种将数据库存放在多个文件上的方法，并运行控制数据库对象存储到那些指定的文件上，这样数据库就不会受到只存储在单个硬盘上的限制，而是可以分散到许多硬盘上，利用文件组备份，每次可以备份这些文件中的一个或多个文件，而不是备份整个数据库。

4．事务日志备份

　　创建第一个日志备份之前，必须先创建完整备份，事务日志备份时所有数据库修改的记录，用来在还原操作期间提交完成的事务以及回滚未完成的事务，事务日志备份记录备份操作开始时的事务日志状态。事务日志备份比完整数据库备份节省时间和空间，利用事务日志进行恢复时，可以指定恢复到某一个时间，而完整备份和差异备份做不到这一点。

18.1.2　恢复模式

恢复模式可以保证在数据库发生故障时恢复相关的数据库，SQL Server 2012 中包括 3 种恢复模式，分别是简单恢复模式、完全恢复模式和大容量日志恢复模式。不同恢复模式在备份、恢复方式和性能方面存在差异，而且不同的恢复模式对避免数据损失的程度也不同。

1. 简单恢复模式

简单恢复模式是可以将数据库恢复到上一次的备份，这种模式的备份策略由完整备份和差异备份组成。简单恢复模式能够提高磁盘的可用空间，但是该模式无法将数据库还原到故障点或特定的时间点。对于小型数据库或者数据更改频度不高的数据库，通常使用简单恢复模式。

2. 完全恢复模式

完全恢复模式可以将数据库恢复到故障点或时间点。这种模式下，所有操作被写入日志，例如大容量的操作和大容量的数据加载，数据库和日志都将被备份，因为日志记录了全部事务，所以可以将数据库还原到特定时间点。这种模式下的可以使用的备份策略包括完整备份、差异备份及事务日志备份。

3. 大容量日志恢复模式

与完全恢复模式类似，大容量日志恢复模式试验数据库和日志备份来恢复数据库。使用这种模式可以在大容量操作和大批量数据装载时提供最佳性能和最少的日志使用空间。这种模式下，日志只记录多个操作的最终结果，而并非存储操作的过程细节，所以日志更小，大批量的操作的速度也更快。如果事务日志没有受到破坏，除了故障期间发生的事务以外，SQL Server 能够还原全部数据，但是该模式不能恢复数据库到特定的时间点。使用这种恢复模式可以采用的备份策略有完整备份、差异备份以及事务日志备份。

18.1.3　实例 1——配置恢复模式

用户可以根据实际需求选择适合的恢复模式，选择特定的恢复模式的操作步骤如下。

step 01 使用登录账户连接到 SQL Server 2012，打开 SSMS 图形化管理工具，在【对象资源管理器】面板中，依次展开服务器节点下的【数据库】➤ Test 节点，右击 Test 数据库，在弹出的快捷菜单中选择【属性】命令，如图 18-1 所示。

step 02 打开【数据库属性】对话框。在【选择页】列表中选择【选项】选项，打开右侧的选择页，在【恢复模式】下拉列表框中选择其中一种恢复模式即可，如图 18-2 所示。

图 18-1 选择【属性】命令

图 18-2 选择恢复模式

step 03 选择完成后单击【确定】按钮，完成恢复模式的配置。

SQL Server 2012 中提供了几个系统数据库，分别是 master、model、msdb 和 tempdb，如果读者查看这些数据库的恢复模式，会发现：master、msdb 和 tempdb 使用的是简单恢复模式，而 model 数据库使用完整恢复模式。因为 model 是所有新建数据库的模板数据库，所以用户数据库默认也是使用完整恢复模式。

18.2 备 份 设 备

备份设备是用来存储数据库、事务日志或文件和文件组备份的存储介质，备份数据库之前，必须首先指定或创建备份设备。

18.2.1 备份设备类型

备份设备可以是磁盘、磁带和逻辑备份设备。

1. 磁盘备份设备

磁盘备份设备是存储在硬盘或者其他磁盘媒体上的文件，与常规操作系统文件一样，可以在服务器的本地磁盘或者共享网络资源的原创磁盘上定义磁盘设备备份。如果在备份操作将备份数据追加到媒体集时磁盘文件已满，则备份操作会失败。备份文件的最大大小由磁盘设备上的可用磁盘空间决定，因此，备份磁盘设备的适当大小取决于备份数据的大小。

2. 磁带备份设备

磁带备份设备的用法与磁盘设备相同，磁带设备必须物理连接到 SQL Server 实例运行的计算机上。在使用磁带机时，备份操作可能会写满一个磁带，并继续在另一个磁带上进行。

每个磁带包含一个媒体标头。使用的第一个媒体称为"起始磁带"。每个后续磁带称为"延续磁带",其媒体序列号比前一磁带的媒体序列号大 1。

将数据备份到磁带设备上,需要使用磁带备份设备或者微软操作系统平台支持的磁带驱动器,低于特殊的磁带驱动器,需要使用驱动器制作商推荐的磁带。

3. 逻辑备份设备

逻辑备份设备是指向特定物理备份设备(磁盘文件或磁带机)的可选用户定义名称。通过逻辑备份设备,可以在引用相应的物理备份设备时使用间接寻址。逻辑备份设备可以更简单、有效地描述备份设备的特征。相对于物理设备的路径名称,逻辑设备备份名称较短。逻辑备份设备对于标识磁带备份设备非常有用。通过编写备份脚本使用特定逻辑备份设备,这样可以直接切换到新的物理备份设备。在进行切换时,首先删除原来的逻辑备份设备,然后定义新的逻辑备份设备,新设备使用原来的逻辑设备名称,但映射到不同的物理备份设备。

18.2.2 实例 2——创建备份设备

SQL Server 2012 中创建备份设备的方法有两种,既可以通过图形化的管理工具创建,也可以使用系统存储过程来创建。下面将分别介绍这两种方法。

1. 使用图形化工具创建备份设备

具体创建步骤如下。

step 01 使用 Windows 或者 SQL Server 身份验证连接到服务器,打开 SSMS 窗口。在【对象资源管理器】面板中,依次展开服务器节点下面的【服务器对象】➤【备份设备】节点,右击【备份设备】节点,在弹出的快捷菜单中选择【新建备份设备】命令,如图 18-3 所示。

step 02 打开【备份设备】对话框,设置备份设备的名称,这里输入"Test 数据库备份",然后设置目标文件的位置或者保持默认值,目标硬盘驱动器上必须有足够的可用空间。设置完成后单击【确定】按钮,完成创建备份设备操作,如图 18-4 所示。

图 18-3　选择【新建备份设备】命令

图 18-4　新建备份设备

2. 使用系统存储过程 sp_addumpdevice 创建备份设备

sp_addumpdevice 系统存储过程也可以用来添加备份设备，这个存储过程可以添加磁盘或磁带设备。sp_addumpdevice 语句的基本语法格式如下：

```
sp_addumpdevice [ @devtype = ] 'device_type'
, [ @logicalname = ] 'logical_name'
, [ @physicalname = ] 'physical_name'
[ , { [ [ @cntrltype = ] controller_type |
[ @devstatus = ] 'device_status' }
]
```

各参数说明如下。

[@devtype =] 'device_type'：备份设备的类型。

[@logicalname =] 'logical_name'：在 BACKUP 和 RESTORE 语句中使用的备份设备的逻辑名称。logical_name 的数据类型为 sysname，无默认值，且不能为 NULL。

[@physicalname =] 'physical_name'：备份设备的物理名称。物理名称必须遵从操作系统文件名规则或网络设备的通用命名约定，并且必须包含完整路径。

[@cntrltype =] 'controller_type'：已过时。如果指定该选项，则忽略此参数。支持它完全是为了向后兼容。新的 sp_addumpdevice 使用应省略此参数。

[@devstatus =] 'device_status'：已过时。如果指定该选项，则忽略此参数。支持它完全是为了向后兼容。新的 sp_addumpdevice 使用应省略此参数。

【例 18.1】添加一个名为 mydiskdump 的磁盘备份设备，其物理名称为 d:\dump\testdump.bak，输入语句如下：

```
USE master;
GO
EXEC sp_addumpdevice 'disk', 'mydiskdump', ' d:\dump\testdump.bak ';
```

使用 sp_addumpdevice 创建设备备份后，并不会立即在物理磁盘上创建设备备份文件，之后在该备份设备上执行备份时才会创建该备份设备文件。

18.2.3 实例3——查看设备备份

使用系统存储过程 sp_helpdevice 可以查看当前服务器上所有备份设备的状态信息。sp_helpdevice 存储过程的执行结果如图 18-5 所示。

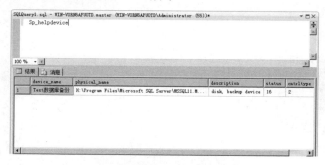

图 18-5 查看服务器上的设备信息

18.2.4 实例 4——删除备份设备

当备份设备不再需要使用时，可以将其删除，删除备份设备后，备份中的数据都将丢失，删除备份设备使用系统存储过程 sp_dropdevice，该存储过程同时能删除操作系统文件。其语法格式如下：

```
sp_dropdevice [ @logicalname = ] 'device'
[ , [ @delfile = ] 'delfile' ]
```

各参数说明如下。

[@logicalname =] 'device'：在 master.dbo.sysdevices.name 中列出的数据库设备或备份设备的逻辑名称。device 的数据类型为 sysname，无默认值。

[@delfile =] 'delfile'：指定物理备份设备文件是否应删除。如果指定为 DELFILE，则删除物理备份设备磁盘文件。

【例 18.2】删除备份设备 mydiskdump，输入语句如下：

```
EXEC sp_dropdevice mydiskdump
```

如果服务器创建了备份文件，要同时删除物理文件可以输入如下语句：

```
EXEC sp_dropdevice mydiskdump, delfile
```

当然，在【对象资源管理器】面板中，也可以执行备份设备的删除操作，在相应的节点上，选择具体的操作菜单命令即可。其操作过程比较简单，这里不再赘述。

18.3 使用 Transact-SQL 语言备份数据库

创建完备份设备之后，下面便可以对数据库进行备份了，因为其他所有备份类型都依赖于完整备份，完整备份是其他备份策略中都要求完成的第一种备份类型，所有要先执行完整备份，之后才可以执行差异备份和事务日志备份。本节将向读者介绍如何使用 Transact-SQL 语句创建完整备份和差异备份，文件和文件组备份以及事务日志备份。

18.3.1 实例 5——完整备份与差异备份

完整备份将对整个数据库中的表、视图、触发器和存储过程等数据库对象进行备份，同时还对能够恢复数据的事务日志进行备份，完整备份的操作过程比较简单。使用 BACKUP DATABASE 命令创建完整备份的基本语法格式如下：

```
BACKUP DATABASE { database_name | @database_name_var }
TO <backup_device> [ ,…n ]
 [ WITH
{
COPY_ONLY
| NAME = { backup_set_name | @backup_set_name_var }
```

```
| { NOINIT | INIT }
| DESCRIPTION = { 'text' | @text_variable }
| NAME = { backup_set_name | @backup_set_name_var }
| PASSWORD = { password | @password_variable }
| { EXPIREDATE = { 'date' | @date_var }
| RETAINDAYS = { days | @days_var } } [ ,…n ]
}
]
[;]
```

各参数说明如下。

DATABASE：指定一个完整数据库备份。

{ database_name | @database_name_var }：备份事务日志、部分数据库或完整的数据库时所用的源数据库。如果作为变量 (@database_name_var) 提供，则可以将该名称指定为字符串常量 (@database_name_var = database name) 或指定为字符串数据类型(ntext 或 text 数据类型除外)的变量。

<backup_device>：指定用于备份操作的逻辑备份设备或物理备份设备。

COPY_ONLY：指定备份为"仅复制备份"，该备份不影响正常的备份顺序。仅复制备份是独立于定期计划的常规备份而创建的。仅复制备份不会影响数据库的总体备份和还原过程。

{ NOINIT | INIT }：控制备份操作是追加到还是覆盖备份媒体中的现有备份集。默认为追加到媒体中最新的备份集 (NOINIT)。

● NOINIT 表示备份集将追加到指定的媒体集上，以保留现有的备份集。如果为媒体集定义了媒体密码，则必须提供密码。NOINIT 是默认设置。

● INIT 指定应覆盖所有备份集，但是保留媒体标头。如果指定了 INIT，将覆盖该设备上所有现有的备份集(如果条件允许)。

DESCRIPTION = { 'text' | @text_variable }：指定说明备份集的自由格式文本。

NAME = { backup_set_name | @backup_set_name_var }：指定备份集的名称。如果未指定 NAME，它将为空。

PASSWORD = { password | @password_variable }：为备份集设置密码。PASSWORD 是一个字符串。

EXPIREDATE = { 'date' | @date_var }：指定允许覆盖该备份的备份集的日期。

RETAINDAYS = { days | @days_var }：指定必须经过多少天才可以覆盖该备份媒体集。

1. 创建完整数据库备份

【例 18.3】创建 Test 数据库的完整备份，备份设备为创建好的"Test 数据库备份"本地备份设备，输入语句如下：

```
BACKUP DATABASE Test
TO Test 数据库备份
WITH INIT,
NAME='Test 数据库完整备份',
DESCRIPTION='该文件为 Test 数据库的完整备份'
```

输入完成后，单击工具栏中的【执行】按钮，备份过程如图 18-6 所示。

图 18-6　创建完整数据库备份

差异数据库备份比完整数据库备份数据量更小、速度更快，这缩短了备份的时间，但同时会增加备份的复杂程度。

2. 创建差异数据库备份

差异数据库备份也使用 BACKUP 命令，与完整备份命令语法格式基本相同，只是在使用命令时在 WITH 选项中指定 DIFFERENTIAL 参数。

【例 18.4】对 Test 做一次差异数据库备份，输入语句如下：

```
BACKUP DATABASE Test
TO Test 数据库备份
WITH DIFFERENTIAL,NOINIT,
NAME='Test 数据库差异备份',
DESCRIPTION='该文件为 Test 数据库的差异备份'
```

输入完成后，单击工具栏中的【执行】按钮，备份过程如图 18-7 所示。

图 18-7　创建 Test 数据库差异备份

注意　创建差异备份时使用了 NOINIT 选项，该选项表示备份数据追加到现有备份集，避免覆盖已经存在的完整备份。

18.3.2 实例6——文件和文件组备份

对于大型数据库，每次执行完整备份需要消耗大量时间，文件和文件组的备份主要用于大型数据库的备份，SQL Server 2012 提供的文件和文件组的备份就是为了解决大型数据库的备份问题。

创建文件和文件组备份之前，必须要先创建文件组，下面在 Test 数据库中添加一个新的数据库文件，并将该文件添加至新的文件组，操作步骤如下。

step 01 使用 Windows 或者 SQL Server 身份验证登录到服务器，在【对象资源管理器】面板中的服务器节点下，依次展开【数据库】➤ test_db 节点，右击 test_db 数据库，在弹出的快捷菜单中选择【属性】命令，打开数据库属性对话框。

step 02 在数据库属性对话框中，选择左侧【选择页】列表中的【文件组】选项，在右侧选择页中单击【添加】按钮，在【名称】文本框中输入"SecondFileGroup"，如图 18-8 所示。

图 18-8　【文件组】选择页

step 03 在【选择页】列表中选择【文件】选项，在右侧选择页中单击【添加】按钮，然后设置各选项如下。

```
逻辑名称：testDataDump
文件类型：行数据
文件组：PRIMARY
初始大小：3MB
路径：默认
文件名：testDataDump.mdf
```

设置之后，结果如图 18-9 所示。

图 18-9 【文件】选择页

step 04 单击【确定】按钮，在 SecondFileGroup 文件组上创建了这个新文件。

step 05 右击 Test 数据库中的 stu_info 表，在弹出的快捷菜单中选择【设计】命令，打开表设计器，然后选择【视图】➤【属性窗口】命令。

step 06 打开【属性】面板，展开【常规数据空间规范】节点，并将【文件组或分区方案名】设置为 SecondFileGroup，如图 18-10 所示。

图 18-10 设置文件组或分区方案名称

step 07 单击【全部保存】按钮，完成当前表的修改，并关闭表设计器和【属性】窗口。

创建文件组完成，下面是用 BACKUP 语句对文件组进行备份，BACKUP 语句备份文件组的语法格式如下：

```
BACKUP DATABASE database_name
<file_or_filegroup> [ ,…n ]
TO <backup_device> [ ,…n ]
WITH options
```

各参数说明如下。

file_or_filegroup：指定要备份的文件或文件组，如果是文件，则写作"FILE=逻辑文件名"；如果是文件组，则写作"FILEGROUP=逻辑文件组名"。

WITH options：指定备份选项，与前面介绍的参数作用相同。

【例 18.5】将 Test 数据库中添加的文件组 SecondFileGroup 备份到本地备份设备"Test 数据库备份"输入语句如下：

```
BACKUP DATABASE Test
FILEGROUP='SecondFileGroup'
TO Test 数据库备份
WITH NAME='Test 文件组备份', DESCRIPTION='Test 数据库的文件组备份'
```

18.3.3 实例 7——事务日志备份

使用事务日志备份，除了运行还原备份事务外，还可以将数据库恢复到故障点或特定时间点，并且事务日志备份比完整备份占用更少的资源，可以频繁地执行事务日志备份，减少数据丢失的风险。创建事务日志备份使用 BACKUP LOG 语句，其基本语法格式如下：

```
BACKUP LOG { database_name | @database_name_var }
TO <backup_device> [ ,…n ]
[ WITH
NAME = { backup_set_name | @backup_set_name_var }
| DESCRIPTION = { 'text' | @text_variable }
]
{ { NORECOVERY | STANDBY = undo_file_name }} [ ,…n ] ]
```

上述语句中，LOG 指定仅备份事务日志，该日志是从上一次成功执行的日志备份到当前日志的末尾，必须创建完整备份，才能创建第一个日志备份，其他各参数与前面介绍的各个备份语句中的参数的作用相同。

【例 18.6】对 Test 数据库执行事务日志备份，要求追加到现有的备份设备"Test 数据库备份"上，输入语句如下：

```
BACKUP LOG Test
TO Test 数据库备份
WITH NOINIT,NAME='Test 数据库事务日志备份',
DESCRIPTION='Test 数据库事务日志备份'
```

18.4　在 SQL Server Management Studio 中还原数据库

还原是备份的相反操作，当完成备份之后，如果发生硬件或软件的损坏、意外事故或者操作失误导致数据丢失时，需要对数据库中的重要数据进行还原，还原过程和备份过程相似。本节将介绍数据库还原的方式、还原时的注意事项以及具体过程。

18.4.1　还原数据库的方式

前面介绍了 3 种备份数据库的方式，还原时也可以使用 3 种方式，分别是完整备份还原、差异备份还原和事务日志备份还原。

1. 完整备份还原

完整备份是差异备份和事务日志备份的基础，同样在还原时，第一步要先做完整备份还原，完整备份还原将还原完整备份文件。

2. 差异备份还原

完整备份还原之后，可以执行差异备份还原。例如在周末晚上执行一次完整数据库备份，以后每隔一天创建一个差异备份集，如果在周三数据库发生了故障，则首先用最近上个周末的完整备份做一个完整备份还原，然后还原周二做的差异备份。如果在差异备份之后还有事务日志备份，那么还应该还原事务日志备份。

3. 事务日志备份还原

事务日志备份相对比较频繁，因此事务日志备份的还原步骤比较多。例如，周末对数据库进行完整备份，每天晚上八点对数据库进行差异备份，每隔三个小时做一次事务日志备份。如果周三早上 9 点钟数据库发生故障，那么还原数据库的步骤如下：首先恢复周末的完整备份，然后恢复周二下午做的差异备份，最后依次还原差异备份到损坏为止的每一个事务日志备份，即周二晚上 11 点、周三早上 2 点、周三早上 5 点和周三早上 8 点所做的事务日志备份。

此外，还有文件和文件组备份的还原，该还原方式并不常用，只有当数据库中文件或文件组发生损坏时，才会使用这种还原方式。

18.4.2　还原数据库前要注意的事项

还原数据库备份之前，需要检查备份设备或文件，确认要还原的备份文件或设备是否存在，并检查备份文件或备份设备里的备份集是否正确无误。

验证备份集中内容的有效性可以使用 RESTORE VERIFYONLY 语句，该语句不仅可以验证备份集是否完整、整个备份是否可读，还可以对数据库执行其他检查，从而及时地发现错误。RESTORE VERIFYONLY 语句的基本语法格式如下：

```
RESTORE VERIFYONLY
FROM <backup_device> [ ,…n ]
[ WITH
{
 MOVE 'logical_file_name_in_backup' TO 'operating_system_file_name' [ ,…n ]
| FILE = { backup_set_file_number | @backup_set_file_number }
| PASSWORD = { password | @password_variable }
| MEDIANAME = { media_name | @media_name_variable }
| MEDIAPASSWORD = { mediapassword | @mediapassword_variable }
| { CHECKSUM | NO_CHECKSUM }
| { STOP_ON_ERROR | CONTINUE_AFTER_ERROR }
| STATS [ = percentage ]
} [ ,…n ]
]
[;]
<backup_device> ::=
{
{ logical_backup_device_name | @logical_backup_device_name_var }
| { DISK | TAPE } = { 'physical_backup_device_name'
 | @physical_backup_device_name_var }
}
```

各参数说明如下。

MOVE 'logical_file_name_in_backup' TO 'operating_system_file_name' [...n]：指定对于逻辑名称由 logical_file_name_in_backup 指定的数据或日志文件，应当通过将其还原到 operating_system_file_name 所指定的位置来对其进行移动。默认情况下，logical_file_name_in_backup 文件将还原到它的原始位置。

FILE ={ backup_set_file_number | @backup_set_file_number }：标识要还原的备份集。例如，backup_set_file_number 为 1 指示备份媒体中的第一个备份集，backup_set_file_number 为 2 指示第二个备份集。可以通过使用 RESTORE HEADERONLY 语句来获取备份集的 backup_set_file_number。未指定时，默认值是 1。

MEDIANAME = { media_name | @media_name_variable}：指定媒体名称。

MEDIAPASSWORD = { mediapassword | @mediapassword_variable }：提供媒体集的密码。媒体集密码是一个字符串。

{ CHECKSUM | NO_CHECKSUM }：默认行为是在存在校验和时验证校验和，在不存在校验和时不进行验证并继续执行操作。

- CHECKSUM 指定必须验证备份校验和，在备份缺少备份校验和的情况下，该选项将导致还原操作失败，并会发出一条消息表明校验和不存在。
- NO_CHECKSUM 显式禁用还原操作的校验和验证功能。

STOP_ON_ERROR：指定还原操作在遇到第一个错误时停止。这是 RESTORE 的默认行为，但对于 VERIFYONLY 例外，后者的默认值是 CONTINUE_AFTER_ERROR。

CONTINUE_AFTER_ERROR：指定遇到错误后继续执行还原操作。

STATS [= percentage]：每当另一个百分比完成时显示一条消息，并用于测量进度。如果省略 percentage，则 SQL Server 每完成 10%(近似)就显示一条消息。

{ logical_backup_device_name | @logical_backup_device_name_var }：是由 sp_addumpdevice 创建的备份设备(数据库将从该备份设备还原)的逻辑名称。

{DISK | TAPE } = { 'physical_backup_device_name' | @physical_backup_device_name_var}：允许从命名磁盘或磁带设备还原备份。

【例 18.7】检查名称为"Test 数据库备份"的设备是否有误，输入语句如下：

```
RESTORE VERIFYONLY FROM Test 数据库备份
```

输入完成后，单击工具栏中的【执行】按钮，运行结果如图 18-11 所示。

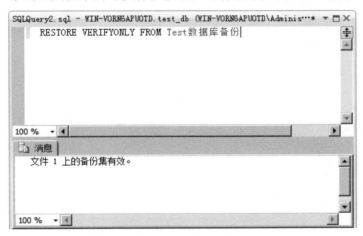

图 18-11　备份设备检查

默认情况下，RESTORE VERIFYONLY 检查第一个备份集，如果一个备份设备中可以包含多个备份集，例如要检查"Test 数据库备份"设备中的第二个备份集是否正确，可以指定 FILE 值为 2，语句如下：

```
restore verifyonly
FROM Test 数据库备份 WITH FILE=2
```

在还原之前还要查看当前数据库是否还有其他人正在使用，如果还有其他人在使用，将无法还原数据库。

18.4.3　实例 8——还原数据库备份

还原数据库备份根据保存的数据库备份将数据库还原到某个时间点的状态。在 SQL Server 管理平台中还原数据库的具体操作步骤如下。

step 01 使用 Windows 或 SQL Server 身份验证连接到服务器，在【对象资源管理器】面板中，选择要还原的数据库右击，依次从弹出的快捷菜单中选择【任务】➤【还原】➤【数据库】命令，如图 18-12 所示。

图 18-12 备份设备检查

step 02 打开还原数据库对话框，包含【常规】选择页、【文件】选择页和【选项】选
择页。在【常规】选择页中可以设计源和目标等信息，如图 18-13 所示。

图 18-13 【还原数据库】对话框

【常规】选择页可以对如下几个选项进行设置。

【源】选项组指定用于还原的备份集的源和位置。

【目标】选项组：【数据库】下拉列表框中选择要还原的数据库。【还原到】选项用于备
份文件或设备中的备份集很多时，可以指定还原数据库的时间，有事务日志备份支持的话，
可以还原到某个时间的数据库状态。默认情况下，该选项的值为最近状态。

【要还原的备份集】列表框中列出了所有可用的备份集。

step 03 选择【选项】选择页，用户可以设置具体的还原选项，结尾日志备份和服务器
连接等信息，如图 18-14 所示。

图 18-14 【选项】选择页

【选项】选择页中可以设置如下选项。

● 【覆盖现有数据库(WITH REPLACE)】选项会覆盖当前所有数据库以及相关文件，包
括已存在的同名其他数据库或文件。

● 【保留复制设置(WITH KEEP_REPLICATION)】选项会将已发布的数据库还原到创建
该数据库的服务器之外的服务器时，保留复制设置。只有选中【回滚未提交的事
务，使数据库处于可以使用的状态】单选按钮之后，该选项才可以使用。

● 【还原每个备份前提示】选项在还原每个备份设备前都会要求用户进行确认。

● 【限制访问还原的数据库(WITH RESTRICTED_USER)】选项使还原的数据库仅供
db_owner、dbcreator 或 sysadmin 的成员使用。

● 【将数据库文件还原为】列表框可以更改数据库还原的目标文件路径和名称。

【恢复状态】区域有 3 个单选项。

● 【通过回滚未提交的事务，使数据库处于可以使用的状态。无法还原其他事务日志】
单选项可以让数据库在还原后进入可正常使用的状态，并自动回复尚未完成的事
务，如果本次还原时还原的最后一步，可以选择该选项。

● 【不对数据库执行任何操作，不回滚未提交的事务。可以还原其他事务日志】单选项
可以在还原后不恢复未完成的事务操作，但可以继续还原事务日志备份或差异备
份，让数据库恢复到最接近目前的状态。

● 【使数据库处于只读模式。撤销未提交的事务，但将撤销操作保存在备用文件中，以

便可使恢复效果逆转】单选项可以在还原后恢复未完成事务的操作，并使数据库处于只读状态，如果要继续还原事务日志备份，还必须设置一个还原文件来存放被恢复的事务内容。

step 04 完成上述参数设置之后，单击【确定】按钮进行还原操作。

18.4.4 实例9——还原文件和文件组备份

文件还原的目标是还原一个或多个损坏的文件，而不是还原整个数据库。在 SQL Server 管理平台中还原文件和文件组的具体操作步骤如下。

step 01 在【对象资源管理器】面板中，选择要还原的数据库右击，依次在弹出的快捷菜单中选择【任务】➤【还原】➤【文件和文件组】命令，如图 18-15 所示。

图 18-15 选择【文件和文件组】命令

step 02 打开还原文件和文件组对话框，设置还原的目标和源，如图 18-16 所示。

在还原文件和文件组对话框中，可以对如下选项进行设置。

● 【目标数据库】下拉列表框中可以选择要还原的数据库。

● 【还原的源】选项组用来选择要还原的备份文件或备份设备，用法与还原数据库完整备份相同，不再赘述。

● 【选择用于还原的备份集】列表框可以选择要还原的备份集。该区域列出的备份集中不仅包含文件和文件组的备份，还包括完整备份、差异备份和事务日志备份，这里不仅可以恢复文件和文件组备份，还可以恢复完整备份、差异备份和事务备份。

图 18-16　还原文件和文件组对话框

step 03 【选项】选择页中的内容与前面介绍的相同，读者可以参考进行设置，设置完毕，单击【确定】按钮，执行还原操作。

18.5　用 Transact-SQL 语言还原数据库

除了使用图形化管理工具之外，用户也可以使用 Transact-SQL 语句对数据库进行还原操作，RESTORE DATABASE 语句可以执行完整备份恢复、差异备份恢复、文件和文件组备份恢复，如果要恢复事务日志备份，则使用 RESTORE LOG 语句。本节将介绍如何使用 RESTORE 语句进行各种备份的恢复。

18.5.1　实例 10——还原完整备份

数据库完整还原的目的是还原整个数据库。整个数据库在还原期间处于脱机状态。执行还原完整备份的 RESTORE 语句基本语法格式如下：

```
RESTORE DATABASE { database_name | @database_name_var }
 [ FROM <backup_device> [ ,…n ] ]
 [ WITH
{
[ {CHECKSUM | NO_CHECKSUM} ]
| [ {CONTINUE_AFTER_ERROR | STOP_ON_ERROR}]
| [RECOVERY|NORECOVERY|STANDBY=
```

```
{standby_file_name | @standby_file_name_var }  ]
| FILE = { backup_set_file_number | @backup_set_file_number }
| PASSWORD = { password | @password_variable }
| MEDIANAME = { media_name | @media_name_variable }
| MEDIAPASSWORD = { mediapassword | @mediapassword_variable }
| { CHECKSUM | NO_CHECKSUM }
| { STOP_ON_ERROR | CONTINUE_AFTER_ERROR }
| MOVE 'logical_file_name_in_backup' TO 'operating_system_file_name'
         [ ,…n ]
| REPLACE
| RESTART
 | RESTRICTED_USER
| ENABLE_BROKER
 | ERROR_BROKER_CONVERSATIONS
 | NEW_BROKER
| STOPAT = { 'datetime' | @datetime_var }
| STOPATMARK = { 'lsn:lsn_number' } [ AFTER 'datetime' ]
 | STOPBEFOREMARK = {  'lsn:lsn_number' } [ AFTER 'datetime' ]
 }
]
[;]

<backup_device>::=
{
  { logical_backup_device_name |
         @logical_backup_device_name_var }
 | { DISK | TAPE } = { 'physical_backup_device_name' |
         @physical_backup_device_name_var }
}
```

各参数说明如下。

RECOVERY：指示还原操作回滚任何未提交的事务。在恢复进程后即可随时使用数据库。如果既没有指定 NORECOVERY 和 RECOVERY，也没有指定 STANDBY，则默认为 RECOVERY。

NORECOVERY：指示还原操作不回滚任何未提交的事务。

STANDBY=standby_file_name：指定一个允许撤销恢复效果的备用文件。standby_file_name 指定了一个备用文件，其位置存储在数据库的日志中。如果某个现有文件使用了指定的名称，该文件将被覆盖，否则数据库引擎会创建该文件。

MOVE：将逻辑名指定的数据文件或日志文件还原到所指定的位置。

REPLACE：指定即使存在另一个具有相同名称的数据库，SQL Server 也应该创建指定的数据库及其相关文件。在这种情况下将删除现有的数据库。如果不指定 REPLACE 选项，则会执行安全检查。这样可以防止意外覆盖其他数据库。REPLACE 还会覆盖在恢复数据库之前备份尾日志的要求。

RESTART：指定 SQL Server 应重新启动被中断的还原操作。RESTART 从中断点重新启动还原操作。

RESTRICTED_USER：限制只有 db_owner、dbcreator 或 sysadmin 角色的成员才能访问

新近还原的数据库。

ENABLE_BROKER：指定在还原结束时启用 Service Broker 消息传递，以便可以立即发送消息。默认情况下，还原期间禁用 Service Broker 消息传递。数据库保留现有的 Service Broker 标识符。

ERROR_BROKER_CONVERSATIONS：结束所有会话，并产生一个错误指出数据库已附加或还原。这样，您的应用程序即可为现有会话执行定期清理。在此操作完成之前，Service Broker 消息传递始终处于禁用状态，此操作完成后即处于启用状态。数据库保留现有的 Service Broker 标识符。

NEW_BROKER：指定为数据库分配新的 Service Broker 标识符。

STOPAT = { 'datetime' | @datetime_var }：指定将数据库还原到它在 datetime 或 @datetime_var 参数指定的日期和时间时的状态。

STOPATMARK = { 'lsn:lsn_number' } [AFTER 'datetime']：指定恢复至指定的恢复点。恢复中包括指定的事务，但是，仅当该事务最初于实际生成事务时已获得提交，才可进行本次提交。

STOPBEFOREMARK = { 'lsn:lsn_number' } [AFTER 'datetime']：指定恢复至指定的恢复点为止。在恢复中不包括指定的事务，且在使用 WITH RECOVERY 时将回滚。

【例 18.8】使用备份设备还原数据库，输入语句如下：

```
USE master;
GO
RESTORE DATABASE Test FROM Test 数据库备份
WITH REPLACE
```

上述代码指定 REPLACE 参数，表示对 Test 数据库的执行恢复操作时将覆盖当前数据库。

【例 18.9】使用备份文件还原数据库，输入语句如下：

```
USE master
GO
RESTORE DATABASE Test
FROM DISK='C:\Program Files\Microsoft SQL Server\MSSQL10.MSSQLSERVER\MSSQL\
Backup\Test 数据库备份.bak'
WITH REPLACE
```

18.5.2　实例 11——还原差异备份

还原差异备份与还原完整备份的语法基本一样，只是还原差异备份时，必须先还原完整备份，再还原差异备份。完整备份和差异备份可能在同一个备份设备中，也可能不在同一个备份设备中。如果在同一个备份设备中因使用 file 参数指定备份集。无论备份集是否在同一个备份设备中，除了最后一个还原操作，其他所有还原操作都必须加上 NORECOVERY 或 STANDBY 参数。

【例 18.10】执行差异还原备份，输入语句如下：

```
USE master
```

```
GO
RESTORE DATABASE Test FROM Test 数据库备份
WITH FILE = 1, NORECOVERY, REPLACE
GO
RESTORE DATABASE Test FROM Test 数据库备份
WITH FILE = 2
GO
```

前面对 Test 数据库备份时，在备份设备中差异备份是"Test 数据库备份"设备中的第 2 个备份集，因此需要指定 FILE 参数。

18.5.3 实例 12——还原事务日志备份

与差异备份还原类似，还原事务日志备份时也可以和还原差异备份一样，只要知道它在备份设备中的位置即可。还原事务日志备份之前，必须先还原在其之前的完整备份，除了最后一个还原操作，其他所有操作都必须加上 NORECOVERY 或 STANDBY 参数。

【例 18.11】还原事务日志备份，输入语句如下：

```
USE master
GO
RESTORE DATABASE Test FROM Test 数据库备份
WITH FILE = 1, NORECOVERY, REPLACE
GO
RESTORE DATABASE Test FROM Test 数据库备份
WITH FILE = 4
GO
```

因为事务日志恢复中包含日志，所以也可以使用 RESTORE LOG 语句还原事务日志备份，上面的代码可以修改如下：

```
USE master
GO
RESTORE DATABASE Test FROM Test 数据库备份
WITH FILE = 1, NORECOVERY, REPLACE
GO
RESTORE LOG Test FROM Test 数据库备份
WITH FILE = 4
GO
```

18.5.4 实例 13——还原文件和文件组备份

RESTORE DATABASE 语句中加上 FILE 或者 FILEGROUP 参数之后可以还原文件和文件组备份，在还原文件和文件组之后，还可以还原其他备份来获得最近的数据库状态。

【例 18.12】使用名称为"Test 数据库备份"的备份设备来还原文件和文件组，同时使用第 7 个备份集来还原事务日志备份，输入语句如下：

```
USE master
GO
```

```
RESTORE DATABASE Test
FILEGROUP = 'PRIMARY'
FROM Test 数据库备份
WITH REPLACE,NORECOVERY
GO
RESTORE LOG Test
FROM Test 数据库备份
WITH FILE = 7
GO
```

18.5.5 实例 14——将数据库还原到某个时间点

SQL Server 2012 在创建日志时,同时为日志标上日志号和时间,这样就可以根据时间将数据库恢复到某个特定的时间点。在执行恢复之前,读者可以先向 stu_info 表中插入两条新的记录,然后对 Test 数据库进行事务日志备份,具体操作步骤如下。

step 01 单击工具栏中的【新建查询】按钮,在查询设计器中执行下面的 INSERT 语句:

```
USE Test_db;
GO
INSERT INTO stu_info VALUES(22,'张一',80,'男',18);
INSERT INTO stu_info VALUES(23,'张二',80,'男',18);
```

单击工具栏中的【执行】按钮,将向 Test 数据库中的 stu_info 表中插入两条新的学生记录,执行结果如图 18-17 所示。

图 18-17 插入两条测试记录

step 02 为了执行按时间点恢复,首先要创建一个事务日志备份,使用 BACKUP LOG 语句,输入如下语句:

```
BACKUP LOG Test
TO Test 数据库备份
```

step 03 打开 stu_info 表内容,删除刚才插入的两条记录。

step 04 重新登录到 SQL Server 服务器,打开 SSMS,在【对象资源管理器】面板中,

右击 Test 数据库，依次从弹出的快捷菜单中选择【任务】➤【还原】➤【数据库】
命令，打开还原数据库对话框，单击【时间线】按钮，如图 18-18 所示。

图 18-18　还原数据库对话框

step 05 打开备份时间线对话框，选中【特定日期和时间】单选按钮，输入具体时间，
这里设置为刚才执行 INSERT 语句之前的一小段时间，如图 18-19 所示。

图 18-19　设置时间点

step 06 单击【确定】按钮，返回还原数据库对话框，然后选择备份设备"Test 数据库
备份"。并选中相关完整和事务日志备份，还原数据库。还原成功之后将弹出还原
成功提示对话框，单击【确定】按钮即可，如图 18-20 所示。

图 18-20　还原成功对话框

为了验证还原之后数据库的状态，可以对 stu_info 表执行查询操作，看之前删除的两条记录是否又回来了。

　　　　还原数据库过程中，若有其他用户正在使用数据库将不能还原数据库。还原数据库要求数据库工作在单用户模式。配置单用户模式的方法是配置数据库的属性，在数据库属性对话框中的【选项】选择页中，设置【限制访问】参数为 "Single" 即可。

18.5.6　实例 15——将文件还原到新位置上

RESTORE DATABASE 语句可以利用备份文件创建一个在不同位置的新的数据库。

【例 18.13】使用名称为 "Test 数据库备份" 的备份设备的第一个完整备份集合来创建一个名称为 newTest 的数据库，输入语句如下：

```
USE master
GO
RESTORE DATABASE newTest
FROM Test 数据库备份
WITH FILE = 1,
MOVE 'test' TO 'D:\test.mdf',
MOVE 'test_log' TO 'D:\test_log.ldf'
```

输入完成后，单击工具栏中的【执行】按钮，执行结果如图 18-21 所示。

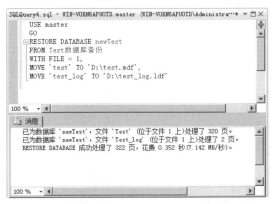

图 18-21　还原文件到新位置上

读者可以打开系统磁盘 D 盘，可以在该盘根目录下看到数据库文件 test.mdf 和日志文件 test_log.ldf。

18.6 实例16——建立自动备份的维护计划

数据库备份非常重要，并且有些数据的备份非常频繁，例如事务日志，如果每次都把备份的流程执行一遍，那将花费大量的时间，非常烦琐且没有效率。SQL Server 2012 可以建立自动的备份维护计划，减少数据库管理员的工作负担，具体建立过程如下。

step 01 在【对象资源管理器】面板中选择【SQL Server 代理(已禁用代理 XP)】节点，右击并在弹出的快捷菜单中选择【启动】命令，如图 18-22 所示。

图 18-22 选择【启动】命令

step 02 弹出警告对话框，单击【是】按钮，如图 18-23 所示。

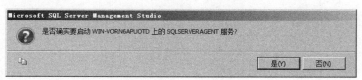

图 18-23 警告对话框

step 03 在【对象资源管理器】面板中，依次展开服务器节点下的【管理】➤【维护计划】节点。右击【维护计划】节点，并在弹出的快捷菜单中选择【维护计划向导】命令，如图 18-24 所示。

图 18-24 选择【维护计划向导】命令

step 04 打开【维护计划向导】对话框，单击【下一步】按钮，如图 18-25 所示。

图 18-25 【维护计划向导】对话框

step 05 进入【选择计划属性】界面，在【名称】文本框中输入维护计划的名称，在【说明】文本框中输入维护计划的说明文字，如图 18-26 所示。

图 18-26 【选择计划属性】界面

step 06 单击【下一步】按钮，进入【选择维护任务】界面，用户可以选择多种维护任务，例如检查数据库完整性、收缩数据库、重新组织索引或重新生成索引、执行 SQL Server 代理作业、备份数据库等。这里选中【备份数据库(完整)】复选框。如果要添加其他维护任务，选中前面相应的复选框即可，如图 18-27 所示。

图 18-27 【选择维护任务】界面

step 07 单击【下一步】按钮，进入【选择维护任务顺序】界面，如果有多个任务，这里可以通过单击【上移】和【下移】两个按钮来设置维护任务的顺序，如图 18-28 所示。

图 18-28 【选择维护任务顺序】界面

step 08 单击【下一步】按钮，进入定义任务属性的界面，在【数据库】下拉列表框中可以选择要备份的数据库名，在【备份组件】选项组中可以选择备份数据库还是备份数据库文件，还可以选择备份介质为磁盘或磁带等，如图 18-29 所示。

图 18-29 定义任务属性

step 09 单击【下一步】按钮，进入【选择报告选项】界面，在该界面中可以选择如果管理维护计划报告，可以将其写入文件中，也可以通过电子邮件发送给数据库里管理员，如图 18-30 所示。

图 18-30 【选择报告选项】界面

step 10 单击【下一步】按钮，进入【完成该向导】界面，如图 18-31 所示，单击【完成】按钮完成创建维护计划的配置。

图 18-31 【完成该向导】界面

step 11 SQL Server 2012 将执行创建维护计划任务，如图 18-32 所示，所有步骤执行完毕之后，单击【关闭】按钮，完成维护计划任务的创建。

图 18-32 执行维护计划操作

18.7 高手甜点

甜点 1：如何加快备份速度？

本章介绍的各种备份方式中将所有备份文件放在一个备份设备中，如果要加快备份速度，可以备份到多个备份设备，这些种类的备份可以在硬盘驱动器、网络或者是本地磁带驱动器上执行。执行备份到多个备份设备时将并行地使用多个设备，数据将同时写到所有介质上。

甜点 2：日志备份如何不覆盖现有备份集？

使用 BACKUP 语句执行差异备份时，要使用 WITH NOINIT 选项，这样将追加到现有的备份集，避免覆盖已存在的完整备份。

甜点 3：时间点恢复有什么弊端？

时间点恢复不能用于完全与差异备份，只可用于事务日志备份，并且使用时间点恢复时，指定时间点之后整个数据库上发生的任何修改都会丢失。

18.8 跟我学上机

1. SQL Server 2012 中有哪几种备份类型？分别有什么特点？
2. 创建 Test 数据库的完整备份，删除两个数据表 fruits 和 suppliers，然后还原这两个表。
3. 创建一个 Test 数据库的时间点备份，删除 fruits 表中的所有记录，使用按时间点恢复的方法恢复 fruits 表中的数据。

第 5 篇

SQL Server 应用案例设计

第 19 章

论坛管理系统数据库设计

随着论坛的出现，人们的交流有了新的变化。在论坛里，人们之间的交流打破了空间、时间的限制。在论坛系统中，用户可以注册成为论坛会员，取得发表言论的资格，也需要论坛信息管理工作系统化，规范化，自动化。通过这样的系统，可以做到信息的规范管理、科学统计和快速发表言论。为了实现论坛系统规范和运行稳健，这就需要数据库的设计非常合理才行。本章主要讲述论坛管理系统数据库的设计方法。

本章要点(已掌握的在方框中打钩)

- ☐ 了解论坛系统概述
- ☐ 熟悉论坛系统的功能
- ☐ 掌握如何设计论坛系统的方案图表
- ☐ 掌握如何设计论坛发布系统的表
- ☐ 掌握如何设计论坛发布系统的索引
- ☐ 掌握如何设计论坛发布系统的视图

19.1 系 统 概 述

论坛又名BBS，全称为Bulletin Board System(电子公告板)或者Bulletin Board Service(公告板服务)。它是 Internet 上的一种电子信息服务系统。它提供一块公共电子白板，每个用户都可以在上面书写，可发布信息或提出看法。

论坛是一种交互性强、内容丰富而及时的电子信息服务系统。用户在 BBS 站点上可以获得各种信息服务、发布信息、进行讨论、聊天等。像日常生活中的黑板报一样，论坛按不同的主题分为许多板块，版面的设立依据是大多数用户的要求和喜好，用户可以阅读别人关于某个主题的看法，也可以将自己的想法毫无保留地贴到论坛中。随着计算机网络技术的不断发展，BBS 论坛的功能越来越强大，目前 BBS 的主要功能有以下几点：

(1) 供用户自我选择阅读若干感兴趣的专业组和讨论组内的信息。

(2) 可随意检查是否有新消息发布并选择阅读。

(3) 用户可在站点内发布消息或文章供他人查阅。

(4) 用户可就站点内其他人的消息或文章进行评论。

(5) 同一站点内的用户互通电子邮件，设定好友名单。

现实生活中的交流存在时间和空间上的局限性，交流人群范围的狭小，以及间断的交流，不能保证信息的准确性和可取性。因此，用户需要通过网上论坛也就是 BBS 的交流扩大交流面，同时可以从多方面获得自己的及时需求。同时信息时代迫切要求信息传播速度加快，局部范围的信息交流只会减缓前进的步伐。

BBS 系统的开发能为分散于五湖四海的人提供一个共同交流、学习、倾吐心声的平台，实现来自不同地方用户的极强的信息互动性，用户在获得自己所需要的信息的同时也可以广交朋友拓展自己的视野和扩大自己的社交面。

论坛系统的基本功能包括用户信息的录入、查询、修改和删除以及用户留言及头像的前台显示功能，其中还包括管理员的登录信息。

19.2 系 统 功 能

论坛管理系统的重要功能是管理论坛帖子的基本信息。通过本管理系统，可以提高论坛管理员的工作效率。本节将详细介绍本系统的功能。

论坛系统主要分为 5 个管理部分，包括用户管理、管理员管理、板块管理、主帖管理和回复帖管理。本系统的功能模块图如图 19-1 所示。

图 19-1 中模块的详细介绍如下。

(1) 用户管理模块：实现新增用户，查看和修改用户信息功能。

(2) 管理员管理模块：实现新增管理员，查看、修改和删除管理员信息功能。

(3) 板块管理模块：实现对管理员、对管理的模块和管理的评论赋权功能。

图 19-1　系统功能模块图

(4) 主帖管理模块：实现对主帖的增加、查看、修改和删除功能。

(5) 回复帖管理模块：实现有相关权限的管理员对回复帖的审核和删除功能。

通过本节的介绍，读者对这个论坛系统的主要功能有一定的了解，19.3 节会介绍本系统所需要的数据库和表。

19.3　数据库设计和实现

数据库设计时要确定设计哪些表、表中包含哪些字段、字段的数据类型和长度。本节主要讲述论坛数据库设计和实现过程。

19.3.1　设计方案图表

在设计表之前，用户可以先设计出方案图表。

1. 用户表的 E-R 图

用户管理的表为 user，E-R 图如图 19-2 所示。

2. 管理员表的 E-R 图

管理员管理的表为 admin，E-R 图如图 19-3 所示。

图 19-2　用户 user 表的 E-R 图

图 19-3　管理员 admin 表的 E-R 图

3. 板块表的 E-R 图

板块管理的表为 section，E-R 图如图 19-4 所示。

图 19-4　板块 section 表的 E-R 图

4. 主帖表的 E-R 图

主帖管理的表为 topic，E-R 图如图 19-5 所示。

图 19-5　主帖 topic 表的 E-R 图

5. 回复帖表的 E-R 图

回复帖管理的表为 reply，E-R 图如图 19-6 所示。

图 19-6　回复帖 reply 表的 E-R 图

19.3.2　设计表

本系统所有的表都放在 bss 数据库下。创建 bss 数据库的 SQL 代码如下：

```
CREATE DATABASE [sample_db] ON  PRIMARY
(
  NAME = 'bss',
FILENAME = 'C:\SS2012Data\bss.mdf',
SIZE = 5120KB ,
MAXSIZE =30MB,
FILEGROWTH = 5%
)
LOG ON
(
NAME = 'sample_log',
FILENAME = 'C:\SQL Server 2012\bss_log.ldf',
SIZE = 1024KB ,
MAXSIZE = 8192KB ,
FILEGROWTH = 10%
)
GO
```

在这个数据库下总共存放 5 张表，分别是 user、admin、section、topic 和 reply。

1. user 表

user 表(用户信息表)中存储用户 ID、用户名、密码和用户 E-mail 地址等，所以 user 表设计了 10 个字段。user 表每个字段的信息如表 19-1 所示。

表 19-1　user 表的内容

列　名	数据类型	允许 NULL 值	说　明
uID	INT	否	用户编号
userName	VARCHAR(20)	否	用户名称
userPassword	VARCHAR(20)	否	用户密码
userEmail	VARCHAR(20)	否	用户 E-mail
userBirthday	DATE	否	用户生日
userSex	BIT	否	用户性别
userClass	INT	否	用户等级
userStatement	VARCHAR(150)	否	用户个人说明
userRegDate	DATETIME	否	用户注册时间
userPoint	INT	否	用户积分

根据表 19-1 的内容创建 user 表。创建 user 表的 SQL 语句如下：

```
CREATE TABLE user(
    uID INT PRIMARY KEY NOT NULL,
    userName VARCHAR(20) NOT NULL,
    userPassword VARCHAR(20) NOT NULL,
    userEmail VARCHAR(20) NOT NULL,
    userBirthday DATE NOT NULL,
    userSex BIT NOT NULL,
    userClass  INT NOT NULL,
    userStatement VARCHAR(150) NOT NULL,
    userRegDate  DATETIME NOT NULL,
    userPoint  INT NOT NULL
    );
```

创建完成后，可以使用 sp_help 语句查看 user 表的基本结构，也可以通过 sp_columns 语句查看 user 表的详细信息。

2．admin 表

admin 表(管理员信息表)主要用来存放用户账号信息，如表 19-2 所示。

表 19-2　admin 表的内容

列　名	数据类型	允许 NULL 值	说　明
adminID	INT	否	管理员编号
adminName	VARCHAR(20)	否	管理员名称
adminPassword	VARCHAR(20)	否	管理员密码

根据表 19.2 的内容创建 admin 表。创建 admin 表的 SQL 语句如下：

```
CREATE TABLE admin(
    adminID INT PRIMARY KEY UNIQUE NOT NULL,
    adminName VARCHAR(20) NOT NULL,
```

```
adminPassword VARCHAR(20) NOT NULL
);
```

创建完成后，可以使用 sp_help 语句查看 admin 表的基本结构，也可以通过 sp_columns 语句查看 admin 表的详细信息。

3. section 表

section 表(板块信息表)主要用来存放板块信息，如表 19-3 所示。

表 19-3　section 板块信息表的内容

列　名	数据类型	允许 NULL 值	说　明
sID	INT	否	板块编号
sName	VARCHAR(20)	否	板块名称
sMasterID	INT	否	板主编号
sStatement	TEXT	否	板块说明
sClickCount	INT	否	板块点击次数
sTopicCount	INT	否	板块主题数

根据表 19-3 的内容创建 section 表。创建 section 表的 SQL 语句如下：

```
CREATE TABLE section (
        sID INT PRIMARY KEY NOT NULL,
        sName VARCHAR(20) NOT NULL,
        sMasterID INT NOT NULL,
        sStatement TEXT NOT NULL,
        sClickCount INT NOT NULL,
        sTopicCount INT NOT NULL
        );
```

创建完成后，可以使用 sp_help 语句查看 section 表的基本结构，也可以通过 sp_columns 语句查看 section 表的详细信息。

4. topic 表

topic 表(主帖信息表)主要用来存放主帖信息，如图 19-4 所示。

表 19-4　topic 主帖信息表的内容

列　名	数据类型	允许 NULL 值	说　明
tID	INT	否	主帖编号
tsID	INT	否	主帖板块编号
tuid	INT	否	主帖用户编号
tReplyCount	INT	否	主帖回复次数
tEmotion	VARCHAR	否	主帖表情

续表

列　名	数据类型	允许 NULL 值	说　明
tTopic	VARCHAR	否	主帖标题
tContents	TEXT	否	主帖内容
tTime	TIMESTAMP	否	发帖时间
tClickCount	INT	否	主帖点击次数
tLastClickT	TIMESTAMP	否	主帖最后点击时间

根据表 19.4 的内容创建 topic 表。创建 topic 表的 SQL 语句如下：

```
CREATE TABLE topic (
      tID INT PRIMARY KEY NOT NULL,
      tSID INT NOT NULL,
      tuid INT NOT NULL,
      tReplyCount INT NOT NULL,
      tEmotion VARCHAR NOT NULL,
      tTopic VARCHAR NOT NULL,
      tContents TEXT NOT NULL,
      tTime TIMESTAMP NOT NULL,
      tClickCount  INT NOT NULL,
      tLastClickT TIMESTAMP NOT NULL
      );
```

创建完成后，可以使用 sp_help 语句查看 topic 表的基本结构，也可以通过 sp_columns 语句查看 topic 表的详细信息。

5. reply 表

reply 表(回复帖信息表)主要用来存放回复帖的信息，如表 19-5 所示。

表 19-5　reply 回复帖信息表的内容

列　名	数据类型	允许 NULL 值	说　明
rID	INT	否	回复编号
rtID	INT	否	回复帖子编号
ruID	INT	否	回复用户编号
rEmotion	CHAR	否	回帖表情
rTopic	VARCHAR(20)	否	回帖主题
rContents	TEXT	否	回帖内容
rTime	DATETIME	否	回帖时间
rClickCount	INT	否	回帖点击次数

根据表 19-5 的内容创建 reply 表。创建 reply 表的 SQL 语句如下：

```
CREATE TABLE reply (
      rID INT PRIMARY KEY NOT NULL,
```

```
            rtID INT NOT NULL,
            ruID INT NOT NULL,
            rEmotion CHAR NOT NULL,
            rTopic VARCHAR(20) NOT NULL,
            rContents TEXT NOT NULL,
            rTime DATETIME NOT NULL,
            rClickCount INT NOT NULL
            );
```

创建完成后，可以使用 sp_help 语句查看 reply 表的基本结构，也可以通过 sp_columns 语句查看 reply 表的详细信息。

19.3.3　设计索引

索引是创建在表上的，是对数据库中一列或者多列的值进行排序的一种结构。索引可以提高查询的速度。论坛系统需要查询论坛的信息，这就需要在某些特定字段上建立索引，以便提高查询速度。

1. 在 topic 表上建立索引

新闻发布系统中需要按照 tTopic 字段、tTime 字段和 tContents 字段查询新闻信息。在本书前面的章节中介绍了几种创建索引的方法。本小节将使用 CREATE INDEX 语句创建索引。

下面使用 CREATE INDEX 语句在 tTopic 字段上创建名为 index_topic_title 的索引。SQL 语句如下：

```
CREATE UNIQUE CLUSTERED INDEX [index_topic_title]
ON topic(tTopic)
WITH
FILLFACTOR=30;
```

然后，在 tTime 字段上创建名为 index_topic_time 的索引。SQL 语句如下：

```
CREATE CLUSTERED INDEX [index_topic_date]
ON topic(tTime)
WITH
FILLFACTOR=10;
```

最后，在 tContents 字段上创建名为 index_topic_contents 的索引。SQL 语句如下：

```
CREATE NOCLUSTERED INDEX [index_new_contents]
ON topic(tContents)
WITH
FILLFACTOR=10;
```

2. 在 section 表上建立索引

论坛系统中需要通过板块名称查询该板块下的帖子信息，因此需要在这个字段上创建索引。创建索引的语句如下：

```
CREATE UNIQUE CLUSTERED INDEX [index_section_name]
ON section (sName)
```

```
WITH
FILLFACTOR=30;
```

3. 在 reply 表上建立索引

论坛系统需要通过 rTime 字段、rTopic 字段和 tID 字段查询回复帖子的内容。因此可以在这 3 个字段上创建索引。创建索引的语句如下：

```
CREATE CLUSTERED INDEX [index_reply_rtime]
ON comment (rTime)
WITH
FILLFACTOR=10;

CREATE NOCLUSTERED INDEX [index_reply _rtopic]
ON comment (rTime)
WITH
FILLFACTOR=10;

CREATE UNIQUE CLUSTERED INDEX [index_reply _rid]
ON comment (tID)
WITH
FILLFACTOR=30;
```

19.3.4　设计视图

在论坛系统中，如果直接查询 section 表，显示信息时会显示板块编号和板块名称等信息。这种显示并不直观显示主帖的标题和发布时间，为了以后查询方面，可以建立一个视图 topic_view。这个视图显示板块的编号、板块的名称、同一板块下主帖的标题、主帖的内容和主帖的发布时间。创建视图 topic_view 的 SQL 代码如下：

```
CREATE VIEW topic_view (ID,Name,Topic,Contents,Time)
AS
SELECT s.ID,s.Name,t.tTopic,t.tContents,t.tTime
FROM section s,topic t
WHERE section.sID=topic.sID;
```

上次 SQL 语句中给每个表都取了别名，section 表的别名为 s；topic 表的别名为 t，这个视图从这两个表中取出相应的字段。

19.4　本 章 小 结

本章介绍了设计论坛系统数据库的方法。本章的重点是数据库的设计部分。在数据库设计方面，不仅涉及了表和字段的设计，还设计了索引、视图等内容。特别是新增加了设计方案图表，通过图表的设计，用户可以清晰地看到各个表的设计字段和各字段间的关系。希望通过本章的学习，读者可以对论坛数据库的设计有一个清晰的思路。

第 20 章

新闻发布系统数据库设计

SQL Server 2012 数据库的使用非常广泛，很多的网站和管理系统使用 SQL Server 2012 数据库存储数据。本章主要讲述新闻发布系统的数据库设计过程。通过本章的学习，读者可以在新闻发布系统的设计过程中学会如何使用 SQL Server 2012 数据库。

本章要点(已掌握的在方框中打钩)

☐ 了解新闻发布系统概述
☐ 熟悉新闻发布系统的功能
☐ 掌握如何设计新闻发布系统的表
☐ 掌握如何设计新闻发布系统的索引
☐ 掌握如何设计新闻发布系统的视图
☐ 掌握如何设计新闻发布系统的触发器

20.1 系 统 概 述

本章介绍的是一个小型新闻发布系统，管理员可以通过该系统发布新闻信息，管理新闻信息。一个典型的新闻发布系统网站至少应包含新闻信息管理、新闻信息显示和新闻信息查询3种功能。

新闻发布系统所要实现的功能具体包括：新闻信息添加、新闻信息修改、新闻信息删除、显示全部新闻信息、按类别显示新闻信息、按关键字查询新闻信息、按关键字进行站内查询。

本站为一个简单的新闻信息发布系统，该系统具有以下特点。实用：系统实现了一个完整的信息查询过程。简单易用：为使用户尽快掌握和使用整个系统，系统结构简单但功能齐全，简洁的页面设计使操作非常简便。代码规范：作为一个实例，文中的代码规范简洁、清晰易懂。

本系统主要用于发布新闻信息、管理用户、管理权限、管理评论等功能。这些信息的录入、查询、修改和删除等操作都是该系统重点解决的问题。

本系统主要功能包括以下几点。

(1) 具有用户注册及个人信息管理功能。

(2) 管理员可以发布新闻、删除新闻。

(3) 用户注册后可以对新闻进行评论、发表留言。

(4) 管理员可以管理留言和对用户进行管理。

20.2 系 统 功 能

新闻发布系统分为 5 个管理部分，即用户管理、管理员管理、权限管理、新闻管理和评论管理。本系统的功能模块如图 20-1 所示。

图 20-1 中模块的详细介绍如下。

(1) 用户管理模块：实现新增用户，查看和修改用户信息功能。

(2) 管理员管理模块：实现新增管理员，查看、修改和删除管理员信息功能。

(3) 权限管理模块：实现对管理员、对管理的模块和管理的评论赋权功能。

(4) 新闻管理模块：实现有相关权限的管理员对新闻的增加、查看、修改和删除功能。

(5) 评论管理模块：实现有相关权限的管理员对评论的审核和删除功能。

通过本节的介绍，读者对这个新闻发布系统的主要功能有一定的了解。20.3 节会向读者介绍本系统所需要的数据库和表。

图 20-1　系统功能模块图

20.3　数据库设计和实现

数据库设计是开发管理系统的最重要的一个步骤。如果数据库设计得不够合理，将会为后续的开发工作带来很大的麻烦。本节为读者介绍新闻发布系统的数据库开发过程。

数据库设计时要确定设计哪些表、表中包含哪些字段、字段的数据类型和长度。通过本节的学习，读者可以对 SQL Server 2012 数据库的知识有个全面的了解。

20.3.1　设计表

本系统所有的表都放在 webnews 数据库下。创建和选择 webnews 数据库的 SQL 代码如下：

```
CREATE DATABASE [webnews] ON  PRIMARY
(
NAME = ' webnews ',
FILENAME = 'C:\SS2012Data\ webnews.mdf',
SIZE = 5120KB,
MAXSIZE =30MB,
FILEGROWTH = 5%
)
LOG ON
(
NAME = 'sample_log',
FILENAME = 'C:\SQL Server 2012\ webnews _log.ldf',
SIZE = 1024KB ,
MAXSIZE = 8192KB ,
FILEGROWTH = 10%
)
```

```
GO

USE webnews;
GO
```

在这个数据库下总共存放 9 张表，分别是 user、admin、roles、news、category、comment、admin_Roles、news_Comment 和 users_Comment。

1. user 表

user 表(用户信息表)中存储用户 ID、用户名、密码和用户 E-mail 地址，所以 user 表设计了 4 个字段。user 表每个字段的信息如表 20-1 所示。

表 20-1 user 表的内容

列　名	数据类型	允许 NULL 值	说　明
userID	INT	否	用户编号
userName	VARCHAR(20)	否	用户名称
userPassword	VARCHAR(20)	否	用户密码
userEmail	VARCHAR(20)	否	用户 E-mail

根据表 20-1 的内容创建 user 表。创建 user 表的 SQL 语句如下：

```
CREATE TABLE user(
     userID INT PRIMARY KEY NOT NULL,
     userName VARCHAR(20) NOT NULL,
     userPassword VARCHAR(20) NOT NULL,
     userEmail VARCHAR(20) NOT NULL
     );
```

创建完成后，可以使用 sp_help 语句查看 user 表的基本结构，也可以通过 sp_columns 语句查看 user 表的详细信息。

2. admin 表

admin 表(管理员信息表)主要用来存放用户账号信息，如表 20-2 所示。

表 20-2 admin 表的内容

列　名	数据类型	允许 NULL 值	说　明
adminID	INT	否	管理员编号
adminName	VARCHAR(20)	否	管理员名称
adminPassword	VARCHAR(20)	否	管理员密码

根据表 20-2 的内容创建 admin 表。创建 admin 表的 SQL 语句如下：

```
CREATE TABLE admin(
     adminID INT PRIMARY KEY NOT NULL,
     adminName VARCHAR(20) NOT NULL,
```

```
     adminPassword VARCHAR(20) NOT NULL
     );
```

创建完成后，可以使用 sp_help 语句查看 admin 表的基本结构，也可以通过 sp_columns 语句查看 admin 表的详细信息。

3．roles 表

roles 表(权限信息表)主要用来存放权限信息，如表 20-3 所示。

表 20-3　roles 表的内容

列　名	数据类型	允许 NULL 值	说　明
roleID	INT	否	权限编号
roleName	VARCHAR(20)	否	权限名称

根据表 20.3 的内容创建 roles 表。创建 roles 表的 SQL 语句如下：

```
CREATE TABLE roles(
     roleID INT PRIMARY KEY NOT NULL,
     roleName VARCHAR(20) NOT NULL
     );
```

创建完成后，可以使用 sp_help 语句查看 roles 表的基本结构，也可以通过 sp_columns 语句查看 roles 表的详细信息。

4．news 表

news 表(新闻信息表)主要用来存放新闻信息，如表 20-4 所示。

表 20-4　news 表的内容

列　名	数据类型	允许 NULL 值	说　明
newsID	INT	否	新闻编号
newsTitle	VARCHAR(50)	否	新闻标题
newsContent	TEXT	否	新闻内容
newsDate	TIMESTAMP	是	发布时间
newsDesc	VARCHAR(50)	否	新闻描述
newsImagePath	VARCHAR(50)	是	新闻图片路径
newsRate	INT	否	新闻级别
newsIsCheck	BIT	否	新闻是否检验
newsIsTop	BIT	否	新闻是否置顶

根据表 20-4 的内容创建 news 表。创建 news 表的 SQL 语句如下：

```
CREATE TABLE news(
     newsID INT PRIMARY KEY NOT NULL,
     newsTitle VARCHAR(50) NOT NULL,
```

```
newsContent TEXT NOT NULL,
newsDate TIMESTAMP,
newsDesc VARCHAR(50) NOT NULL,
newsImagePath VARCHAR(50),
newsRate INT,
newsIsCheck BIT,
newsIsTop BIT
);
```

创建完成后，可以使用 sp_help 语句查看 news 表的基本结构，也可以通过 sp_columns 语句查看 news 表的详细信息。

5. category 表

categroy 表(栏目信息表)主要用来存放新闻栏目信息，如表 20-5 所示。

表 20-5　category 表的内容

列　名	数据类型	允许 NULL 值	说　明
categoryID	INT	否	栏目编号
categoryName	VARCHAR(50)	否	栏目名称
categoryDesc	VARCHAR(50)	否	栏目描述

根据表 20.5 的内容创建 category 表。创建 category 表的 SQL 语句如下：

```
CREATE TABLE category (
    categoryID INT PRIMARY KEY NOT NULL,
    categoryName VARCHAR(50) NOT NULL,
    categoryDesc VARCHAR(50) NOT NULL
);
```

创建完成后，可以使用 sp_help 语句查看 category 表的基本结构，也可以通过 sp_columns 语句查看 category 表的详细信息。

6. comment 表

comment 表(评论信息表)主要用来存放新闻评论信息，如表 20-6 所示。

表 20-6　comment 表的内容

列　名	数据类型	允许 NULL 值	说　明
commentID	INT	否	栏目编号
commentName	VARCHAR(50)	否	栏目名称
commentDesc	VARCHAR(50)	否	栏目描述

根据表 20-6 的内容创建 comment 表。创建 comment 表的 SQL 语句如下：

```
CREATE TABLE comment (
    commentID INT PRIMARY KEY NOT NULL,
```

```
commentName VARCHAR(50) NOT NULL,
commentDesc VARCHAR(50) NOT NULL
);
```

创建完成后，可以使用 sp_help 语句查看 comment 表的基本结构，也可以通过 sp_columns 语句查看 comment 表的详细信息。

7. admin_Roles 表

admin_Roles 表(管理员权限表)主要用来存放管理员和权限的关系，如表 20-7 所示。

表 20-7　admin_Roles 表的内容

列　名	数据类型	允许 NULL 值	说　明
aRID	INT	否	管理员_权限编号
adminID	INT	否	管理员编号
roleID	INT	否	权限编号

根据表 20-7 的内容创建 admin_Roles 表。创建 admin_Roles 表的 SQL 语句如下：

```
CREATE TABLE admin_Roles (
    aRID INT PRIMARY KEY NOT NULL,
    adminID INT NOT NULL,
    roleID INT NOT NULL
    );
```

创建完成后，可以使用 sp_help 语句查看 admin_Roles 表的基本结构，也可以通过 sp_columns 语句查看 admin_Roles 表的详细信息。

8. news_Comment 表

news_Comment 表(新闻评论表)主要用来存放新闻和评论的关系，如表 20-8 所示。

表 20-8　news_Comment 表的内容

列　名	数据类型	允许 NULL 值	说　明
nCommentID	INT	否	新闻_评论编号
newsID	INT	否	新闻编号
commentID	INT	否	评论编号

根据表 20-8 的内容创建 news_Comment 表。创建 news_Comment 表的 SQL 语句如下：

```
CREATE TABLE news_Comment (
    nCommentID INT PRIMARY KEY NOT NULL,
    newsID INT NOT NULL,
    commentID INT NOT NULL
    );
```

创建完成后，可以使用 sp_help 语句查看 news_Comment 表的基本结构，也可以通过 sp_columns 语句查看 news_Comment 表的详细信息。

9．users_Comment 表

users_Comment 表(用户评论表)主要用来存放用户和评论的关系，如表 20-9 所示。

表 20-9　users_Comment 表的内容

列　名	数据类型	允许 NULL 值	说　明
uCID	INT	否	用户_评论编号
userID	INT	否	用户编号
commentID	INT	否	评论编号

根据表 20-8 的内容创建 users_Comment 表。创建 users_Comment 表的 SQL 语句如下：

```
CREATE TABLE news_Comment (
        uCID  INT PRIMARY KEY NOT NULL,
        userID  INT NOT NULL,
        commentID  INT NOT NULL
        );
```

创建完成后，可以使用 sp_help 语句查看 users_Comment 表的基本结构，也可以通过 sp_columns 语句查看 users_Comment 表的详细信息。

20.3.2　设计索引

索引是创建在表上的，是对数据库中一列或者多列的值进行排序的一种结构。索引可以提高查询的速度。新闻发布系统需要查询新闻的信息，这就需要在某些特定字段上建立索引，以便提高查询速度。

1．在 news 表上建立索引

新闻发布系统中需要按照 newsTitle 字段、newsDate 字段和 newsRate 字段查询新闻信息。在本书前面的章节中介绍了几种创建索引的方法。本小节将使用 CREATE INDEX 语句创建索引。

下面使用 CREATE INDEX 语句在 newsTitle 字段上创建名为 index_new_title 的索引。SQL 语句如下：

```
CREATE UNIQUE CLUSTERED INDEX [index_new_title]
ON news(newsTitle)
WITH
FILLFACTOR=30;
```

然后，在 newsDate 字段上创建名为 index_new_date 的索引。SQL 语句如下：

```
CREATE CLUSTERED INDEX [index_new_date]
ON news(newsDate)
```

```
WITH
FILLFACTOR=10;
```

最后，在 newsRate 字段上创建名为 index_new_rate 的索引。SQL 语句如下：

```
CREATE NOCLUSTERED INDEX [index_new_rate]
ON newsRate (newsRate)
WITH
FILLFACTOR=10;
```

2. 在 category 表上建立索引

新闻发布系统中需要通过栏目名称查询该栏目下的新闻，因此需要在这个字段上创建索引。创建索引的语句如下：

```
CREATE CLUSTERED INDEX [index_categroy_name]
ON category (categroyName)
WITH
FILLFACTOR=10;
```

3. 在 comment 表上建立索引

新闻发布系统需要通过 commentTitle 字段和 commentDate 字段查询评论内容。因此可以在这两个字段上创建索引。创建索引的语句如下：

```
CREATE CLUSTERED INDEX [index_ comment _title]
ON comment (commentTitle)
WITH
FILLFACTOR=10;


CREATE NOCLUSTERED INDEX [index_ comment _date]
ON comment (commentDate)
WITH
FILLFACTOR=10;
```

20.3.3 设计视图

视图是由数据库中一个表或者多个表导出的虚拟表，其作用是方便用户对数据的操作。在这个新闻发布系统中，也设计了一个视图来改善查询操作。

在新闻发布系统中，如果直接查询 news_Comment 表，显示信息时会显示新闻编号和评论编号。这种显示不直观，为了以后查询方面，可以建立一个视图 news_view。这个视图显示评论编号、新闻编号、新闻级别、新闻标题、新闻内容和新闻发布时间。创建视图 news_view 的 SQL 代码如下：

```
CREATE VIEW news_view(cid,nid,nRate,title,content,date)
AS SELECT c.commentID,n.newsID,n.newsRate,n.newsTitle,n.newsContent,n.newsDate
FROM news_Comment c,news n
WHERE news_Comment.newsID=news.newsID;
```

之前的 SQL 语句中给每个表都取了别名，news_Comment 表的别名为 c；news 表的别名为 n，这个视图从这两个表中取出相应的字段。

20.4　本　章　小　结

本章介绍了设计新闻发布系统数据库的方法。本章的重点是数据库的设计部分。因为本书主要介绍 SQL Server 2012 数据库的使用，所以数据库设计部分是本章的主要内容。在数据库设计方面，不仅涉及了表和字段的设计，还设计了索引、视图等内容。其中，为了提高表的查询速度，有意识地在表中增加了冗余字段，这是使数据库的性能更加优化的内容。希望通过本章的学习，读者可以对 SQL Server 2012 数据库有一个全新的认识。